예제로 배우는
NX 기초

예제로 배우는 NX 기초

Part Design, Surface Design

김한승 · 강병호 · 김창완 지음

좋은땅

목차

1 NX 시작 및 기본 설정

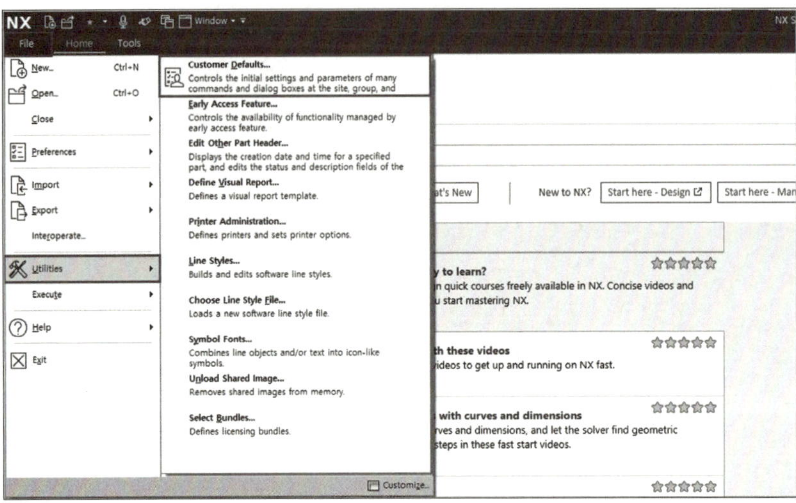

- 바탕 화면에서 NX 아이콘을 클릭하여 NX를 실행한다.
- File → Utilities → Customer Defaults를 클릭한다.

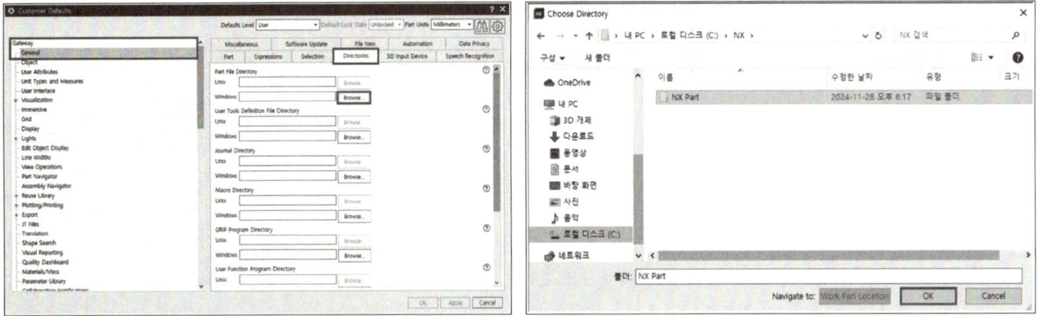

- Customer Defaults 창에서 Gateway → General → Directories → Part File Directory → Windows → Browse를 클릭한다.
- Choose Directory 창에서 원하는 폴더를 클릭하고 OK 버튼을 클릭한다.

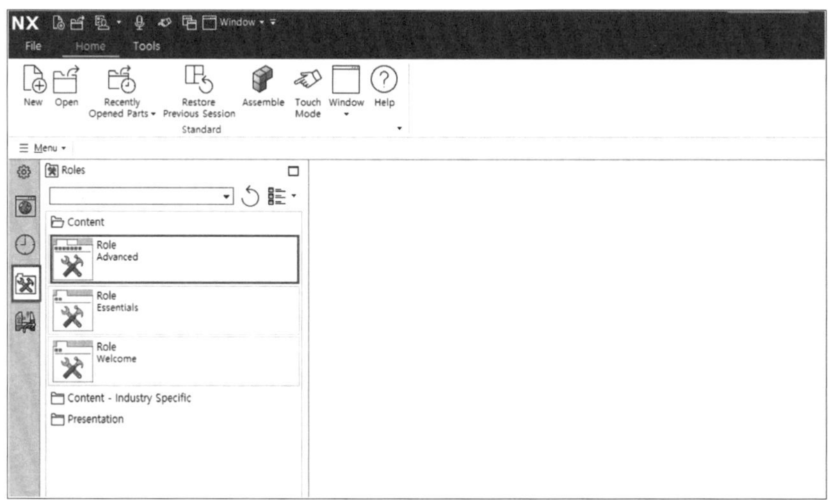

- Resource Bar → Roles → Content → Role(Advanced)을 클릭하여 적용한다.

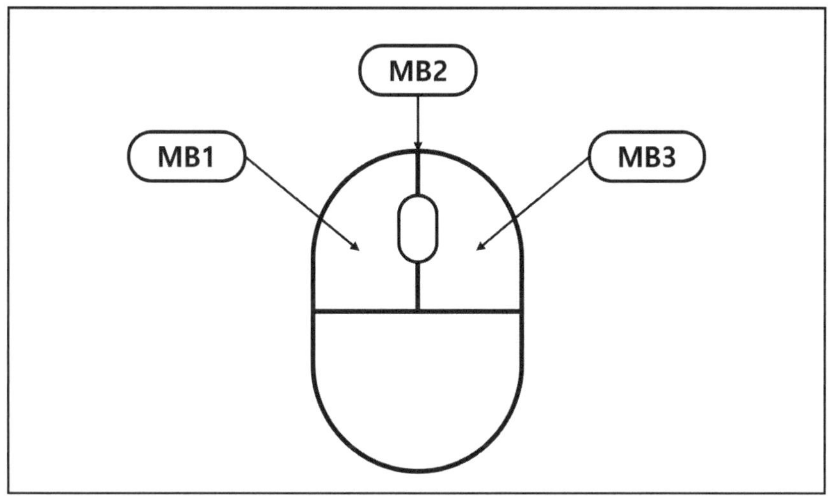

- MB1: 면이나 Sketch 혹은 Body와 같은 것을 선택할 때 사용한다.
- MB3: 마우스 포인터의 위치에 따른 팝업 메뉴를 나타나게 할 때 사용한다.

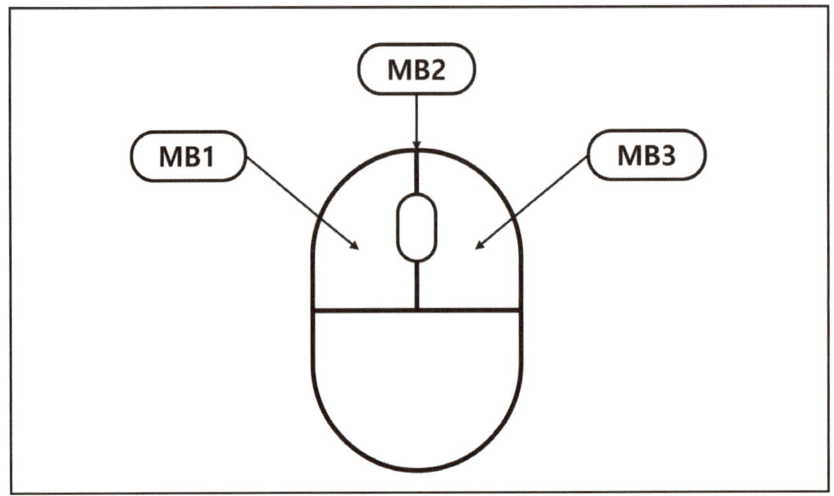

- MB2: 누른 채로 마우스를 드래그하면 회전할 수 있고, 위아래로 굴릴 시 Zoom 기능이 가능하다.
- Shift+MB2: 동시에 누른 채로 마우스를 드래그하면 Pan 기능을 사용할 수 있다.

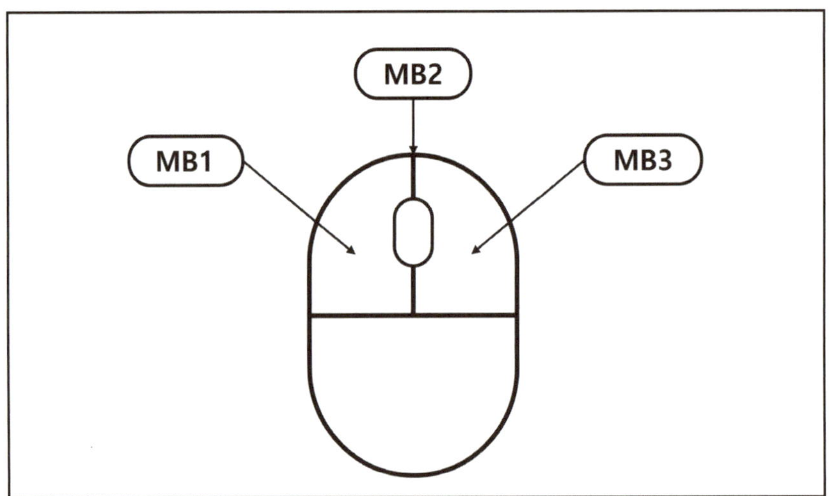

- Ctrl+MB2: 동시에 누른 채로 마우스를 드래그하면 Zoom 기능을 사용할 수 있다.
- MB1+MB2: 동시에 누른 채로 마우스를 드래그하면 Pan 기능을 사용할 수 있다.

Extrude

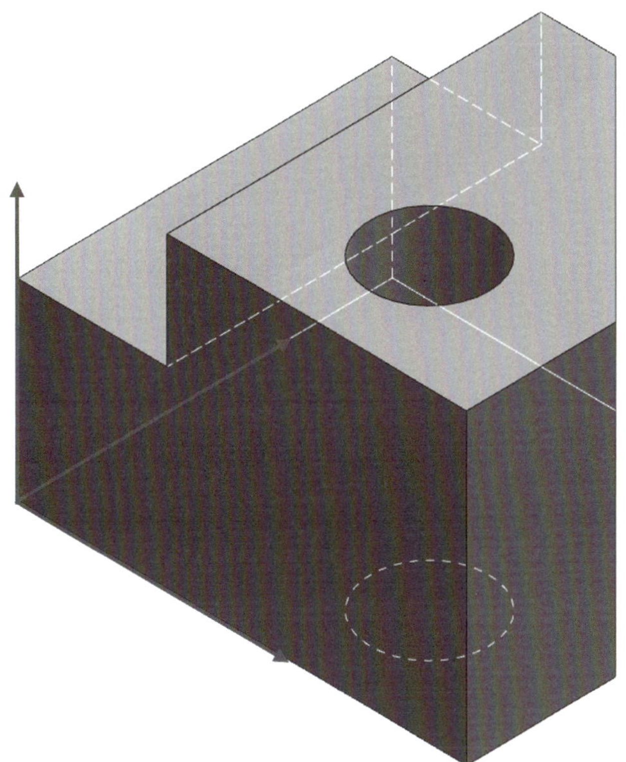

● Extrude 기능을 이용하여 다음 형상에 대해 모델링을 진행한다.

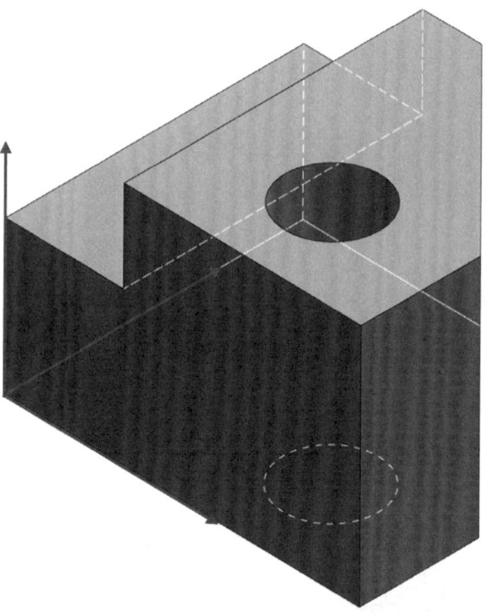

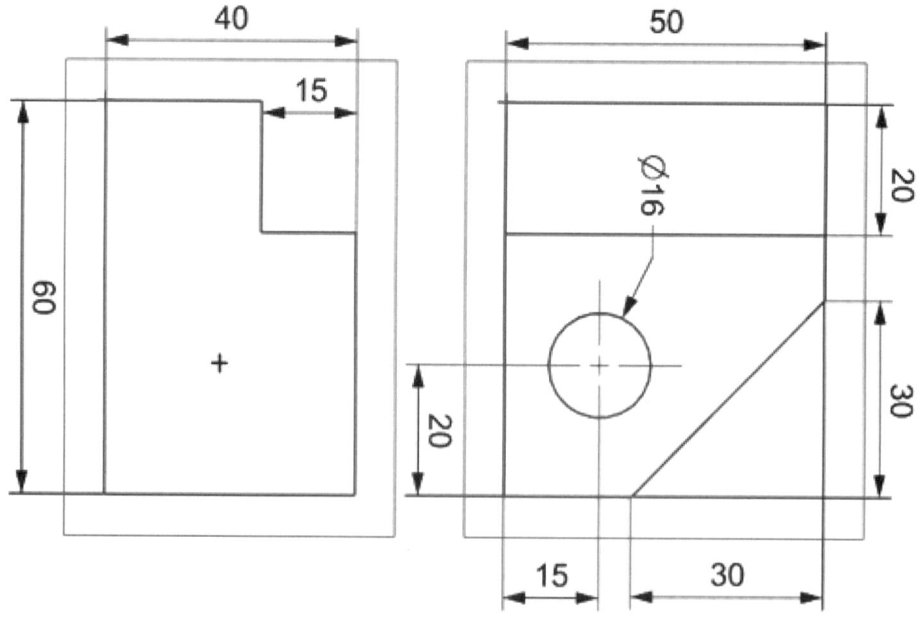

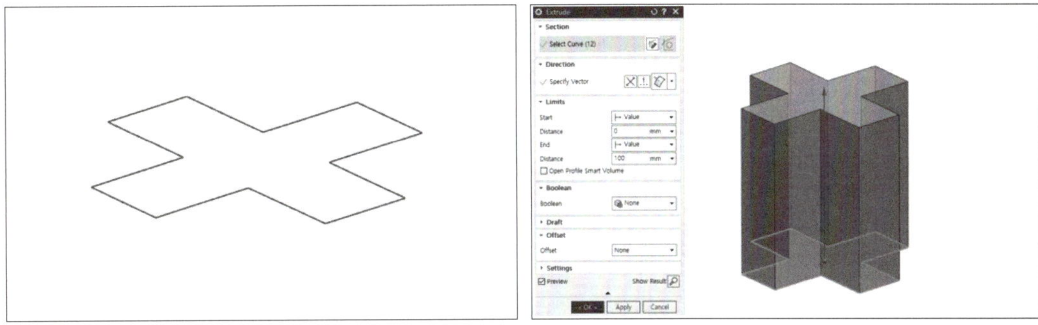

- Extrude는 Sketch로 생성된 단면의 형상을 직선 방향으로 움직였을 때의 궤적으로 형상을 생성한다.
- 기본 방향은 Sketch의 법선 방향이고, Closed Curve면 Solid Body이고, Opened Curve면 Sheet Body가 생성된다.

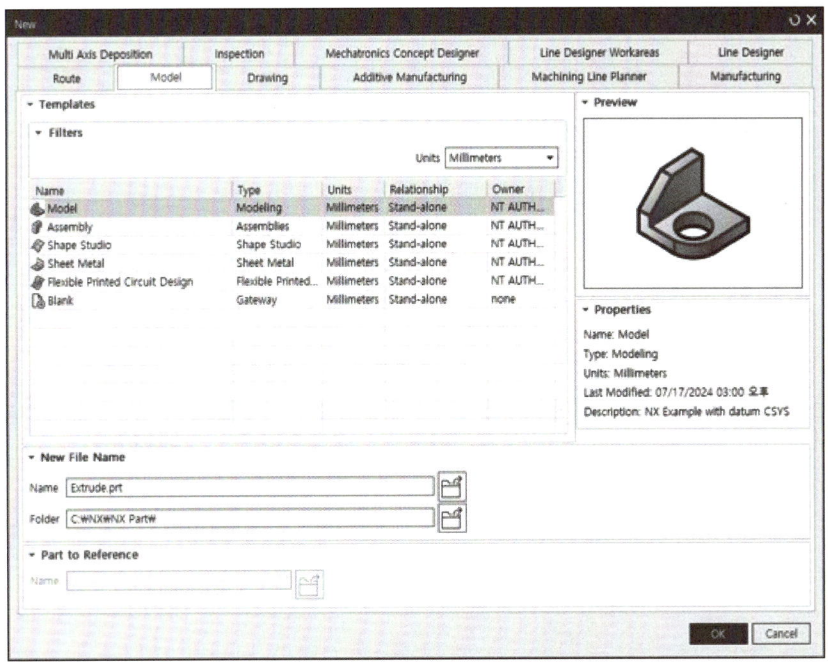

- File → New를 클릭하고 [Name: Extrude.prt, Units: Millimeters]로 설정하고 OK 버튼을 클릭한다.

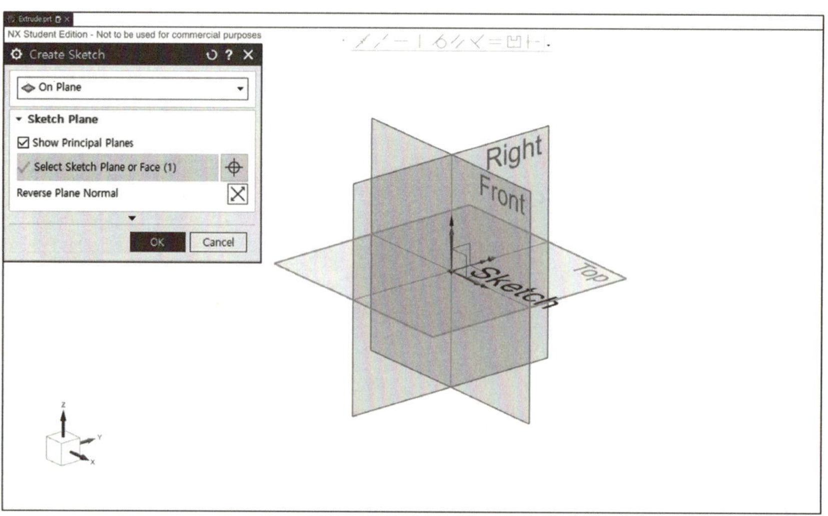

- Sketch  를 클릭하여 XY 평면을 선택한 뒤, Create Sketch 창의 OK 버튼을 클릭한다.

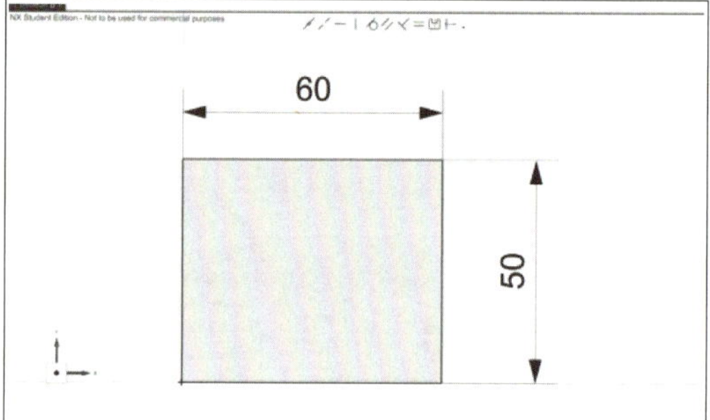

- Rectangle □ 을 클릭한 뒤, 원점과 기준점을 일치시키고 사각형을 작성하고, Rectangle 창을 닫는다.

- 사각형의 변을 클릭하여 치수를 [X축 길이: 60mm, Y축 길이: 50mm]로 정의한 뒤, Finish ▨ 를 클릭한다.

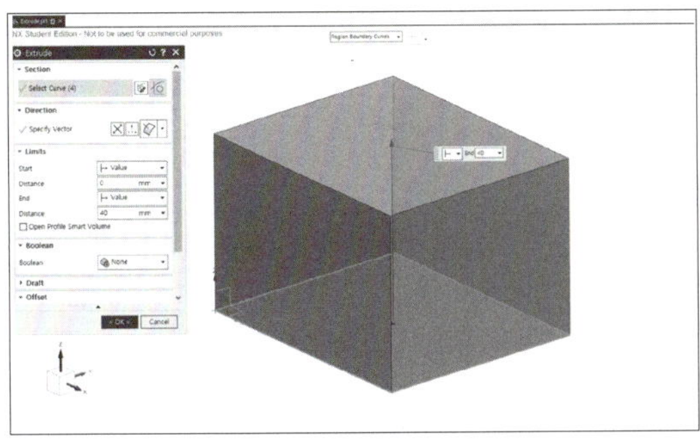 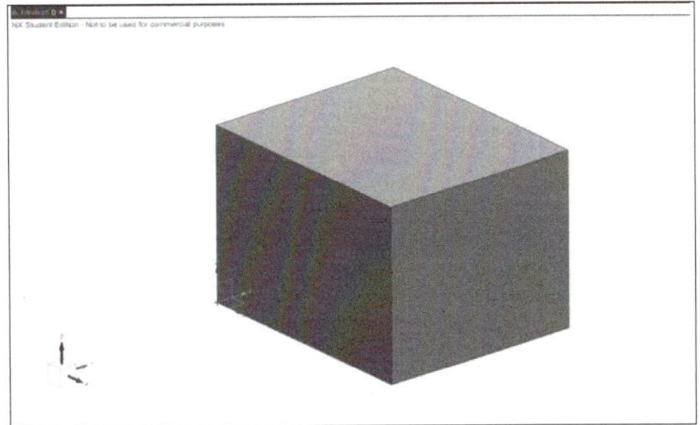

- Extrude 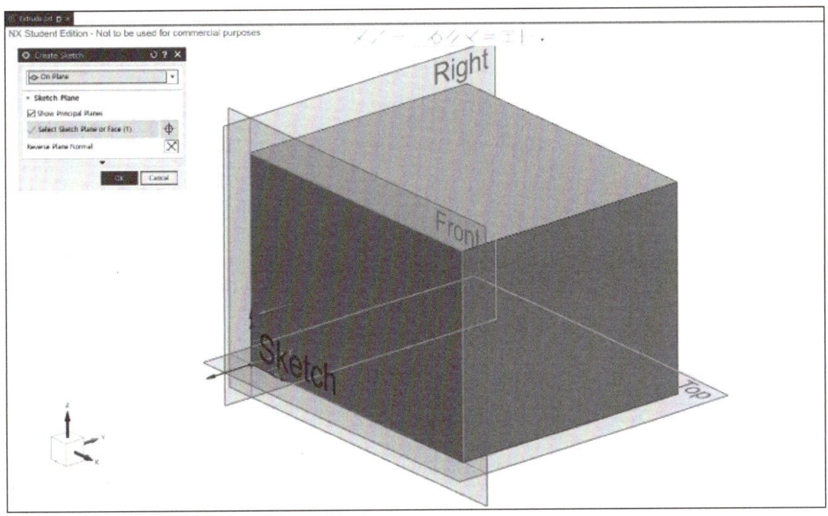를 클릭한 뒤, 작성한 사각형 Sketch가 선택된 것을 확인한다.
- Extrude 창의 Limit tab에서 [Start Distance: 0mm, End Distance: 40mm]로 입력하고 OK 버튼을 클릭한다.

- Sketch 를 클릭하고 사각형의 XZ 평면과 평행한 앞면을 선택한 뒤, Create Sketch 창의 OK 버튼을 클릭한다.

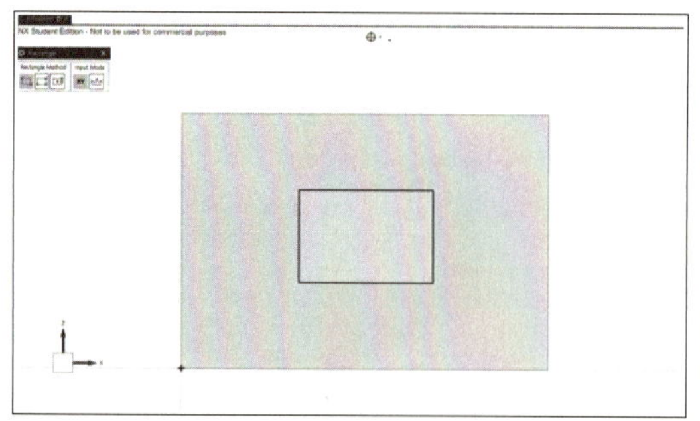 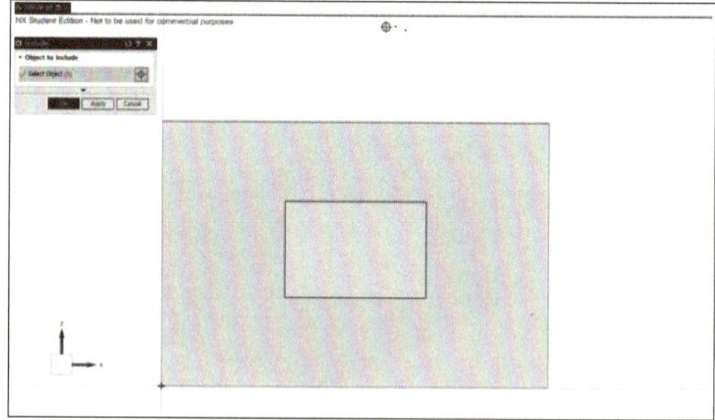

- Rectangle □ 을 클릭한 뒤, 임의의 위치에 사각형을 작성한 뒤, Rectangle 창을 닫는다.

- Include 🗄를 클릭하고 이전에 Extrude 한 사각형의 왼쪽 위 점을 클릭한 뒤, OK 버튼을 클릭한다.

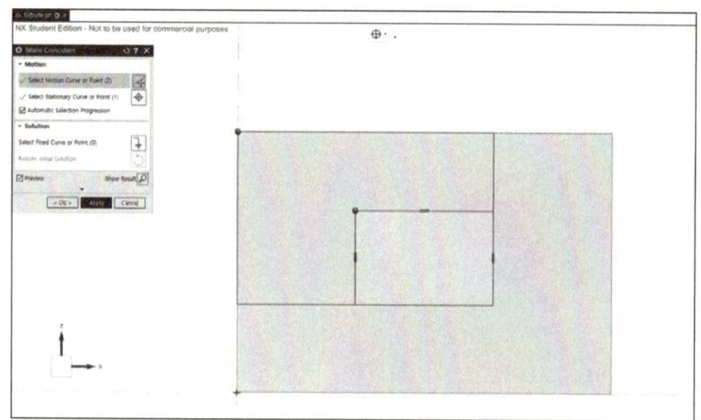 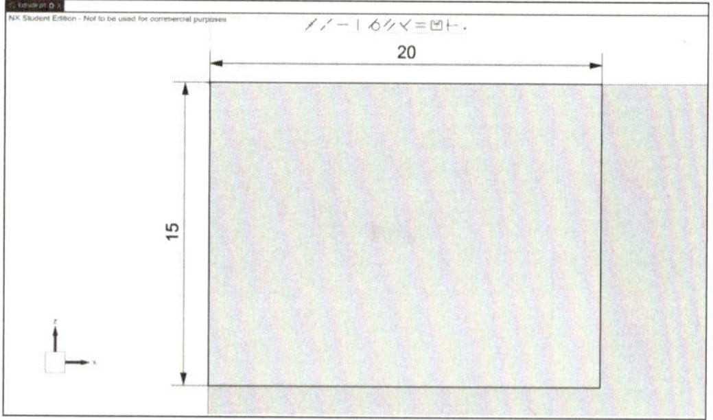

- Make Coincident ⚲를 클릭한 뒤, Include로 추가한 점과 현재 Sketch의 사각형의 왼쪽 위 점을 클릭하고 OK 버튼을 클릭한다.

- 사각형의 변을 클릭하여 [Z축 길이: 15mm, X축 길이: 20mm]로 치수를 정의한 뒤, Finish 🏁를 클릭한다.

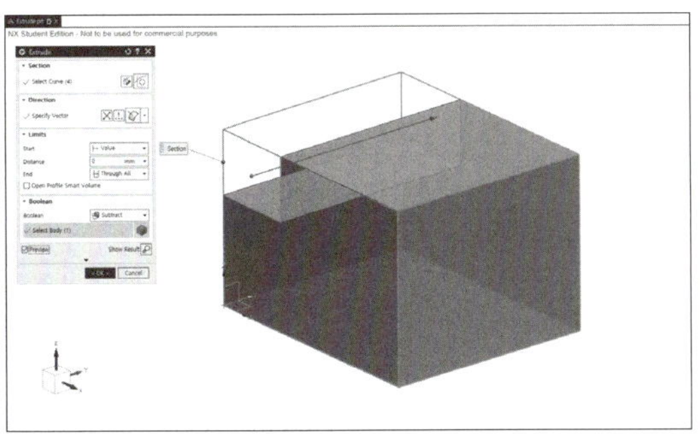 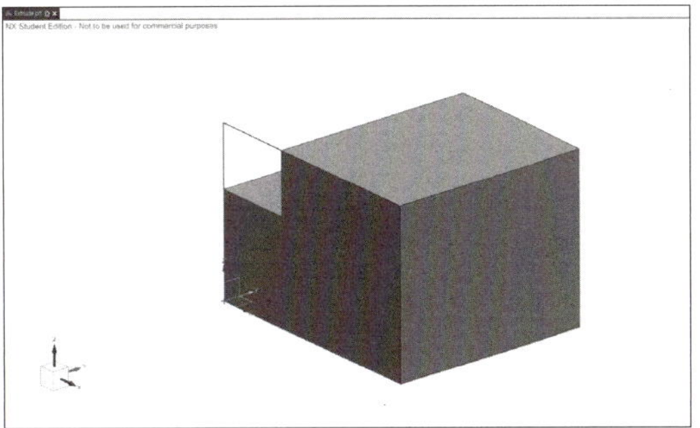

- Extrude 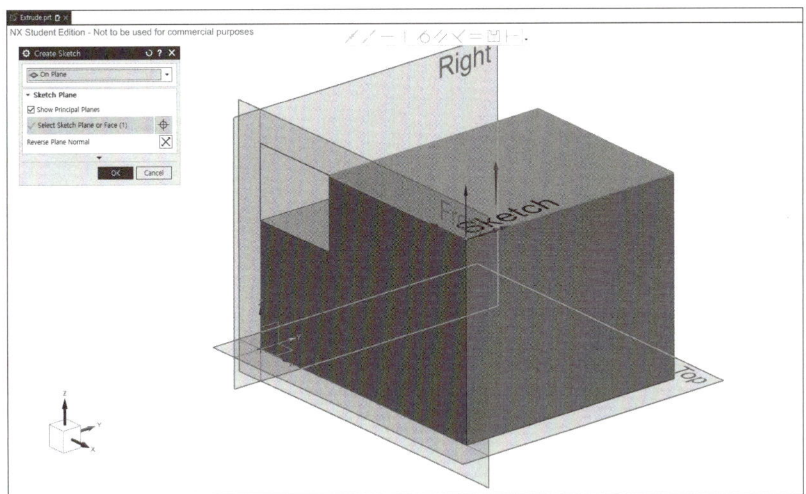를 클릭한 뒤, Direction Tab의 Reverse Direction 을 이용하여 -Y 방향으로 맞춰 준다.

- Extrude 창의 Limit tab에서 [Start Distance: 0mm, End: Through All], Boolean tab에서 [Boolean: Subtract]로 입력하고 OK 버튼을 클릭한다.

- Sketch 를 클릭하고 도형의 XY 평면과 평행한 윗면을 선택한 뒤, Create Sketch 창의 OK 버 튼을 클릭한다.

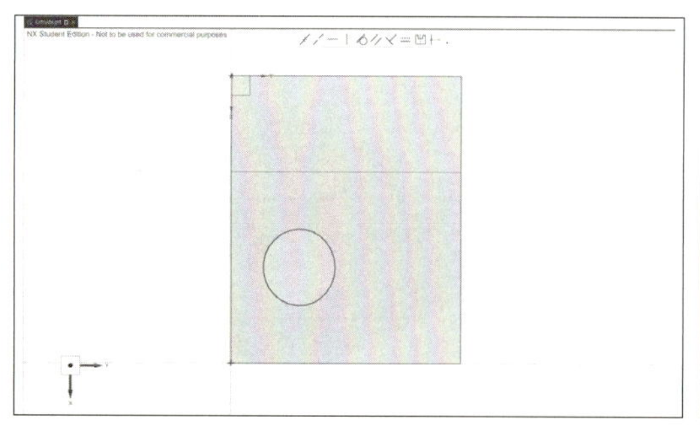 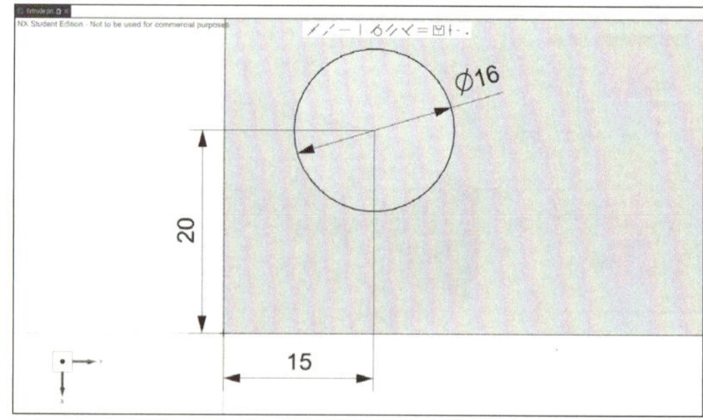

- Circle◯을 클릭한 뒤, 임의의 위치에 원을 작성하고 Circle 창을 닫는다.
- 원의 치수를 [Diameter: 16mm, 기준점과 원의 중심의 Y축 길이: 15mm, 기준점과 원의 중심의 X축 길이: 20mm]로 정의한다.
- Finish를 클릭하여 Sketch를 종료한다.

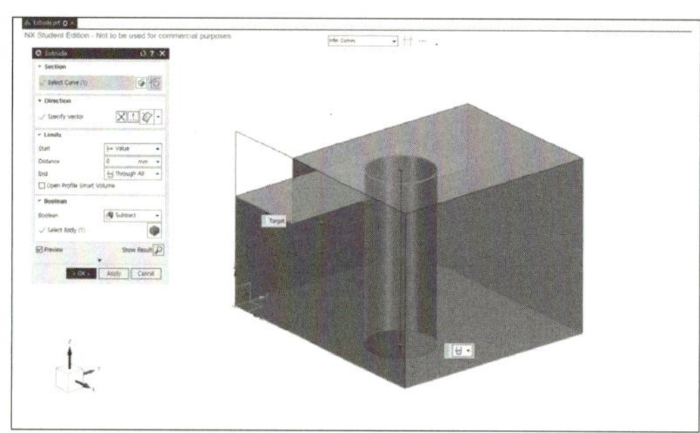 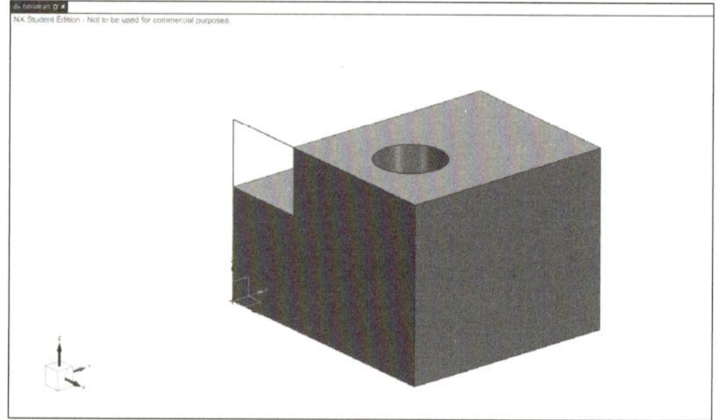

- Extrude를 클릭한 뒤, 원 Sketch를 클릭하고 Direction Tab의 Reverse Direction을 이용하여 -Z 방향으로 맞춰 준다.
- Extrude 창의 Limit tab에서 [Start Distance: 0mm, End: Through All], Boolean tab에서 [Boolean: Subtract]로 입력하고 OK 버튼을 클릭한다.

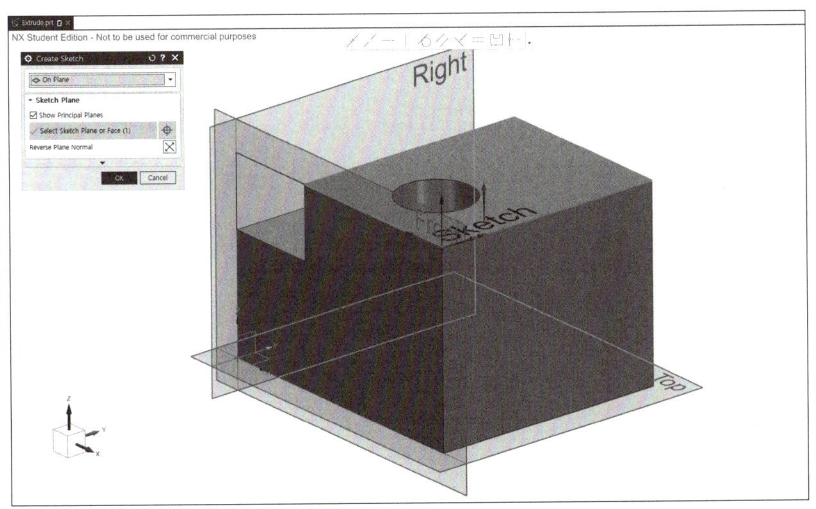

- Sketch ⟨아이콘⟩ 를 클릭하고 도형의 XY 평면과 평행한 윗면을 선택한 뒤, Create Sketch 창의 OK 버튼을 클릭한다.

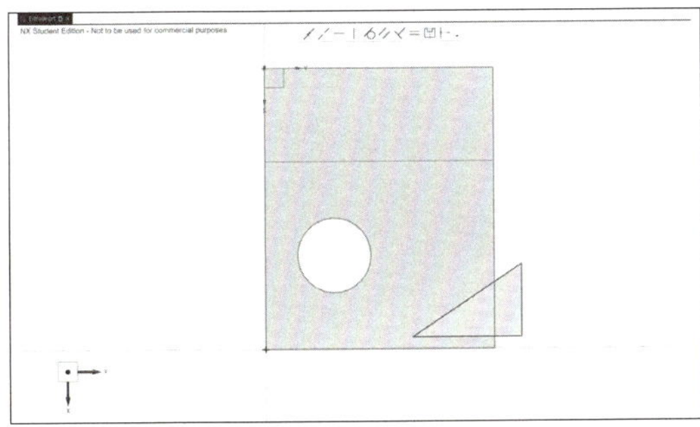 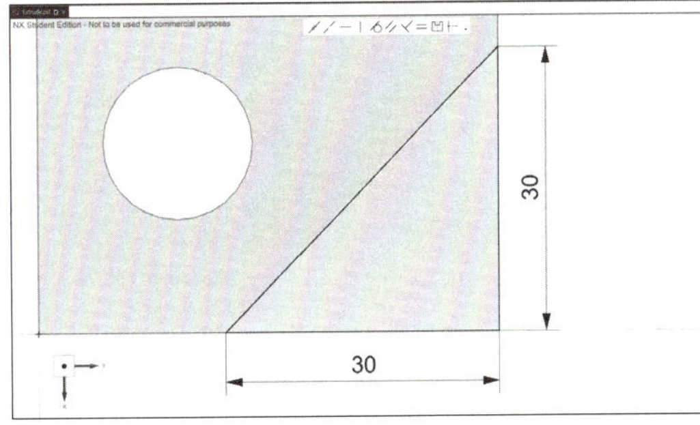

- Profile ⟨아이콘⟩ 을 클릭한 뒤, 임의의 위치에 삼각형을 작성하고, Profile 창을 닫는다.
- Include ⟨아이콘⟩ 를 클릭하고 사각형의 아래쪽, 오른쪽 선을 각각 클릭한 뒤, OK 버튼을 클릭한다.
- Make Coincident ⟨아이콘⟩ 를 클릭한 뒤, Include로 추가한 선과 삼각형의 평행한 선을 각각 클릭하고 OK 버튼을 클릭한다.
- 삼각형의 치수를 다음과 같이 [Y축 길이: 30mm, X축 길이: 30mm]로 정의한 뒤, Finish ⟨아이콘⟩ 를 클릭한다.

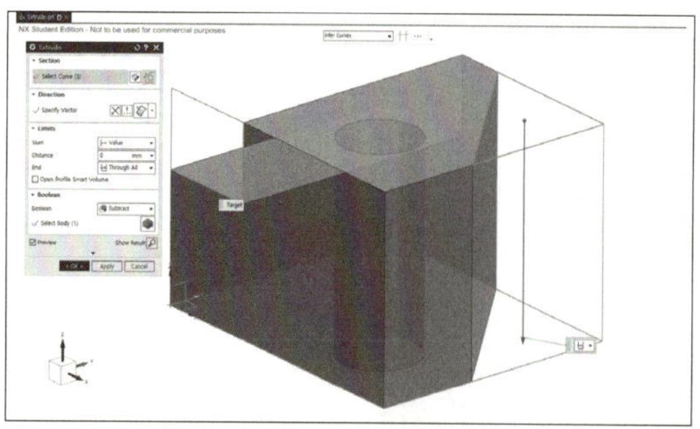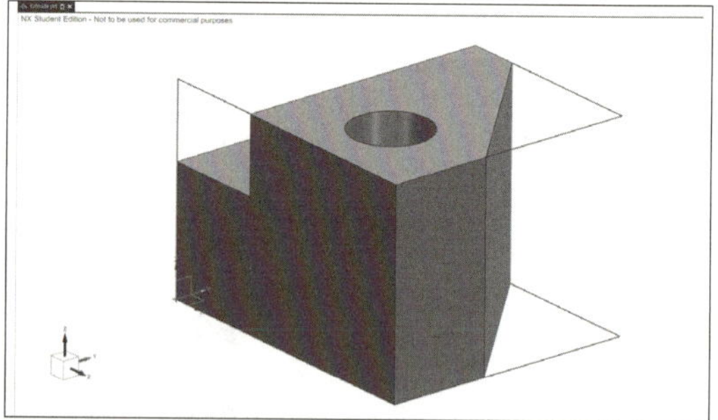

- Extrude 를 클릭한 뒤, 삼각형 Sketch를 클릭하고 Direction Tab의 Reverse Direction을 이용하여 -Z 방향으로 맞춰 준다.

- Extrude 창의 Limit tab에서 [Start Distance: 0mm, End: Through All], Boolean tab에서 [Boolean: Subtract]로 입력하고 OK 버튼을 클릭한다.

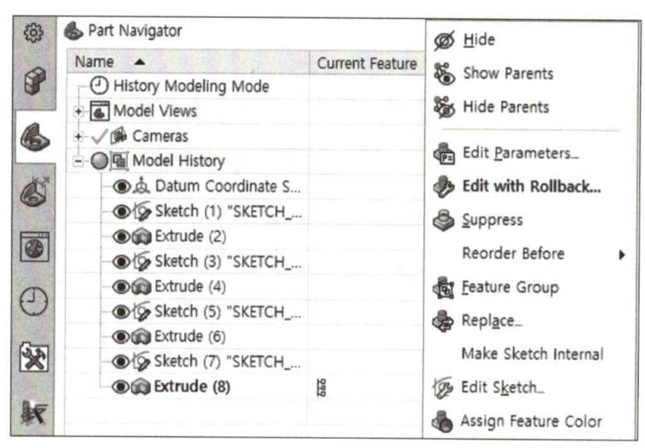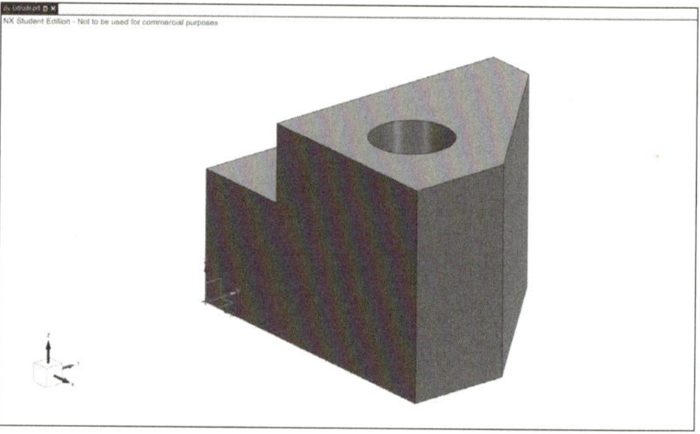

- Part Navigator tab에서 숨기고 싶은 Sketch에 MB3를 클릭하고, Hide를 클릭하여 다음과 같이 숨길 수 있다.

● Chamfer, Edge Blend 기능을 이용하여 다음 형상에 대해 모델링을 진행한다.

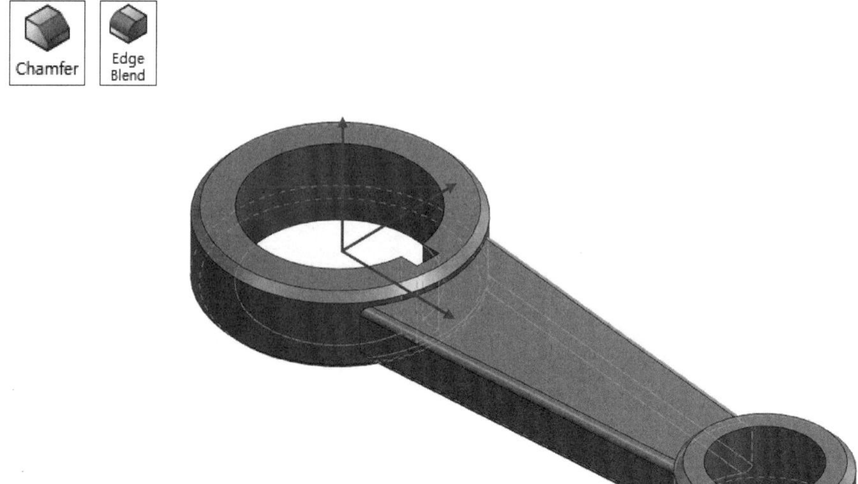

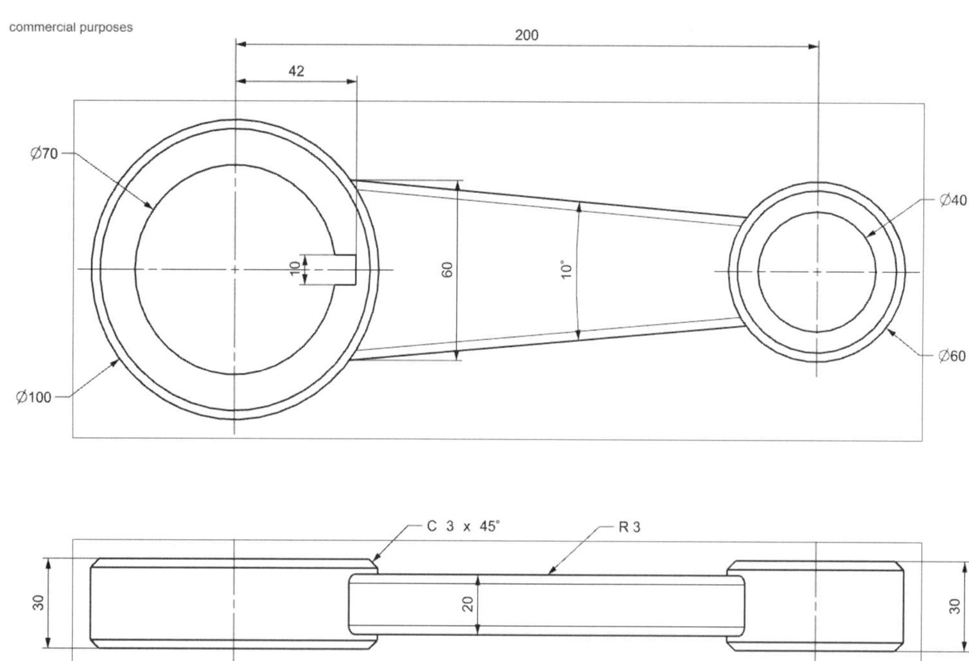

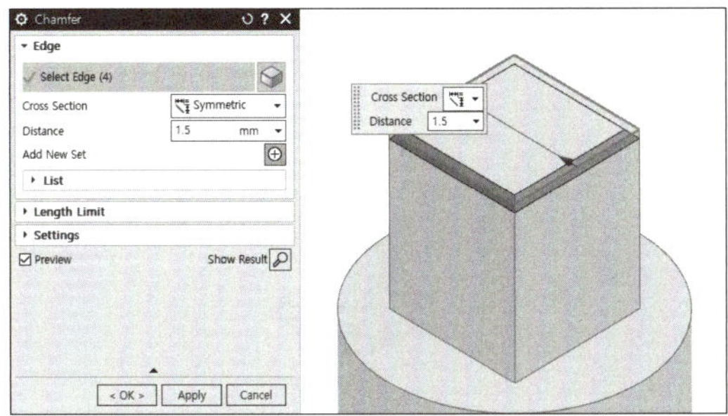
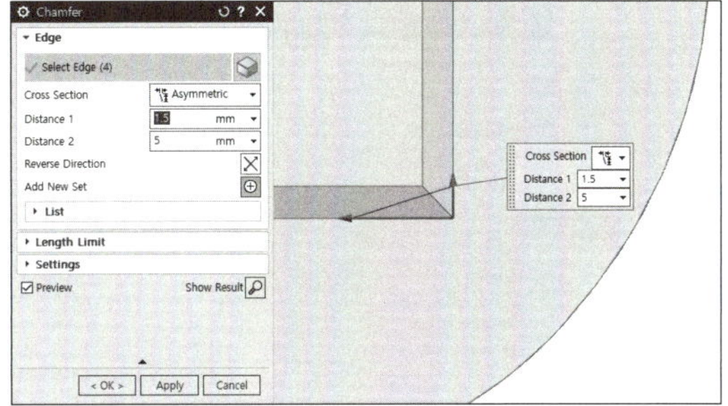

- Chamfer는 모따기로도 불리며, 형상의 모서리를 일정하게 깎아 내어 경사진 면으로 만드는 작업이다.
- 경사면의 형상에 따라 Symmetric, Asymmetric, Offset and Angle로 총 3가지 유형이 존재한다.

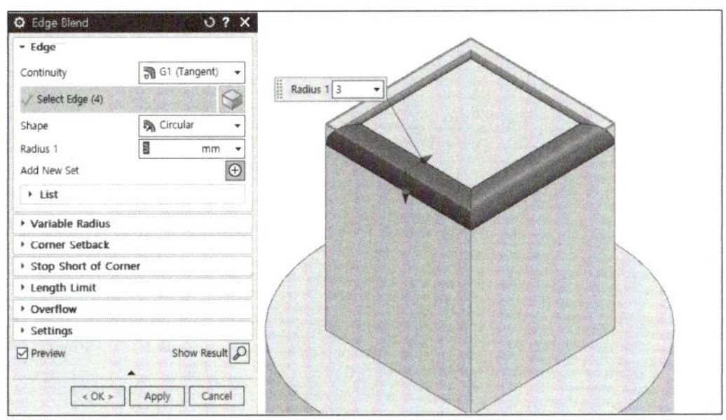

- Edge Blend는 모깎기로도 불리며, 형상의 모서리를 지정한 반지름의 면으로 만드는 작업이다.
- 모서리를 선택하는 방법이나 순서에 따라 형상이 달라질 수 있다.

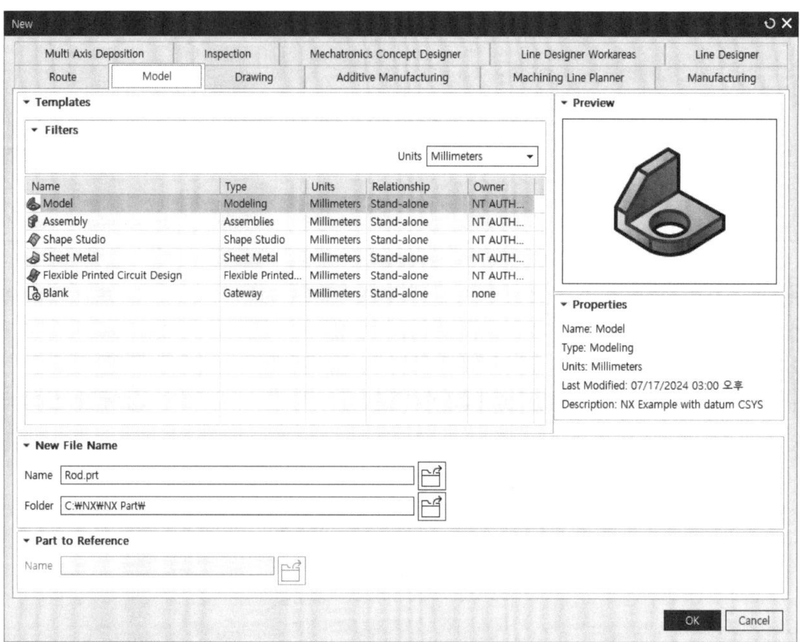

- File → New를 클릭하고 [Name: Rod.prt, Units: Millimeters]로 설정하고 OK 버튼을 클릭한다.

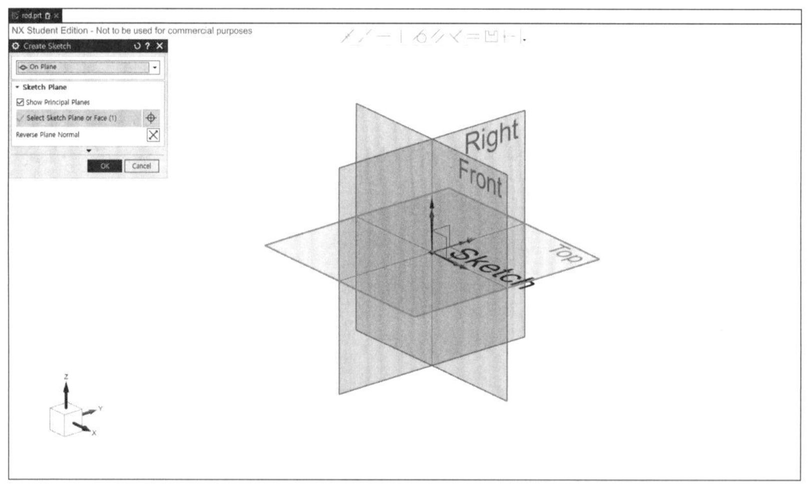

- Sketch를 클릭하여 XY 평면을 선택한 뒤, Create Sketch 창의 OK 버튼을 클릭한다.

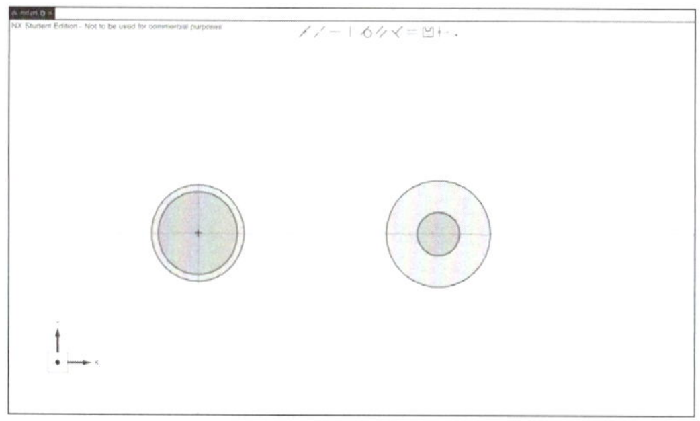 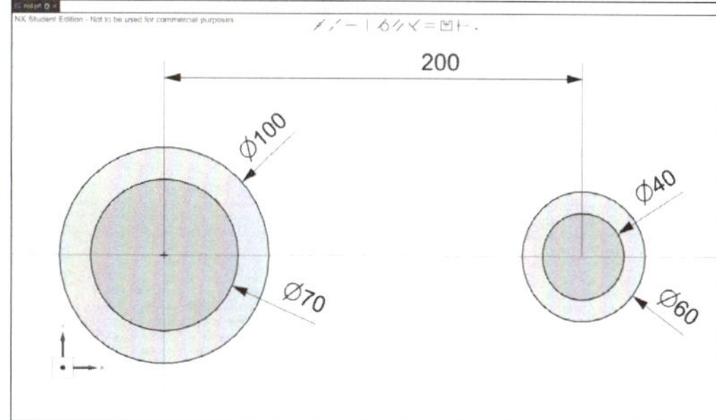

- Circle ◯ 을 클릭한 뒤, 임의의 위치에 4개의 원을 작성하고, Circle 창을 닫는다.
- Make Coincident ✎ 를 이용하여 2개의 원의 중심은 원점과 일치시키고, 2개의 원의 중심은 X축 위에서 일치시킨다.
- 원점이 중심인 원은 각각 [Diameter1: 100mm, Diameter2: 70mm]로 정의하고, X축 위에 중심을 일치시킨 원은 각각 [Diameter3: 60mm, Diameter4: 40mm, 원점과 원의 중심의 X축 길이: 200mm]로 정의한 뒤, Finish 🏁 를 클릭한다.

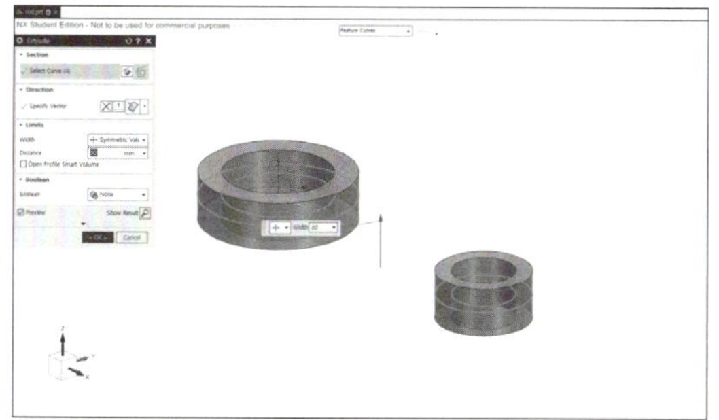 

- Extrude 🔷 를 클릭한 뒤, 작성한 원 Sketch가 선택된 것을 확인한다.
- Extrude 창의 Limit tab에서 [Width: Symmetric, Distance: 30mm]로 입력하고 OK 버튼을 클릭한다.

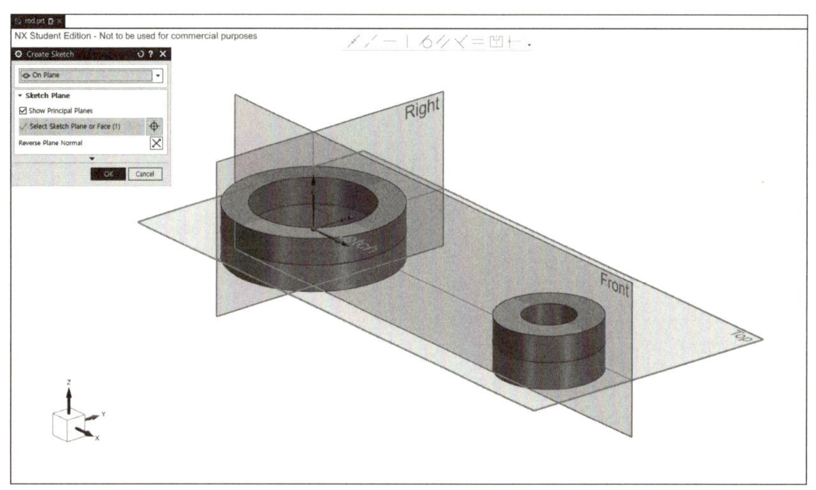

- Sketch 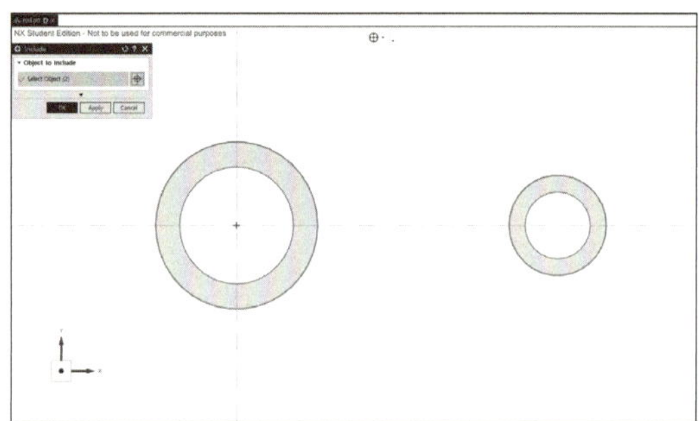를 클릭하여 XY 평면을 선택한 뒤, Create Sketch 창의 OK 버튼을 클릭한다.

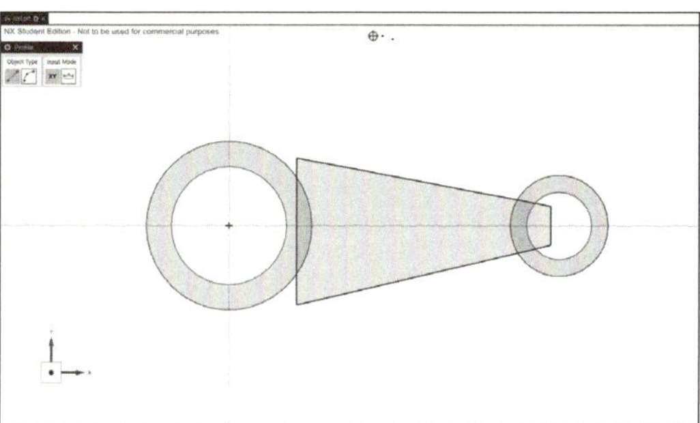

- Include를 클릭하고 이전에 Extrude한 2개의 원의 바깥지름을 클릭한 뒤, OK 버튼을 클릭한다.
- Profile을 클릭하고 임의의 마름모를 작성한 뒤, Profile 창을 닫는다.

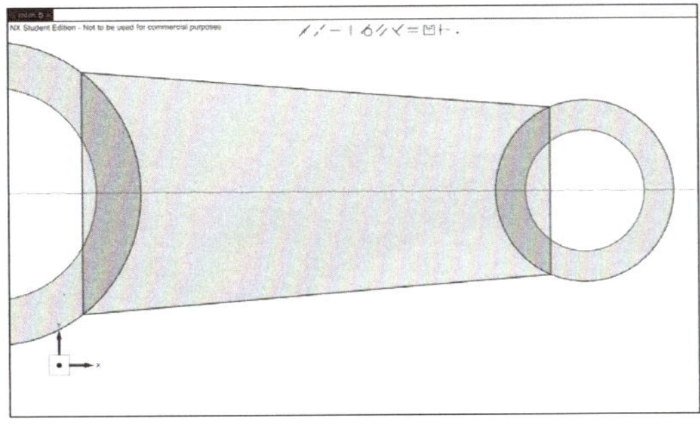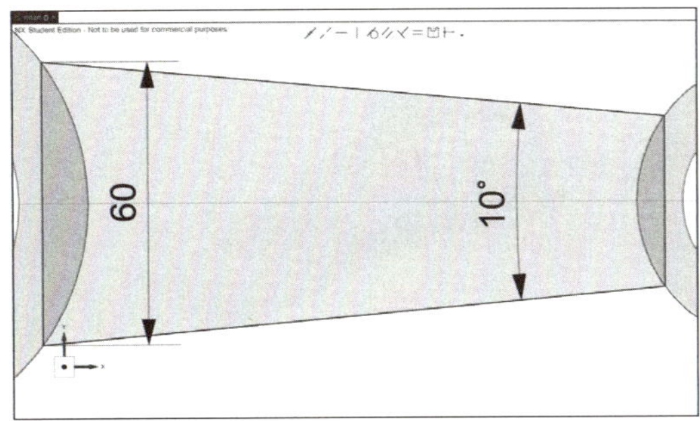

- Make Coincident 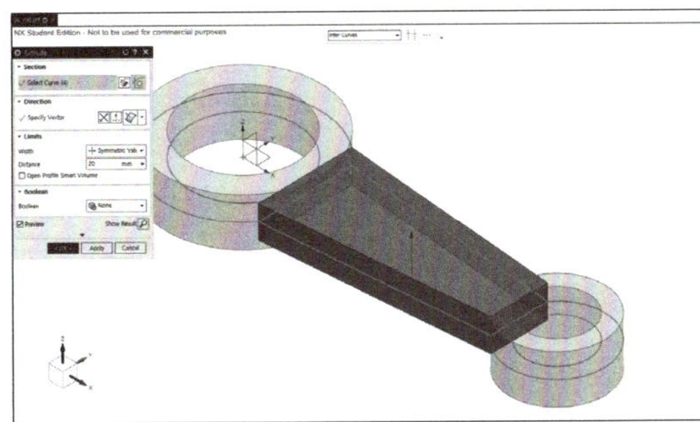를 클릭하여 마름모의 각 꼭짓점이 2개의 원의 바깥지름과 일치하도록 한다.
- 마름모의 위, 아래 변을 클릭하여 [두 변 사이의 각: 10°]을 정의한 뒤, [왼쪽 변의 길이: 60mm] 까지 정의하고 Finish 를 클릭한다.

- Extrude 를 클릭한 뒤, 작성한 마름모 Sketch가 선택된 것을 확인한다.
- Extrude 창의 Limit tab에서 [Width: Symmetric, Distance: 20mm]로 입력하고 OK 버튼을 클릭한다.

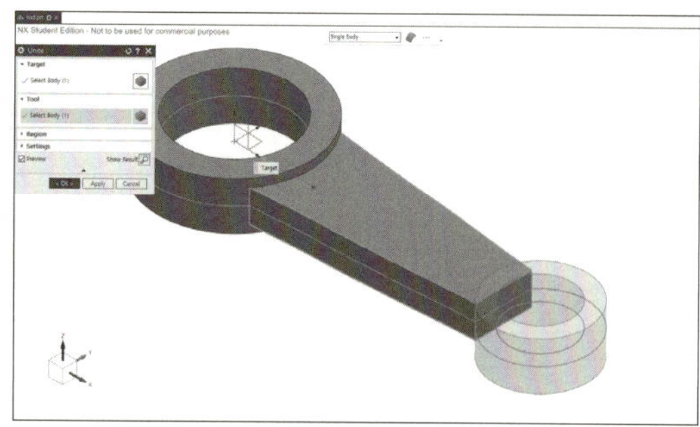 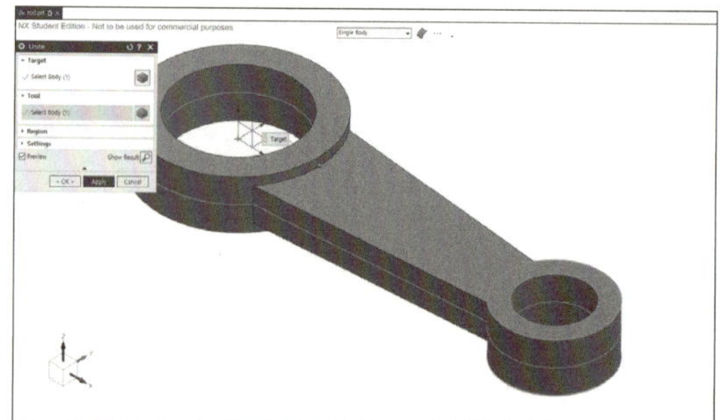

- Unite 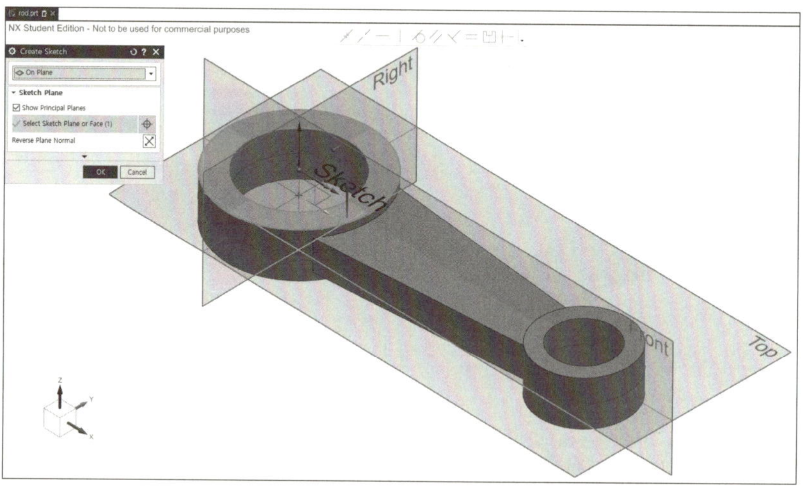를 클릭하고 원점 쪽 원기둥 Body와 마름모 Body를 누르고 Apply 버튼을 클릭한다.
- 앞서 병합한 Body와 나머지 원기둥 Body를 누르고 OK 버튼을 클릭한다.

- Sketch 를 클릭한 뒤, 원점 쪽 원기둥의 위쪽 면을 클릭하고 Create Sketch 창의 OK 버튼을 클릭한다.

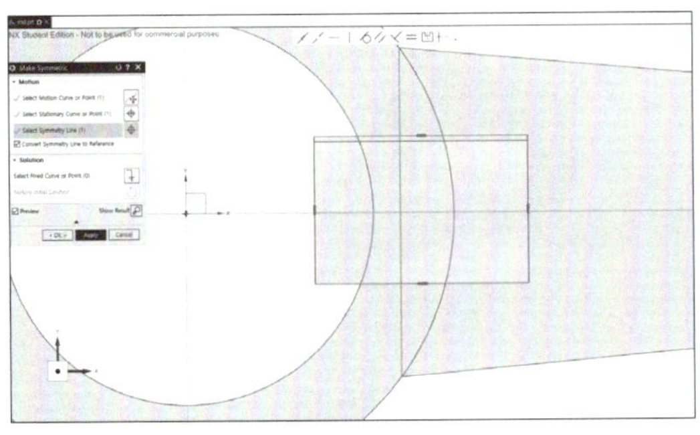 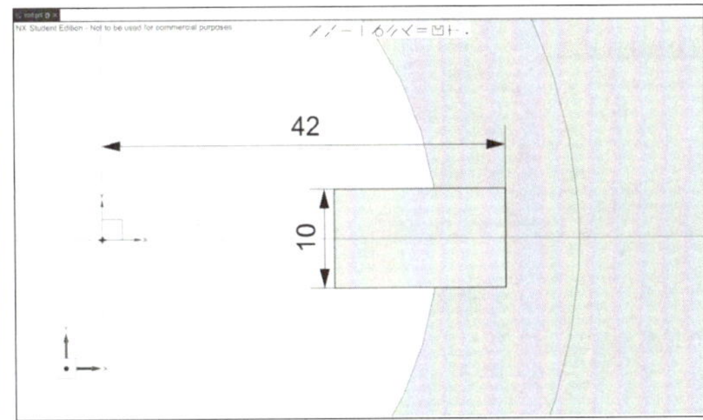

- Rectangle □ 을 클릭한 뒤, 임의의 위치에 사각형을 작성하고 Rectangle 창을 닫는다.

- Make Symmetric ⊞ 을 클릭하고 사각형의 위, 아래 변을 클릭한 뒤, X축을 클릭하여 대칭선을 정의하고 OK 버튼을 클릭한다.

- 사각형의 치수는 다음과 같이 [Y축 길이: 10mm, 오른쪽 변과 Y축 사이 길이: 42mm]로 정의한 뒤, Finish ▨ 를 클릭한다.

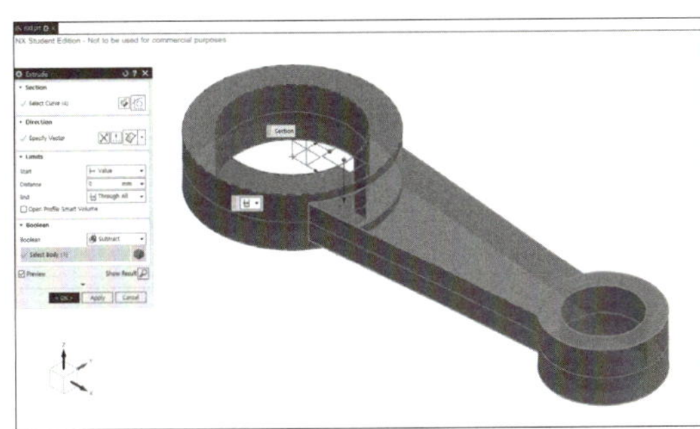 

- Extrude ⬢ 를 클릭한 뒤, 사각형 Sketch를 클릭하고 Direction Tab의 Reverse Direction ⊠ 을 이용하여 -Z 방향으로 맞춰 준다.

- Extrude 창의 Limit tab에서 [Start Distance: 0mm, End: Through All], Boolean tab에서 [Boolean: Subtract]로 입력하고 OK 버튼을 클릭한다.

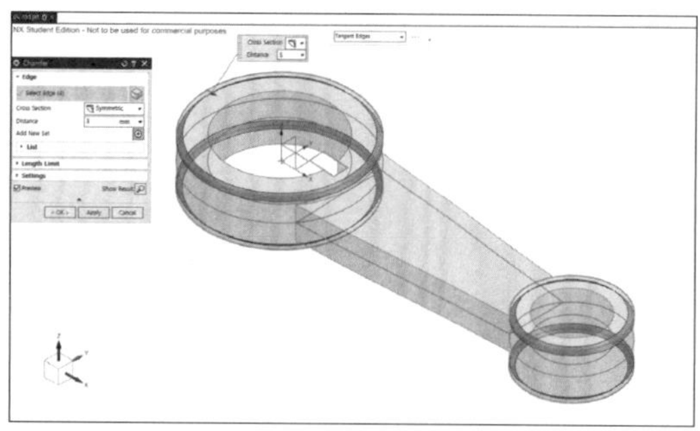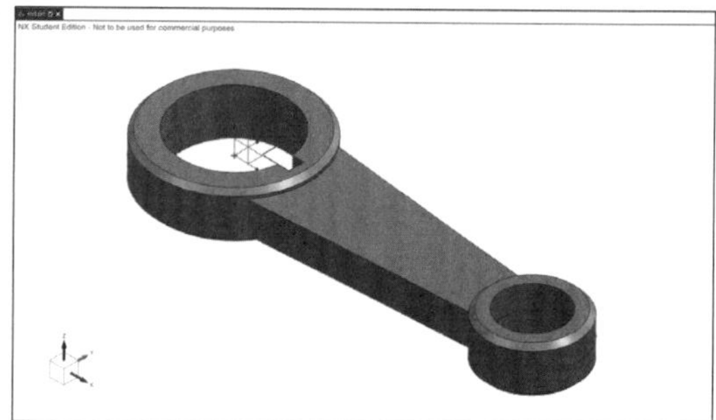

- Chamfer 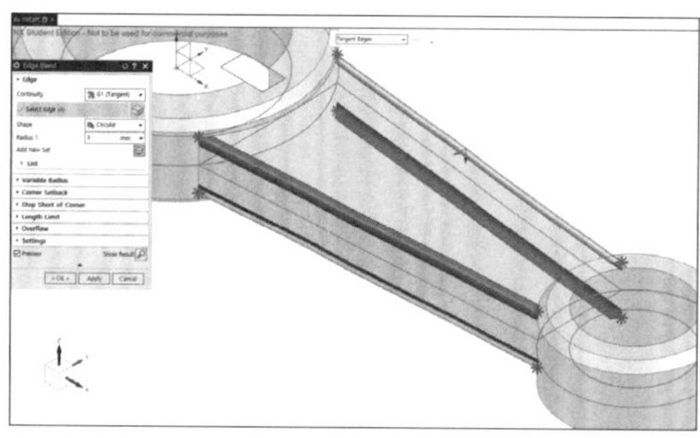를 클릭한 뒤, 다음과 같이 2개의 원기둥의 4개의 모서리를 선택한다.
- Chamfer 창의 Edge tab에서 [Cross section: Symmetric, Distance: 3mm]로 입력하고 OK 버튼을 클릭한다.

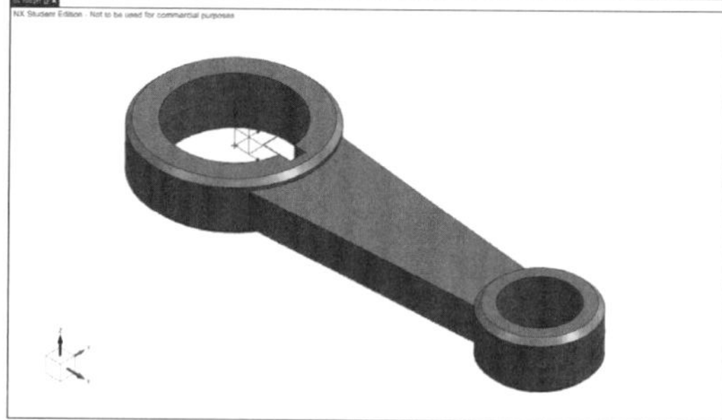

- Edge Blend 를 클릭한 뒤, 다음과 같이 마름모의 4개의 모서리를 선택한다.
- Edge Blend 창의 Edge tab에서 [Radius1: 3mm]로 입력하고 OK 버튼을 클릭한다.

④ Shell

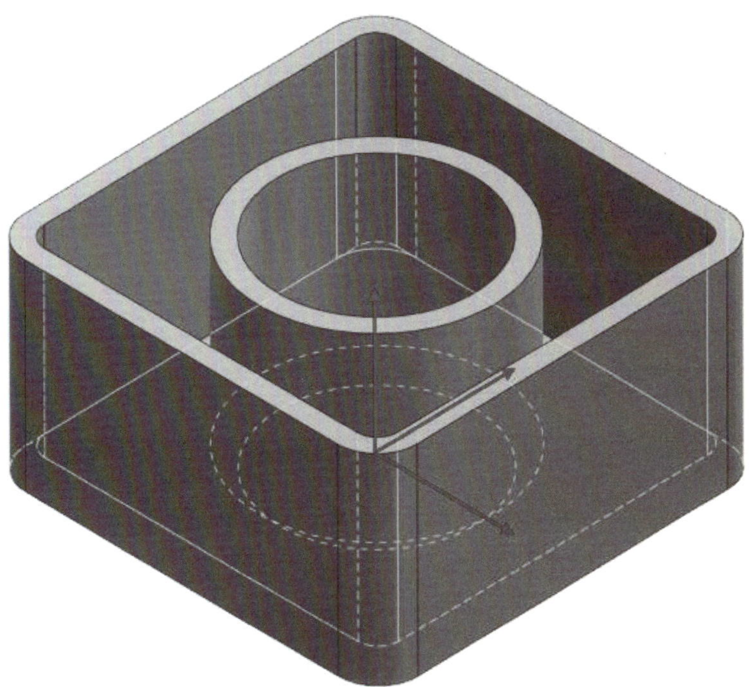

• Shell 기능을 이용하여 다음 형상에 대해 모델링을 진행한다.

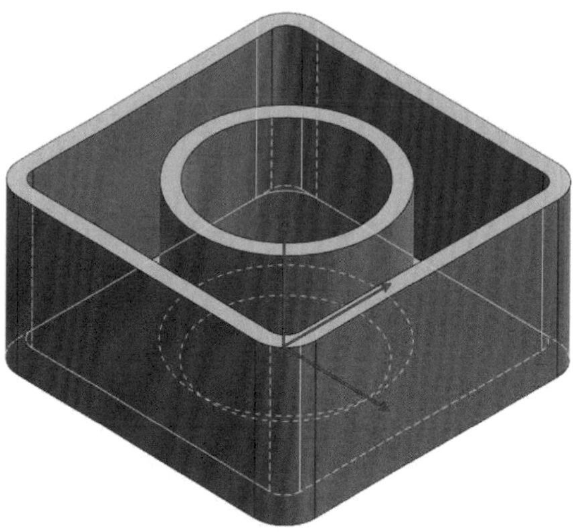

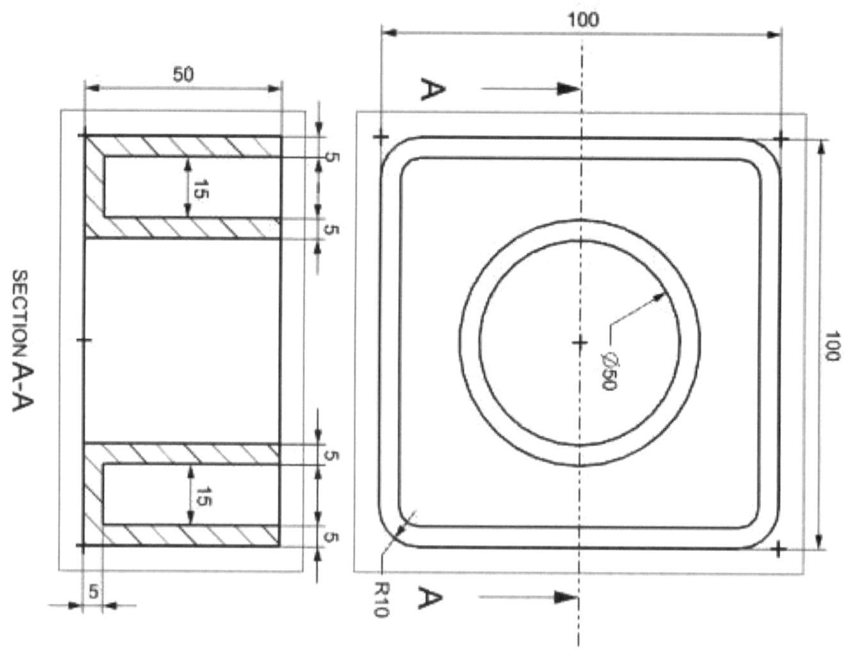

- Shell은 Solid Body의 내부를 비우고 벽면 두께를 지정하여 껍데기 형태로 만드는 작업이다.

- 제거할 면과 두께를 지정하여 작업하고, 특정 면에 대해서 다른 두께를 지정할 수 있다.

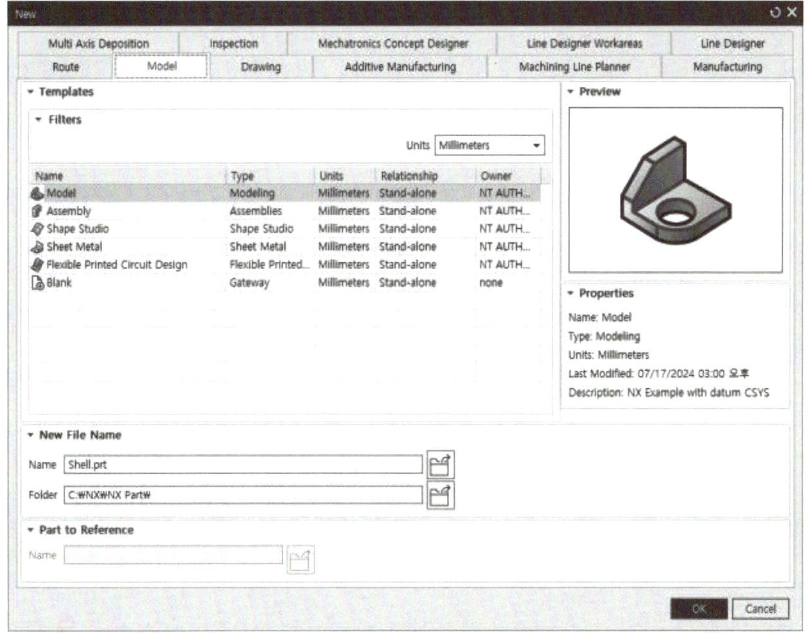

- File → New를 클릭하고 [Name: Shell.prt, Units: Millimeters]로 설정하고 OK 버튼을 클릭한다.

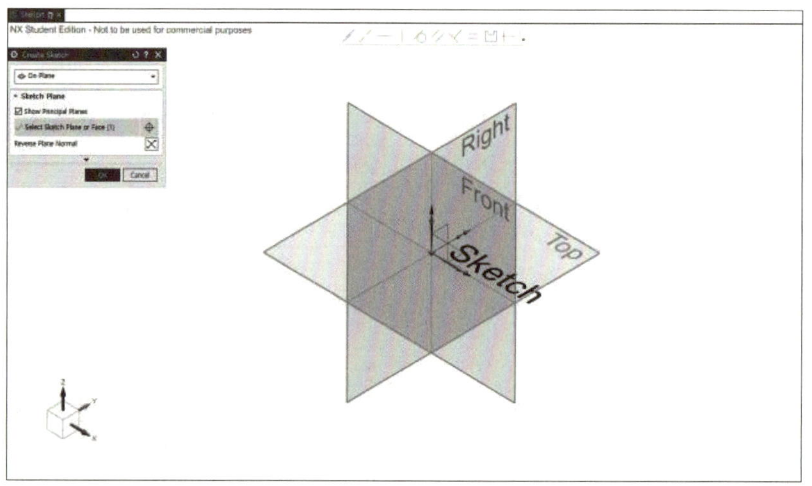

- Sketch ✎ 를 클릭하여 XY 평면을 선택한 뒤, Create Sketch 창의 OK 버튼을 클릭한다.

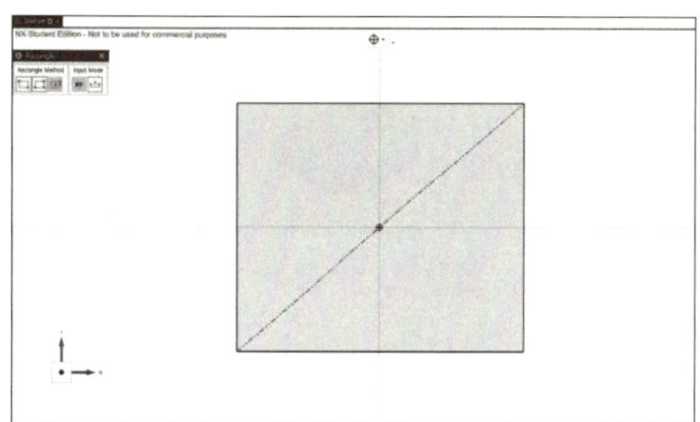

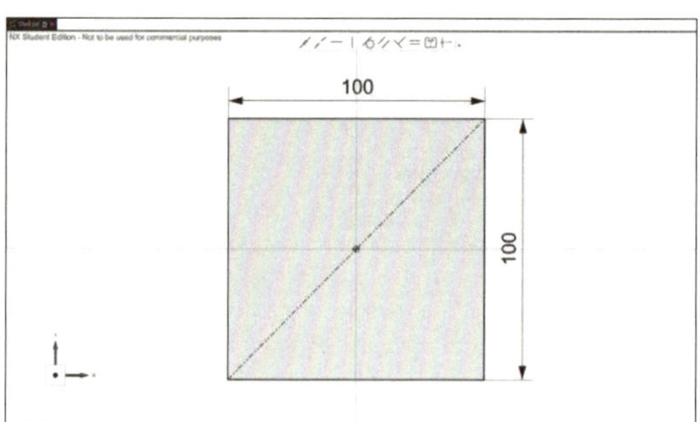

- Rectangle ▭ 을 클릭하고, From Center ⊡ 로 설정하여 사각형의 중심을 원점과 일치시켜 사각형을 작성하고 Rectangle 창을 닫는다.
- 사각형의 치수를 [X축 길이: 100mm, Y축 길이: 100mm]로 정의하고 OK 버튼을 클릭한다.

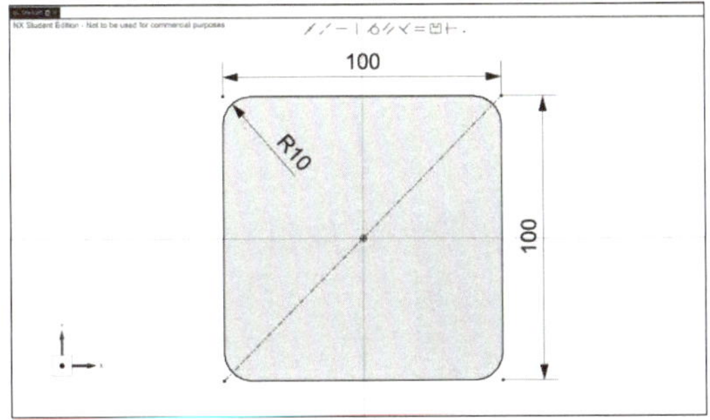

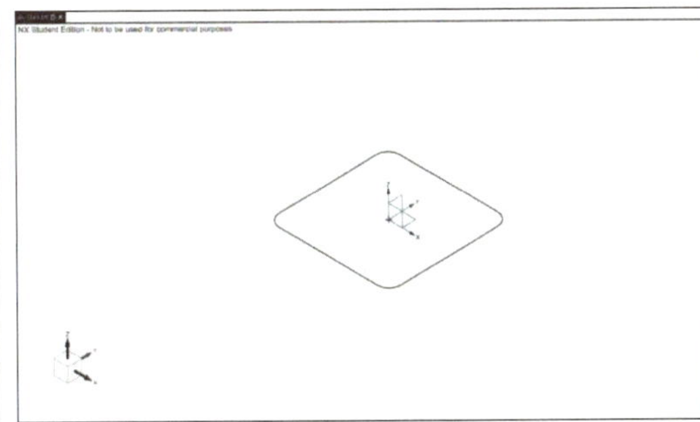

- Fillet 을 클릭하고, 커서 옆 Radius에 [Radius: 10mm]를 입력한다.
- 사각형의 4개의 모서리를 클릭하여 Fillet을 적용하고 Finish 를 클릭한다.

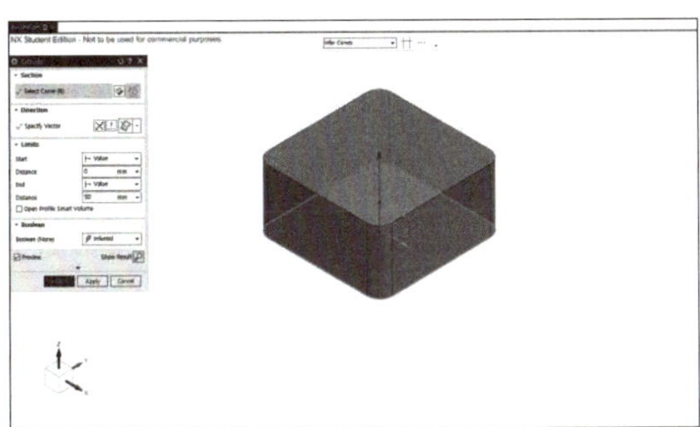

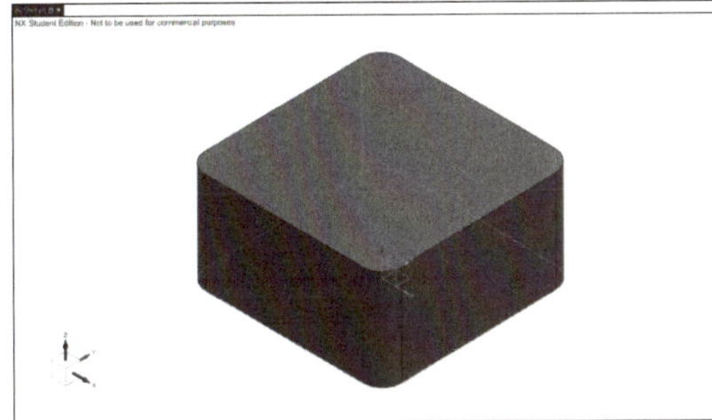

- Extrude 를 클릭한 뒤, 작성한 Sketch가 선택된 것을 확인한다.
- Extrude 창의 Limit tab에서 [Start Distance: 0mm, End Distance: 50mm]로 입력하고 OK 버튼을 클릭한다.

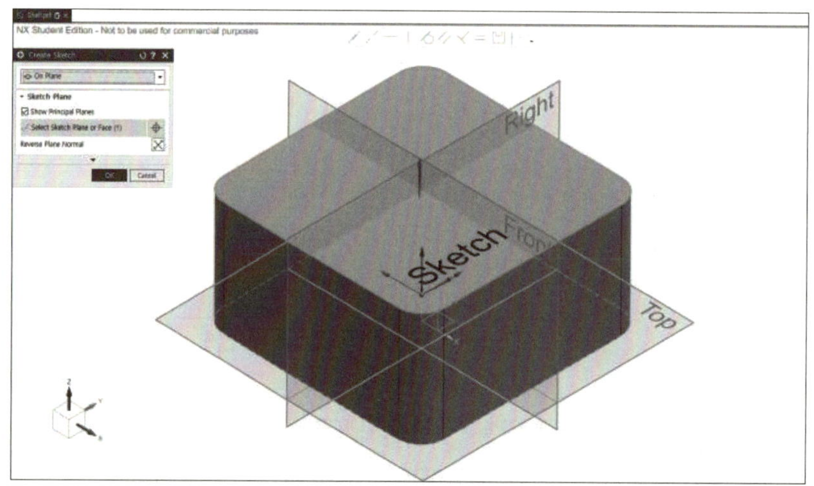

- Sketch  ...

- Sketch를 클릭하여 Extrude한 Body의 XY 평면과 평행한 윗면을 선택한 뒤, Create Sketch 창의 OK 버튼을 클릭한다.

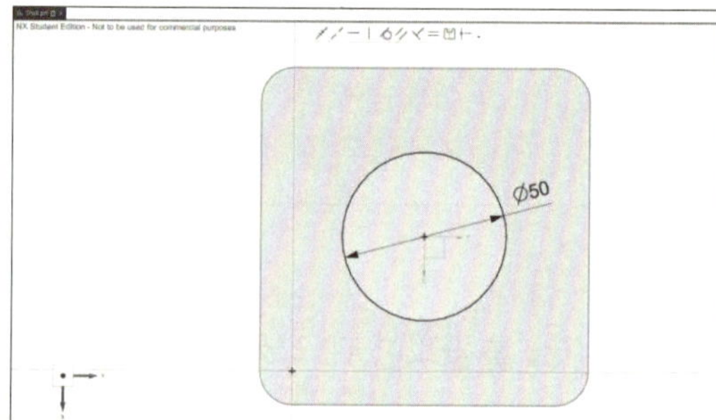

- Include를 클릭하고 절대좌표계의 원점을 선택한 뒤, OK 버튼을 클릭한다.
- Circle을 클릭하고 Include한 점과 원의 중심을 일치시키며 원을 작성한다.
- 원의 치수를 [Diameter: 50mm]로 정의하고 Finish를 클릭한다.

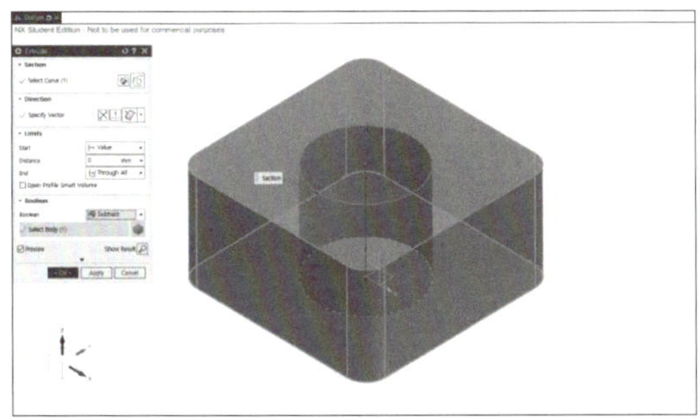 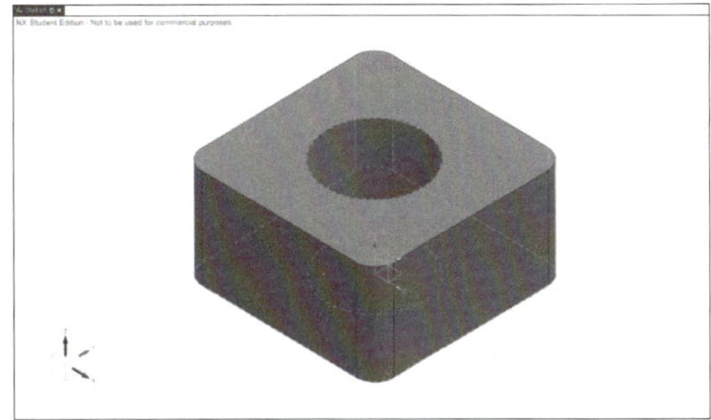

- Extrude 를 클릭한 뒤, Direction Tab의 Reverse Direction을 이용하여 -Z 방향으로 맞춰 준다.
- Extrude 창의 Limit tab에서 [Start Distance: 0mm, End: Through All], Boolean tab에서 [Boolean: Subtract]로 입력하고 OK 버튼을 클릭한다.

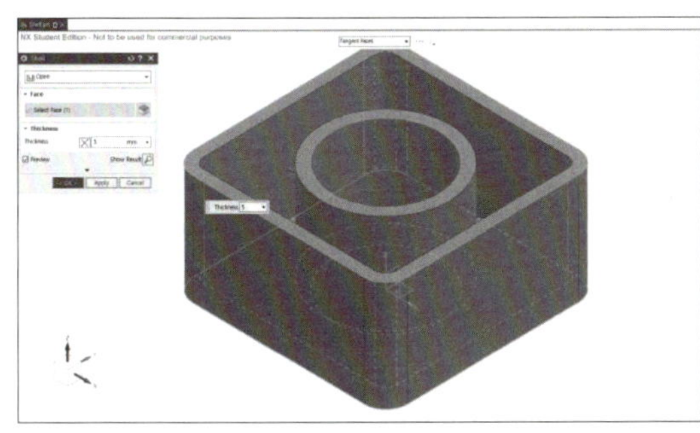 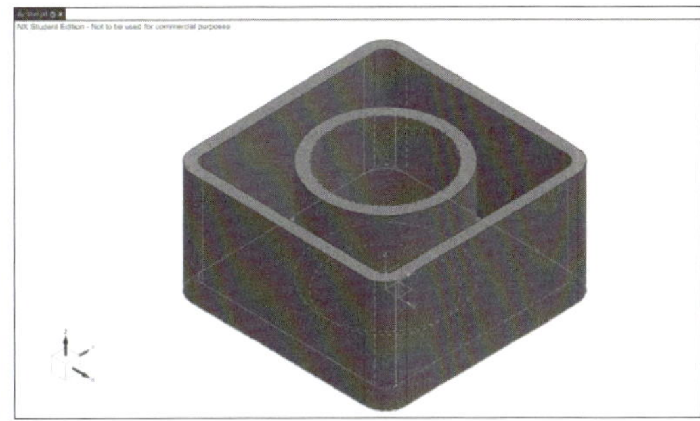

- Shell 을 클릭한 뒤, Open으로 설정하고 Body의 윗면을 선택한다.
- Shell 창의 Thickness tab에서 [Thickness: 5mm]로 입력하고 OK 버튼을 클릭한다.

⑤ Pattern feature

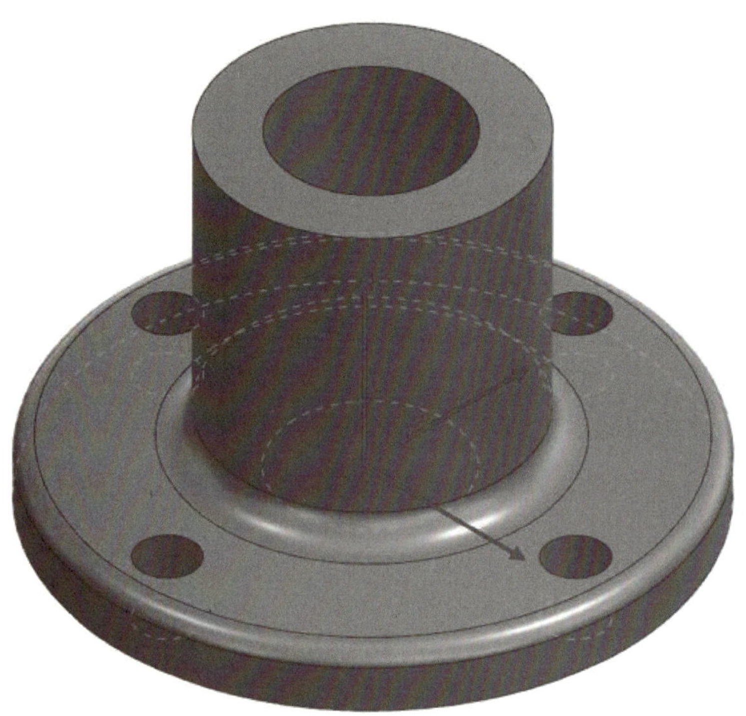

● Pattern Feature 기능을 이용하여 다음 형상에 대해 모델링을 진행한다.

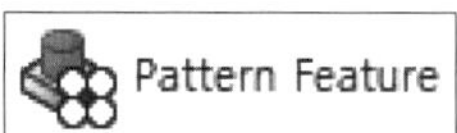

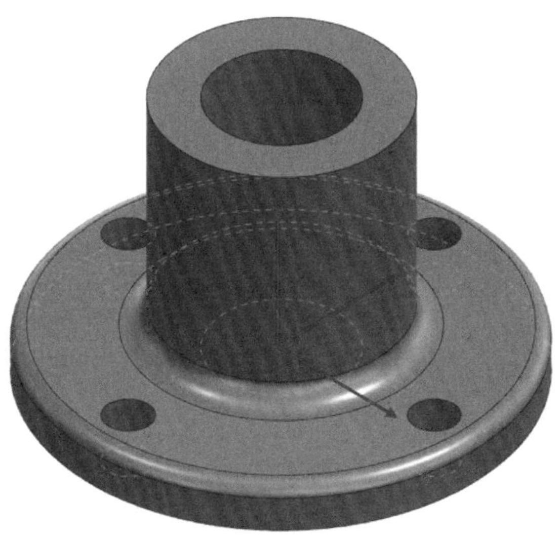

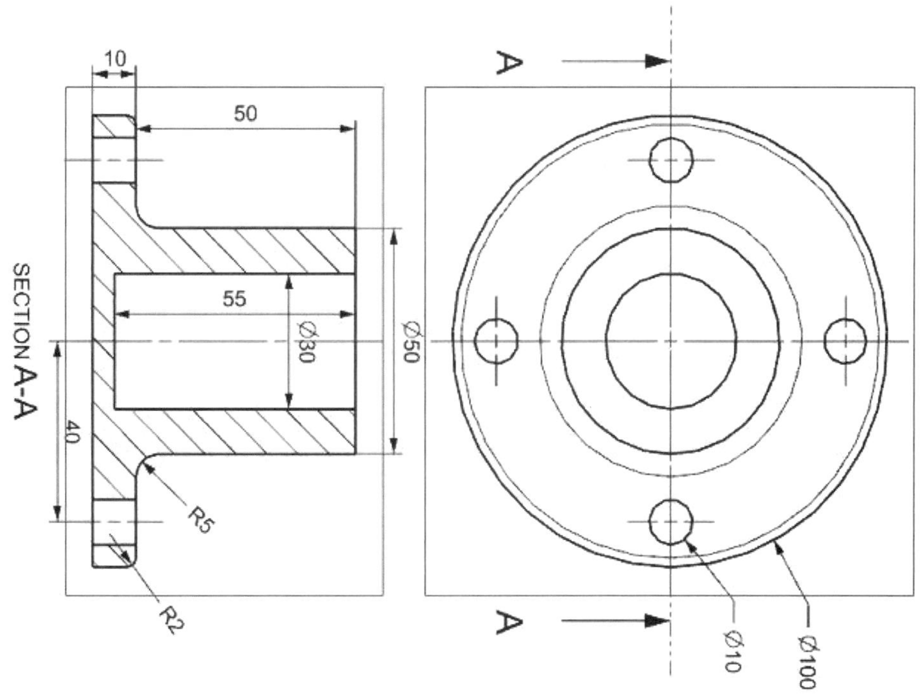

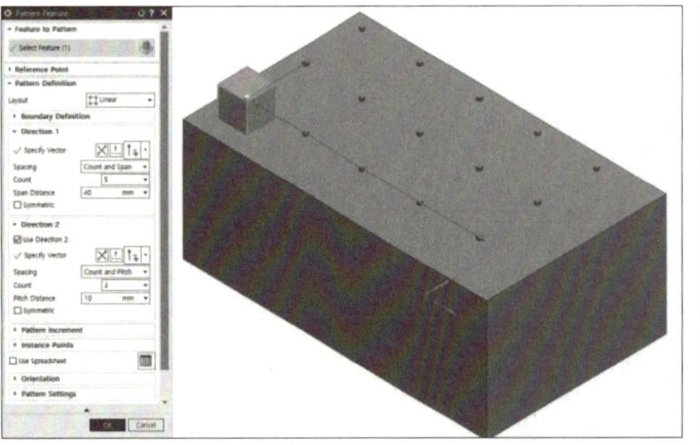

- Pattern Feature는 선택한 Feature를 일정한 Pattern으로 적용하여 여러 개의 같은 형상을 생성하는 작업이다.
- Pattern Layout에 따라 Linear, Circular, Polygon 등의 방법으로 적용할 수 있다.

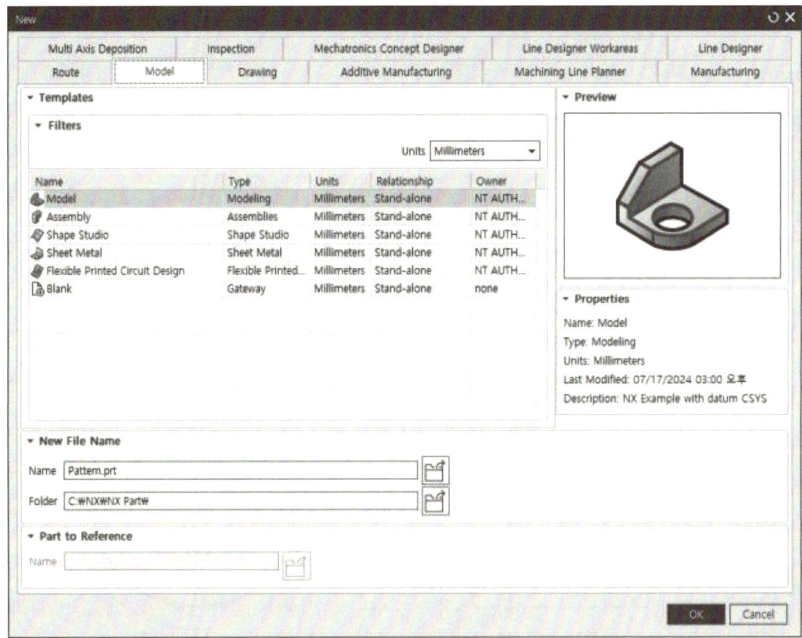

- File → New를 클릭하고 [Name: Pattern.prt, Units: Millimeters]로 설정하고 OK 버튼을 클릭한다.

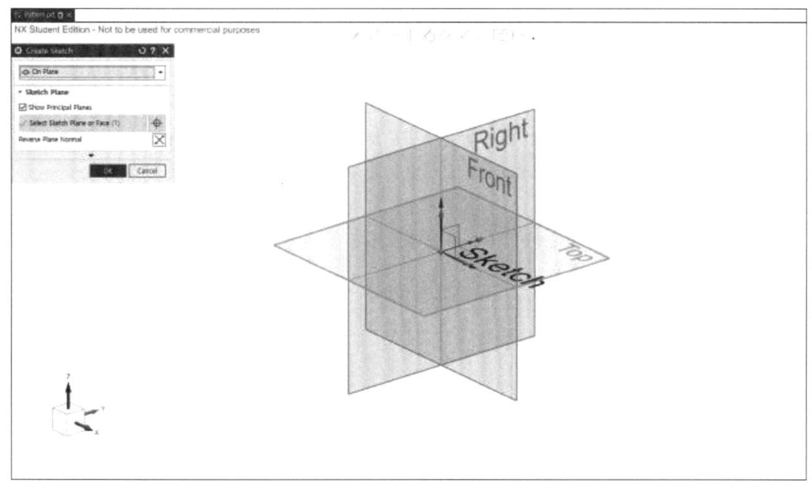

- Sketch 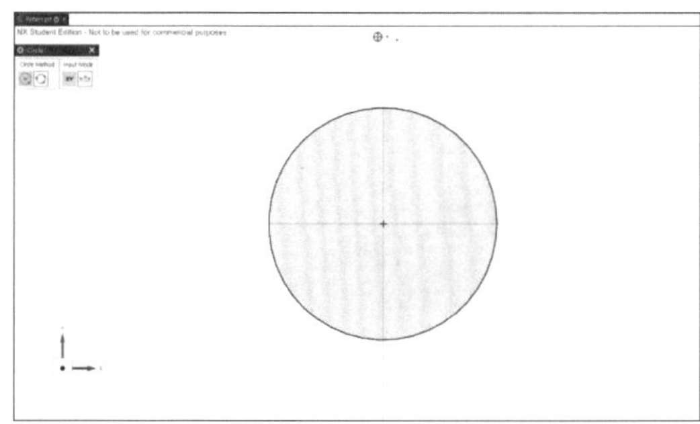를 클릭하여 XY 평면을 선택한 뒤, Create Sketch 창의 OK 버튼을 클릭한다.

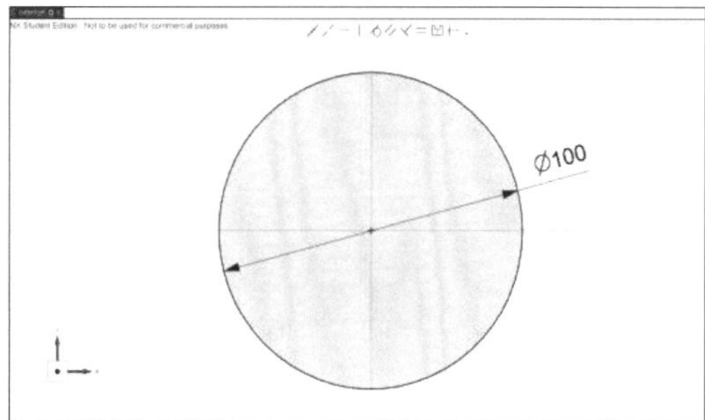

- Circle ◯을 클릭한 뒤, 원점과 원의 중심을 일치시켜 원을 작성하고, Circle 창을 닫는다.
- 원의 지름을 클릭하여 [Diameter: 100mm]로 치수를 정의한 뒤, Finish ▦를 클릭한다.

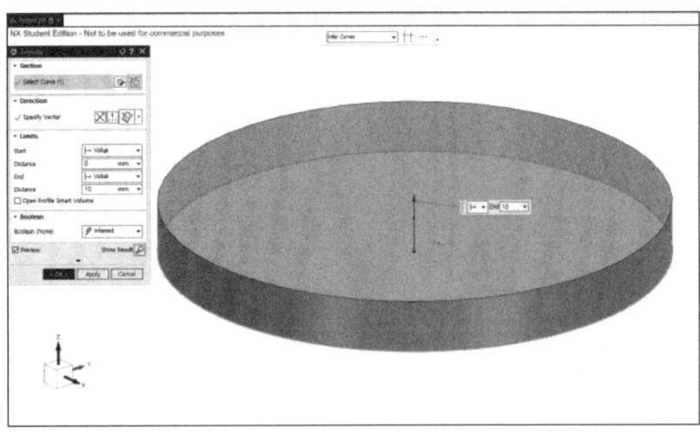 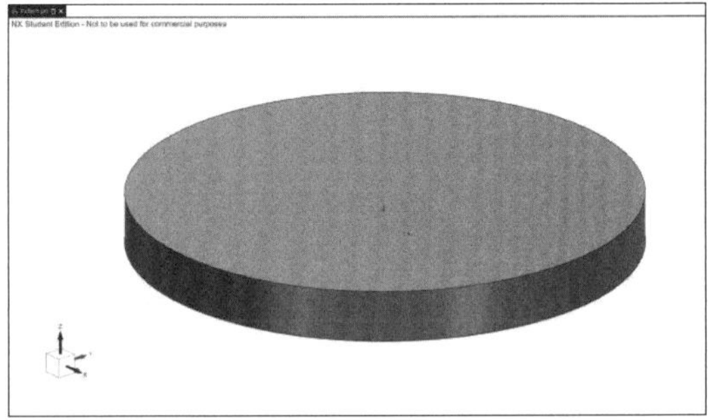

- Extrude 를 클릭한 뒤, 작성한 원 Sketch가 선택된 것을 확인한다.
- Extrude 창의 Limit tab에서 [Start Distance: 0mm, End Distance: 10mm]로 입력하고 OK 버튼을 클릭한다.

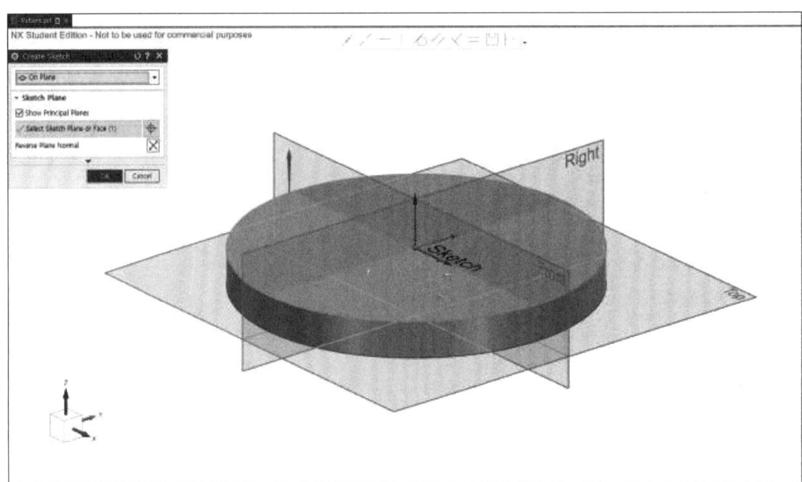

- Sketch 를 클릭하여 원기둥의 XY 평면에 평행한 윗면을 선택한 뒤, Create Sketch 창의 OK 버튼을 클릭한다.

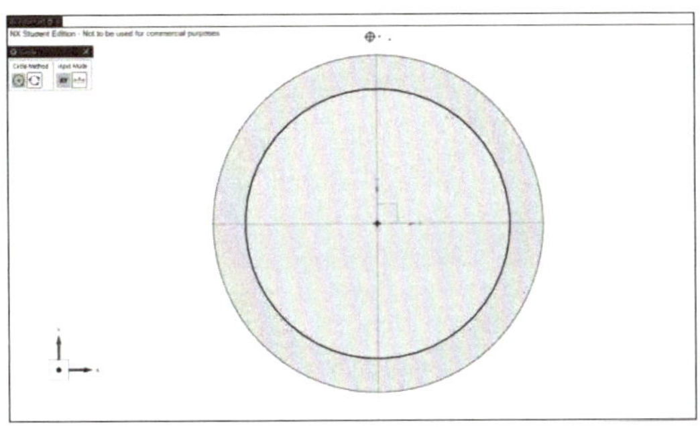 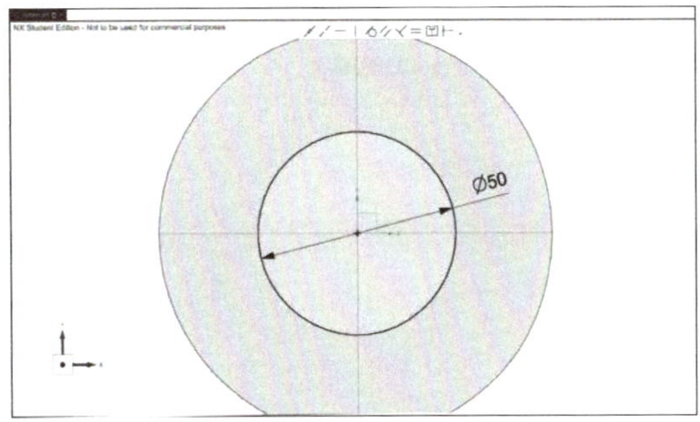

- Circle◯을 클릭한 뒤, 원점과 원의 중심을 일치시켜 원을 작성하고, Circle 창을 닫는다.
- 원의 지름을 클릭하여 [Diameter: 50mm]로 치수를 정의한 뒤, Finish 를 클릭한다.

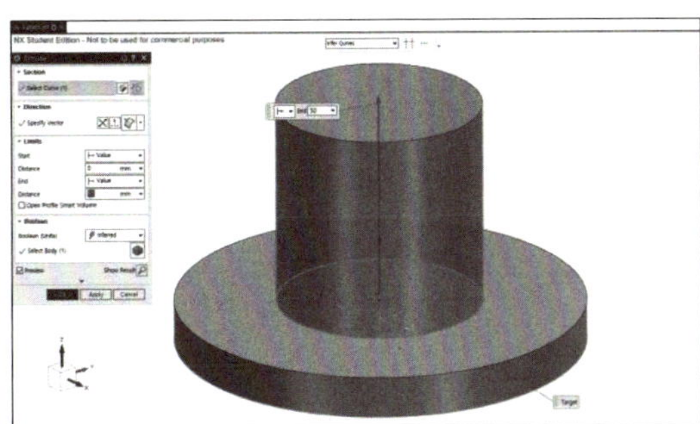 

- Extrude 를 클릭한 뒤, 작성한 원 Sketch가 선택된 것을 확인한다.
- Extrude 창의 Limit tab에서 [Start Distance: 0mm, End Distance: 50mm]로 입력하고 OK 버튼을 클릭한다.

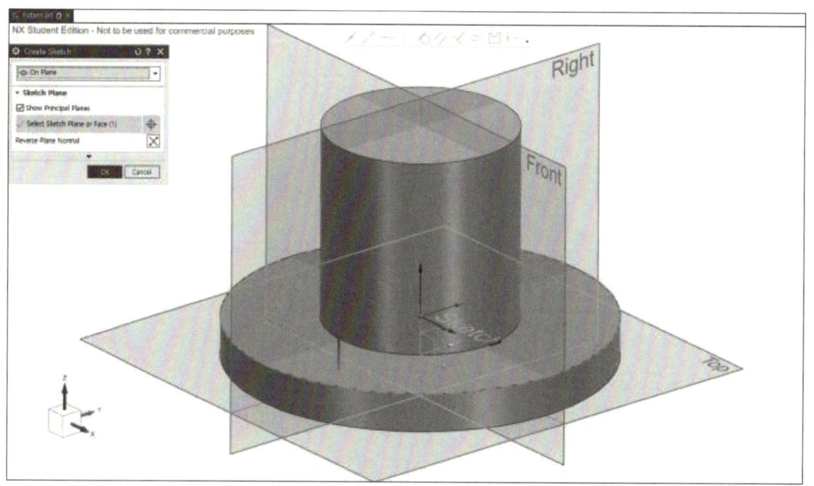

- Sketch 를 클릭하여 이전과 동일하게 원기둥의 XY 평면에 평행한 윗면을 선택한 뒤, Create Sketch 창의 OK 버튼을 클릭한다.

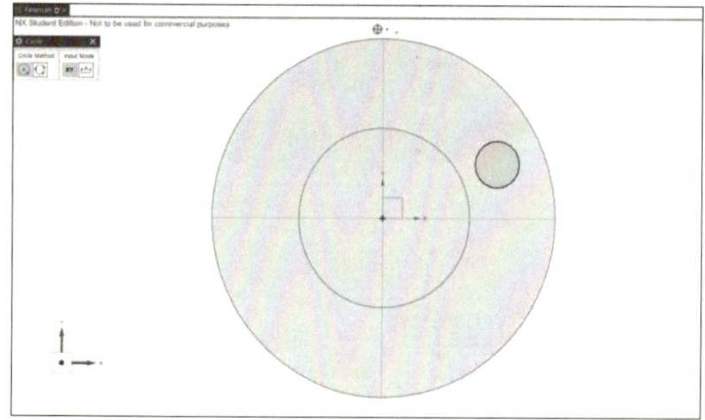

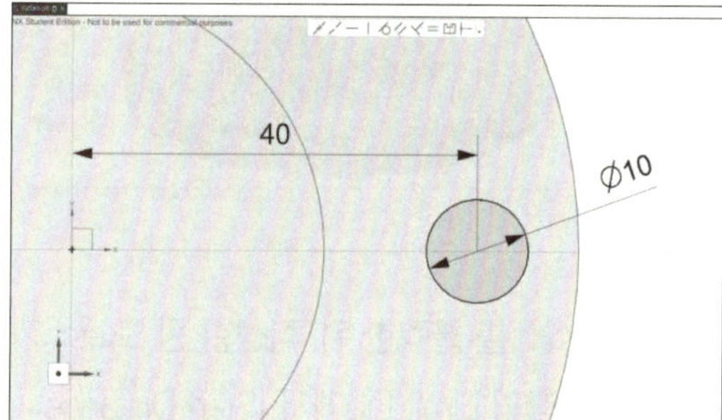

- Circle 을 클릭한 뒤, 임의의 위치에 원을 작성하고, Circle 창을 닫는다.
- Make Coincident 를 통해 X축 위에 원의 중심을 위치시키고, [Diameter: 10mm, 원의 중심과 원점의 X축 거리: 40mm]로 치수를 정의한 뒤, Finish 를 클릭한다.

- Extrude를 클릭한 뒤, 작성한 sketch가 선택되었는지 확인하고 Direction Tab의 Reverse Direction을 이용하여 -Z 방향으로 맞춰 준다.
- Extrude 창의 Limit tab에서 [Start Distance: 0mm, End: Through All], Boolean tab에서 [Boolean: Subtract]로 입력하고 OK 버튼을 클릭한다.

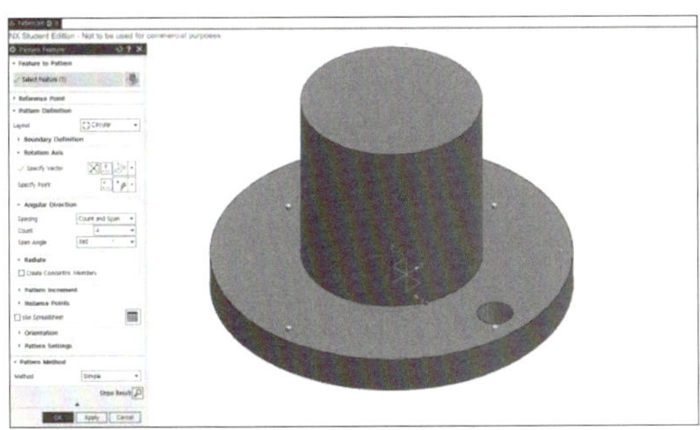 

- Pattern Feature를 클릭하고 Extrude 기능을 이용한 구멍을 선택한다.
- Pattern Feature 창의 Rotation Axis tab에서 Vector dialog를 클릭하고 Z축을 선택한다.
- Pattern Feature 창의 Angular Direction tab에서 [Spacing: Count and Span, Count: 4, Span Angle: 360°]로 입력하고 OK 버튼을 클릭한다.

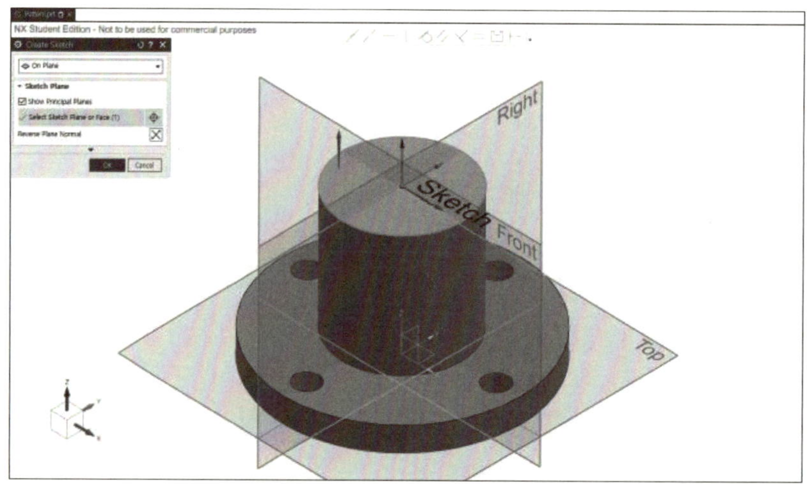

- Sketch를 클릭하여 원기둥의 XY 평면에 평행한 가장 윗면을 선택한 뒤, Create Sketch 창의 OK 버튼을 클릭한다.

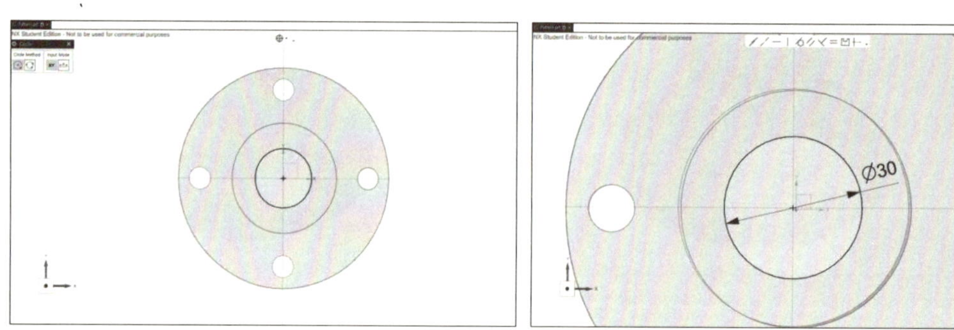

- Circle을 클릭한 뒤, 원점과 원의 중심을 일치시켜 원을 작성하고, Circle 창을 닫는다.
- 작성한 원의 지름을 클릭하여 [Diameter: 30mm]로 치수를 정의한 뒤, Finish를 클릭한다.

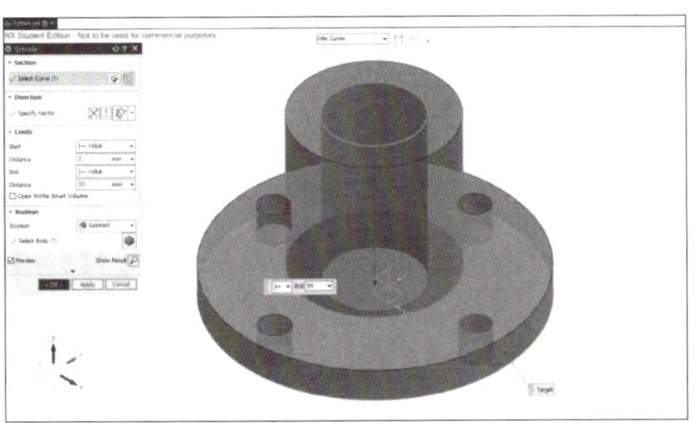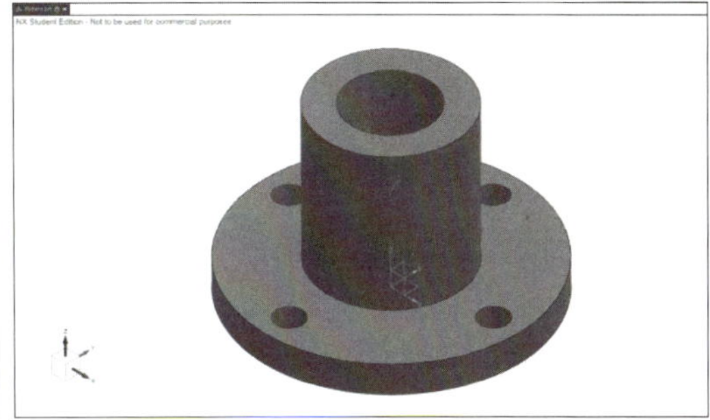

- Extrude 를 클릭한 뒤, 작성한 sketch가 선택되었는지 확인하고 Direction Tab의 Reverse Direction을 이용하여 -Z 방향으로 맞춰 준다.
- Extrude 창의 Limit tab에서 [Start Distance: 0mm, End Distance: 55mm], Boolean tab에서 [Boolean: Subtract]로 입력하고 OK 버튼을 클릭한다.

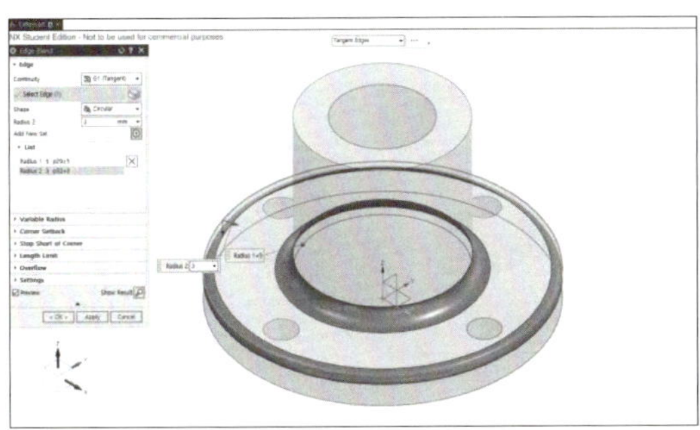

- Edge Blend 를 클릭한 뒤, 원기둥의 아래 부분의 안쪽 지름을 클릭하고 [Radius 1: 5mm]를 입력하고 Add New set 을 클릭한다.
- 원기둥의 아래 부분의 바깥쪽 지름을 클릭하고 [Radius 2: 3mm]를 입력하고 OK 버튼을 클릭한다.

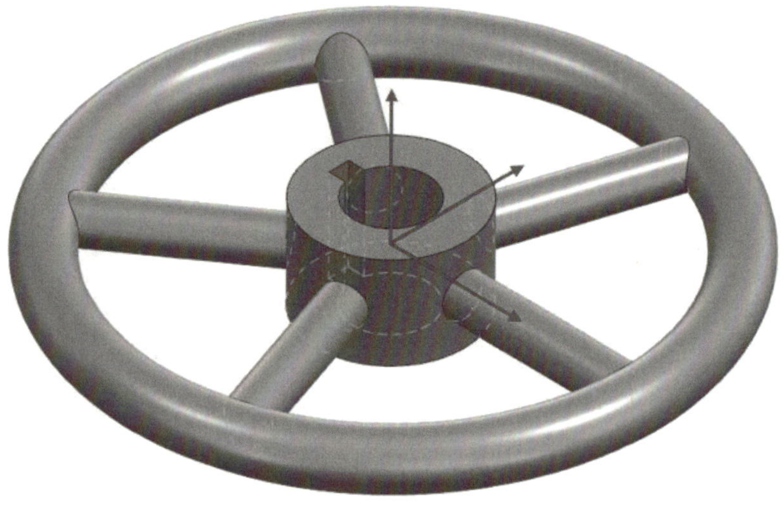

Revolve 기능을 이용하여 다음 형상에 대해 모델링을 진행한다.

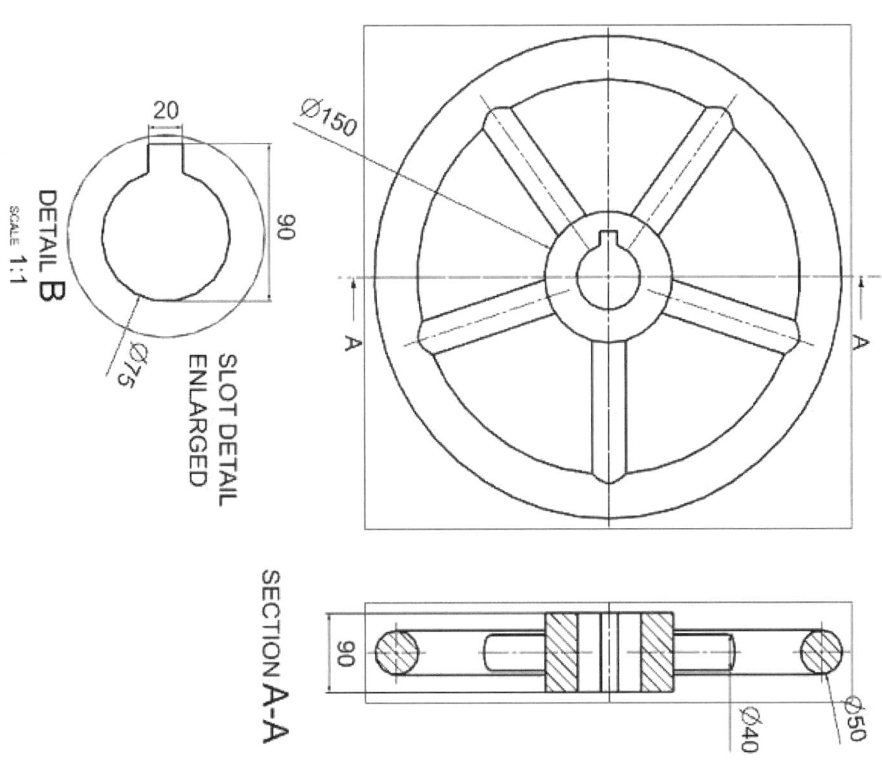

- Revolve는 Sketch 등으로 생성된 단면의 형상을 지정된 축을 중심으로 회전하였을 때의 궤적으로 형상을 생성한다.
- 회전축은 Sketch의 직선, Datum axis 등을 선택하여 지정할 수 있다.

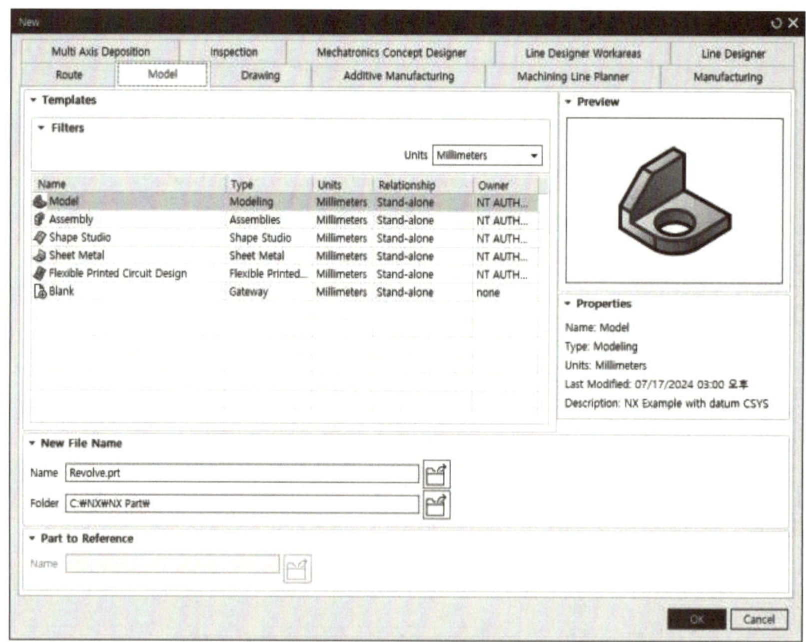

- File → New를 클릭하고 [Name: Revolve.prt, Units: Millimeters]로 설정하고 OK 버튼을 클릭한다.

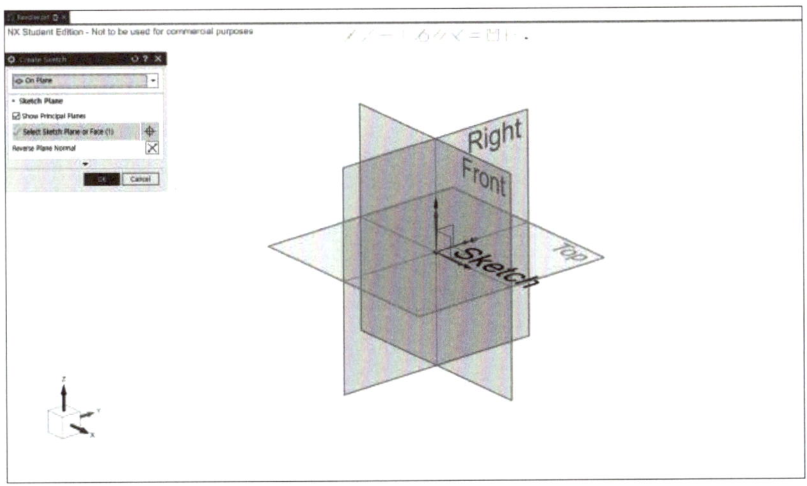

- Sketch를 클릭하여 XY 평면을 선택한 뒤, Create Sketch 창의 OK 버튼을 클릭한다.

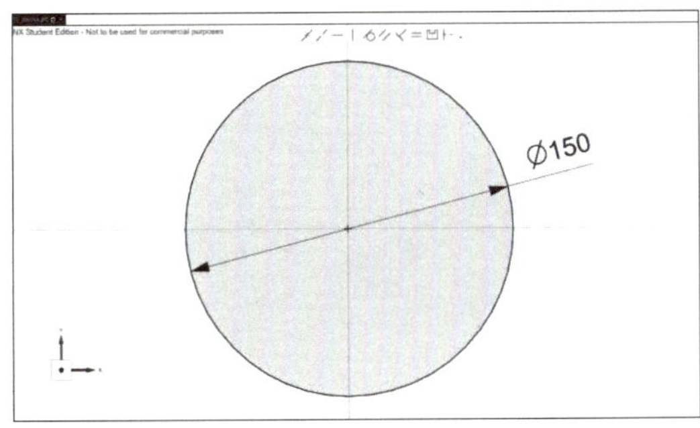
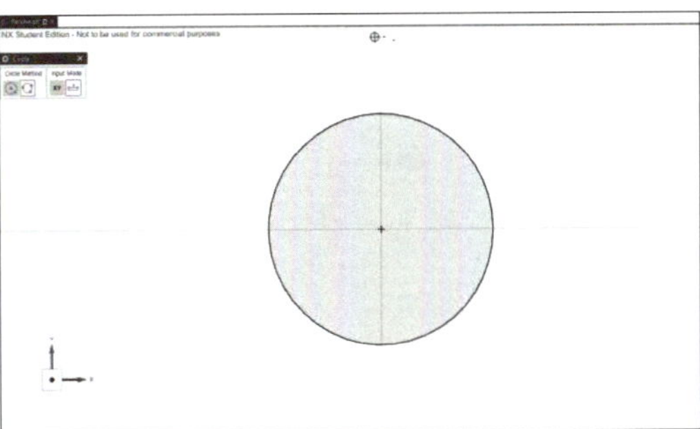

- Circle◯을 클릭한 뒤, 원점과 원의 중심을 일치시켜 원을 작성하고, Circle 창을 닫는다.
- 원의 지름을 클릭하여 [Diameter: 150mm]로 치수를 정의한 뒤, Finish를 클릭한다.

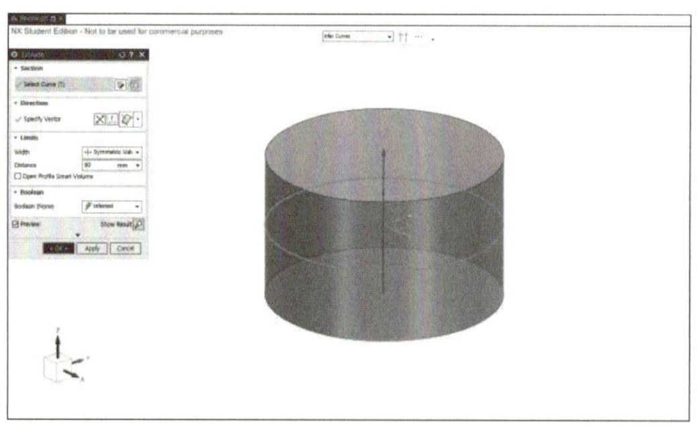 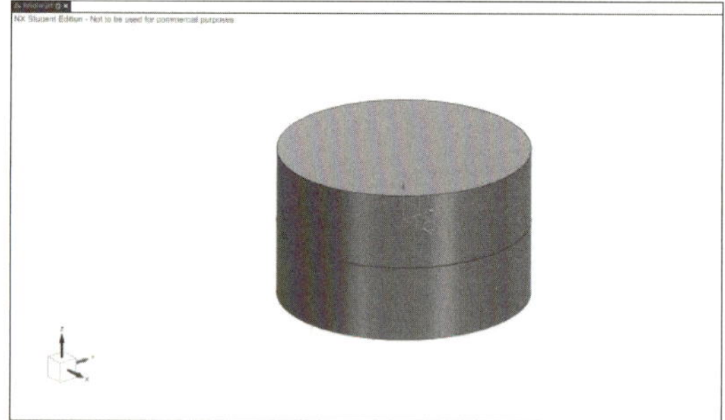

- Extrude 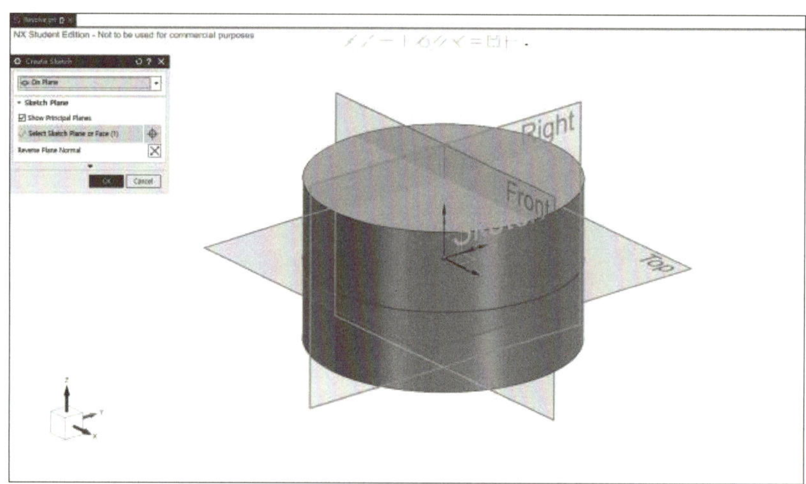를 클릭한 뒤, 작성한 원 Sketch가 선택된 것을 확인한다.
- Extrude 창의 Limit tab에서 [Width: Symmetric Value, Distance: 90mm]로 입력하고 OK 버튼을 클릭한다.

- Sketch 를 클릭하여 YZ 평면을 선택한 뒤, Create Sketch 창의 OK 버튼을 클릭한다.

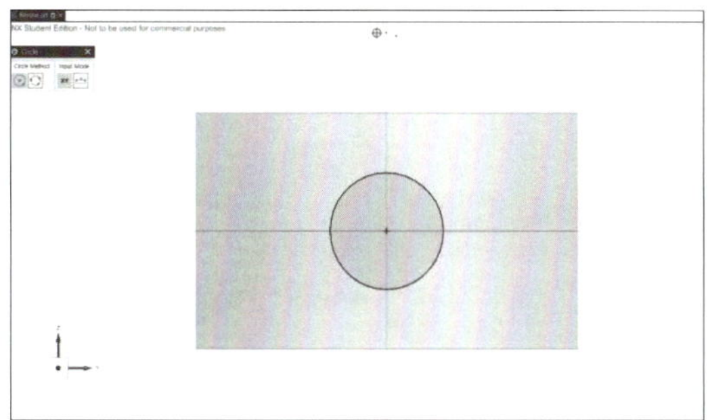 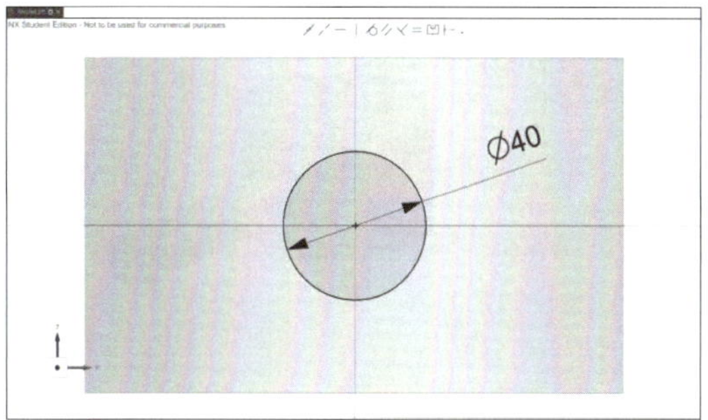

- Circle ◯ 을 클릭한 뒤, 원점과 원의 중심을 일치시켜 원을 작성하고, Circle 창을 닫는다.
- 원의 지름을 클릭하여 [Diameter: 40mm]로 치수를 정의한 뒤, Finish ▨ 를 클릭한다.

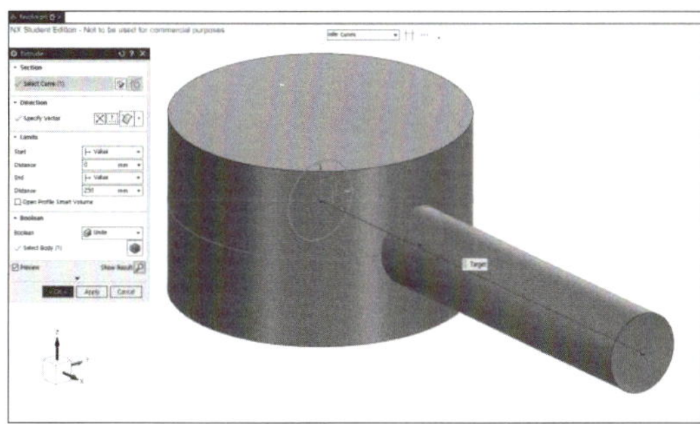 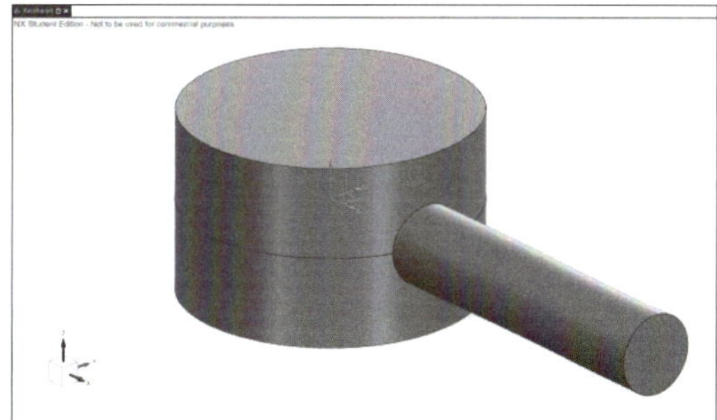

- Extrude ⬒ 를 클릭한 뒤, 작성한 원 Sketch가 선택된 것을 확인한다.
- Extrude 창의 Limit tab에서 [Start Distance: 0mm, End Distance: 250mm], Boolean tab에 [Boolean: Unite]로 입력하고 OK 버튼을 클릭한다.

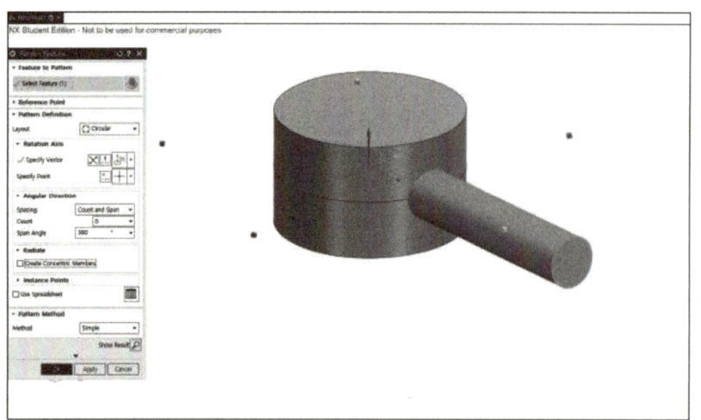 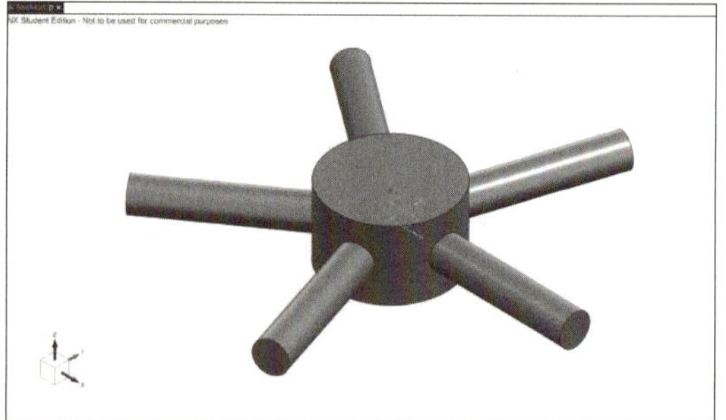

- Pattern Feature 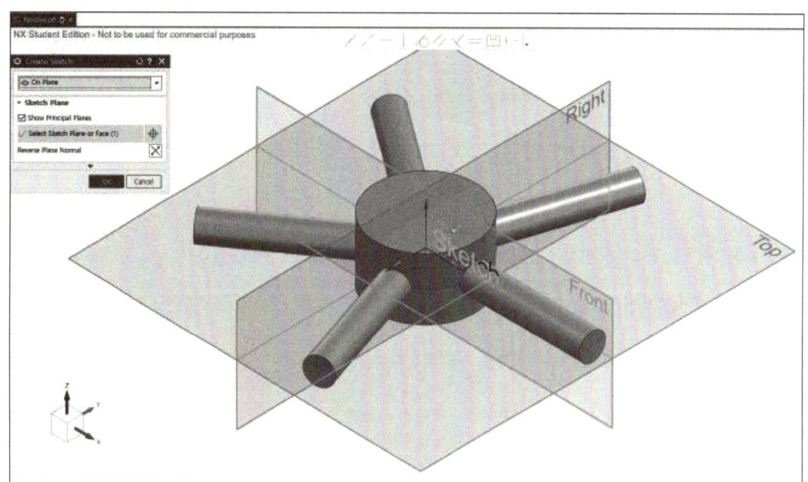를 클릭하고 이전 단계에서 생성한 Feature를 선택하고, [Layout: Circular]로 선택한다.

- Pattern Feature 창의 Rotation Axis tab에서 Vector dialog 를 클릭하고 Z축을 선택한다.

- Pattern Feature 창의 Angular Direction tab에서 [Spacing: Count and Span, Count: 5, Span Angle: 360°]로 입력하고 OK 버튼을 클릭한다.

- Sketch 를 클릭하여 YZ 평면을 선택한 뒤, Create Sketch 창의 OK 버튼을 클릭한다.

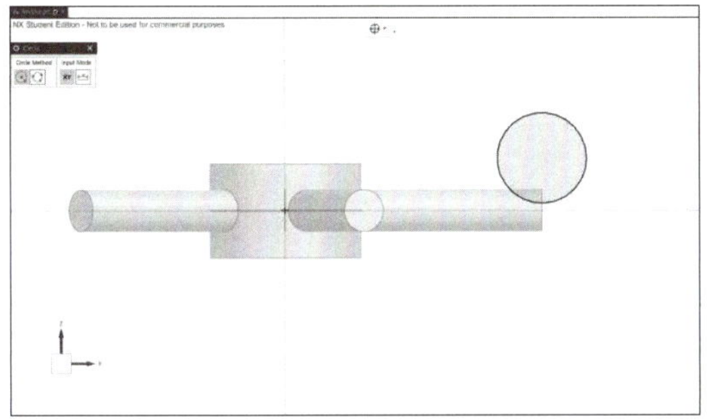 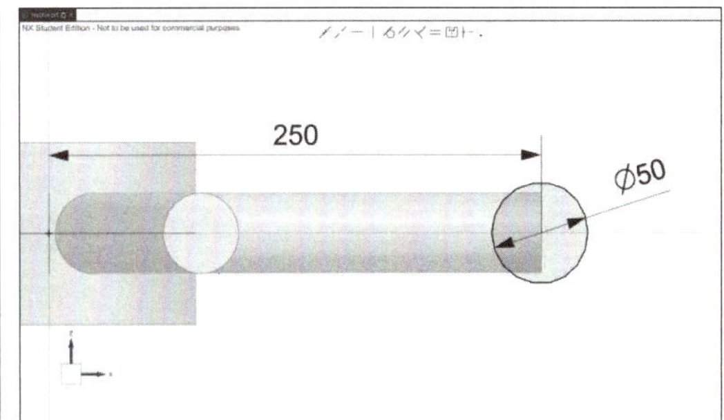

- Circle ◯ 을 클릭한 뒤, 임의의 위치에 원을 작성하고, Circle 창을 닫는다.
- Make Coincident ⟋ 를 이용하여 원의 중심이 X축 위에 오도록 설정한다. 원의 치수를 [Diameter: 50mm, 원점과 원의 중심의 X축 거리: 250mm]로 치수를 정의한 뒤, Finish 🏁 를 클릭한다.

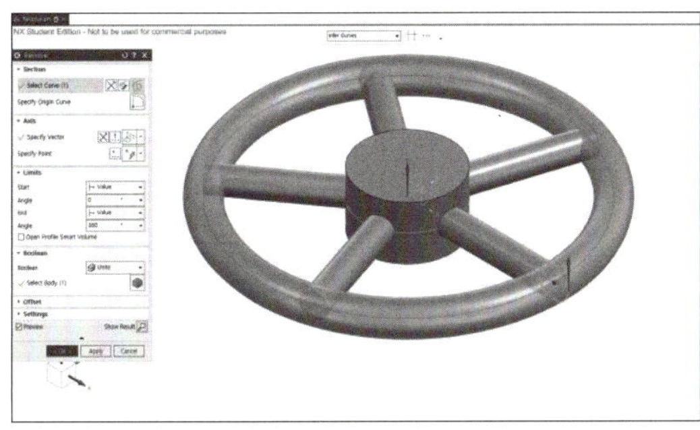 

- Revolve 🗗 를 클릭하고 원 Sketch가 선택되었는지 확인한다.
- Revolve 창의 Axis tab에서 Vector Dialog ⋮ 를 클릭하고 Z축을 선택한다.
- Revolve 창의 Limits tab에서 [Start Angle: 0mm, End Angle: 360˚], Boolean tab에서 [Boolean: Unite]로 정의한 뒤, Finish 🏁 를 클릭한다.

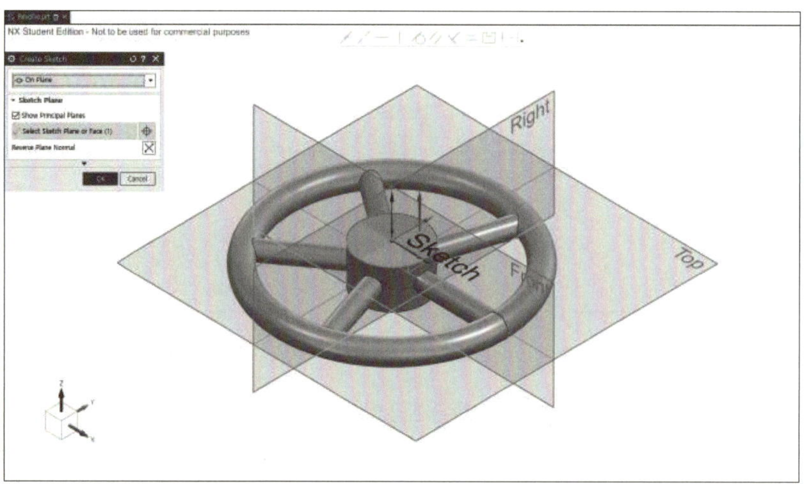

- Sketch를 클릭하여 가운데 원기둥의 XY 평면과 평행한 윗면을 선택한 뒤, Create Sketch 창의 OK 버튼을 클릭한다.

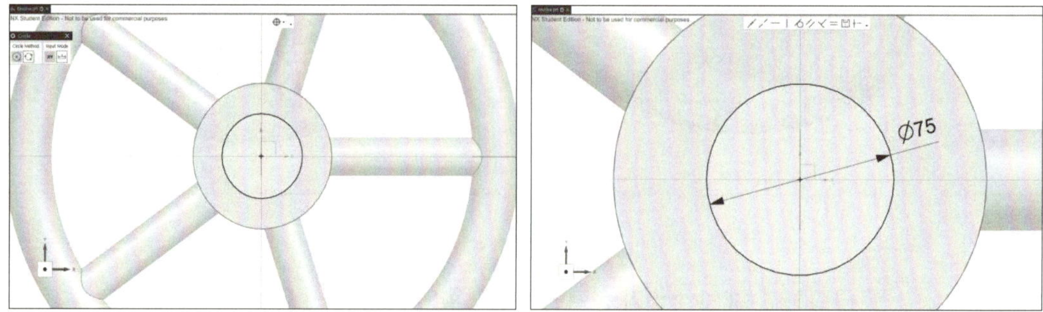

- Circle○을 클릭한 뒤, 원점과 원의 중심을 일치시키며 원을 작성하고, Circle 창을 닫는다.
- 원의 지름을 클릭하여 치수를 [Diameter: 75mm]로 정의한 뒤, Finish를 클릭한다.

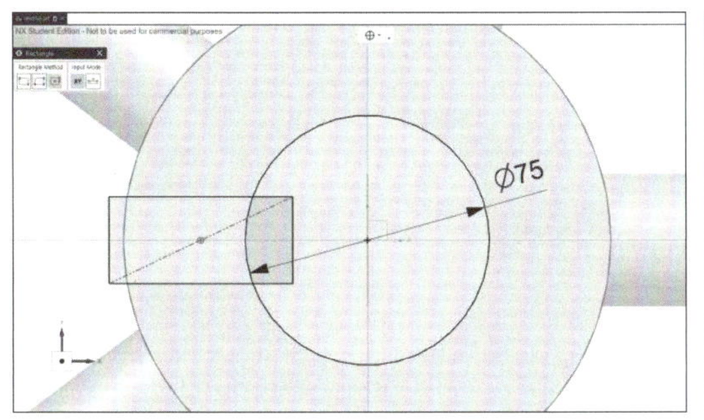 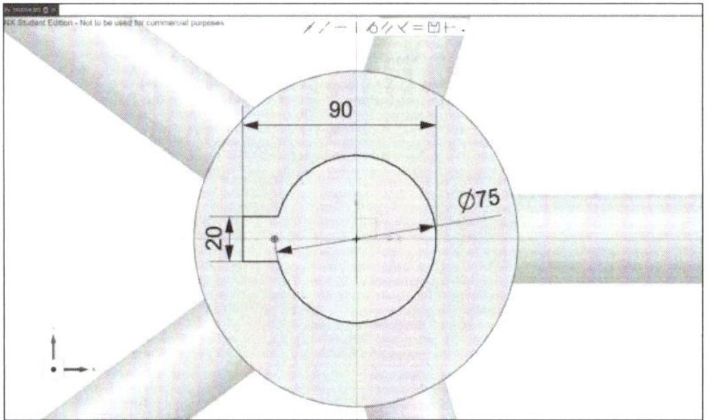

- Rectangle☐을 클릭한 뒤, From Center⊡를 클릭하고 X축 위에 사각형 중심이 오도록 사각형을 작성하고, Rectangle 창을 닫는다.
- [사각형의 Y축 길이: 20mm, 사각형의 왼쪽 변과 원의 오른쪽 끝점 사이 X축 거리: 90mm]로 치수를 정의한다.
- Trim☒을 클릭하여 다음과 같이 필요 없는 선을 제거해 주고 Finish▨를 클릭한다.

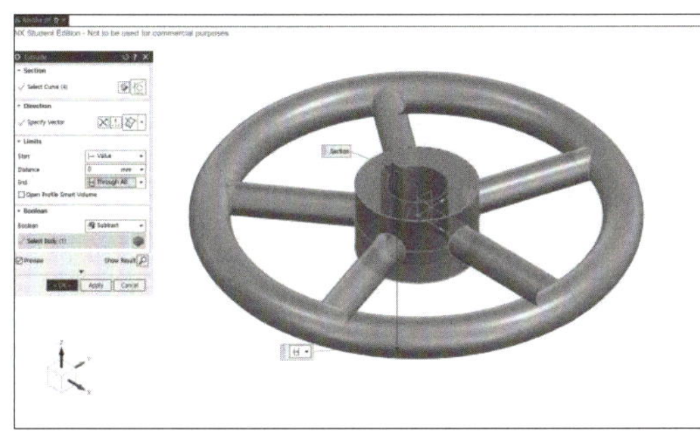 

- Extrude🔳를 클릭하고 이전 단계에서 생성한 Sketch가 선택되었는지 확인한다.
- Extrude 창의 Direction tab에서 Reverse Direction☒을 클릭하여 -Z축이 되도록 설정한다.
- Revolve 창의 Limits tab에서 [Start Distance: 0mm, End: Through All], Boolean tab에서 [Boolean: Subtract]로 정의한 뒤, Finish▨를 클릭한다.

7 Datum Plane

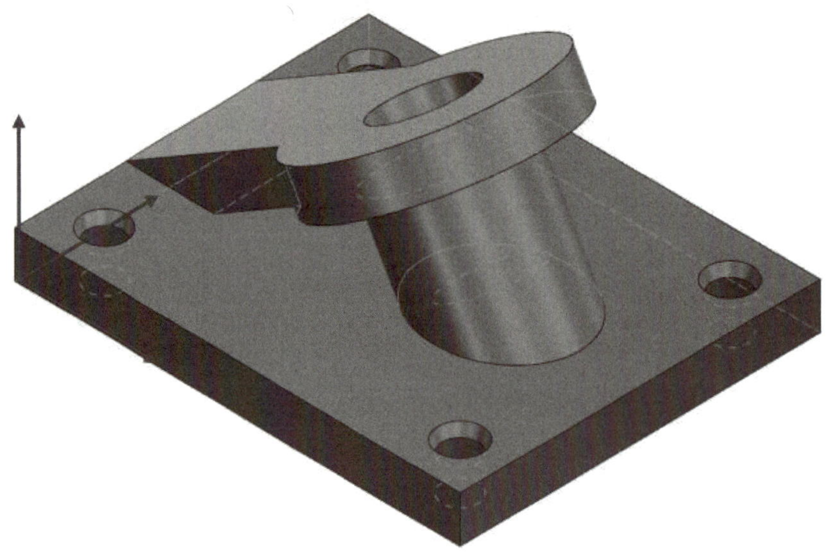

• Datum Plane 기능을 이용하여 다음 형상에 대해 모델링을 진행한다.

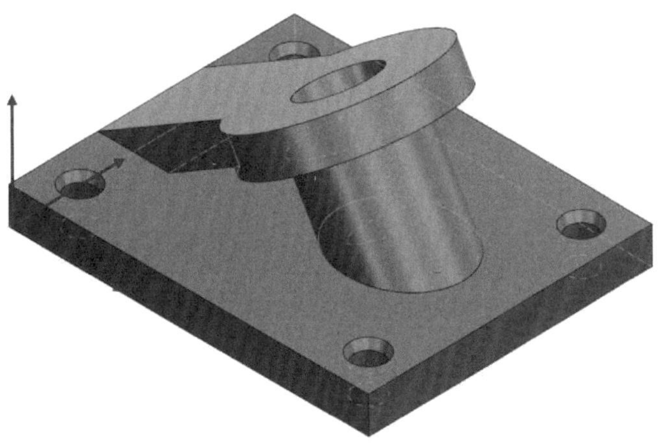

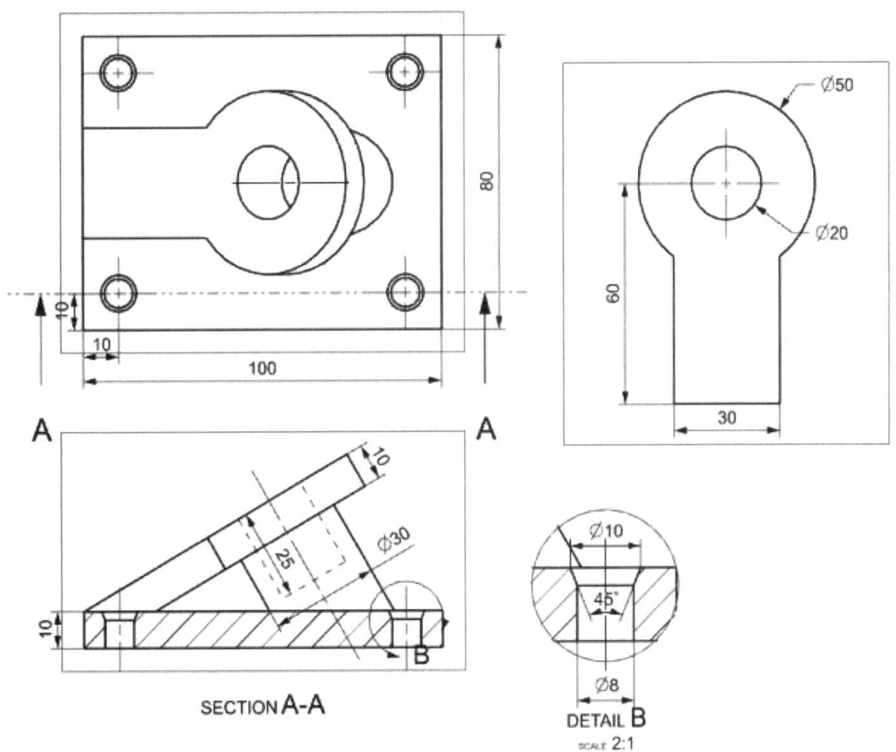

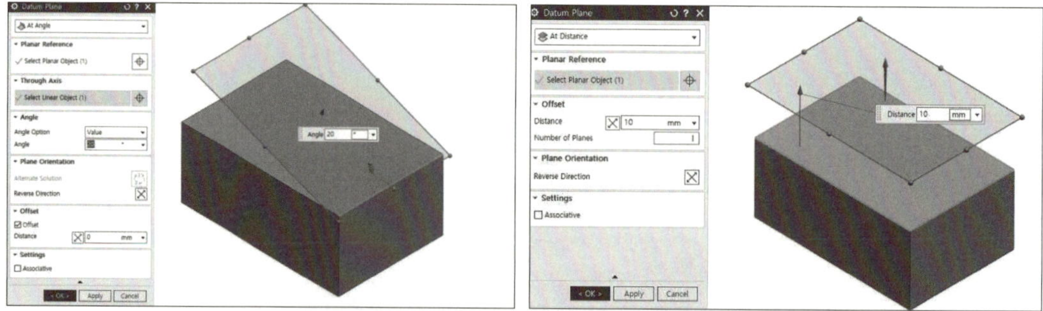

- Datum Plane은 modelling에 필요한 기준이 되는 평면으로, Sketch면이나 Feature의 생성면 등
으로 사용할 수 있다.

- At Distance, At Angle 등 다양한 방식으로 Datum Plane을 생성할 수 있다.

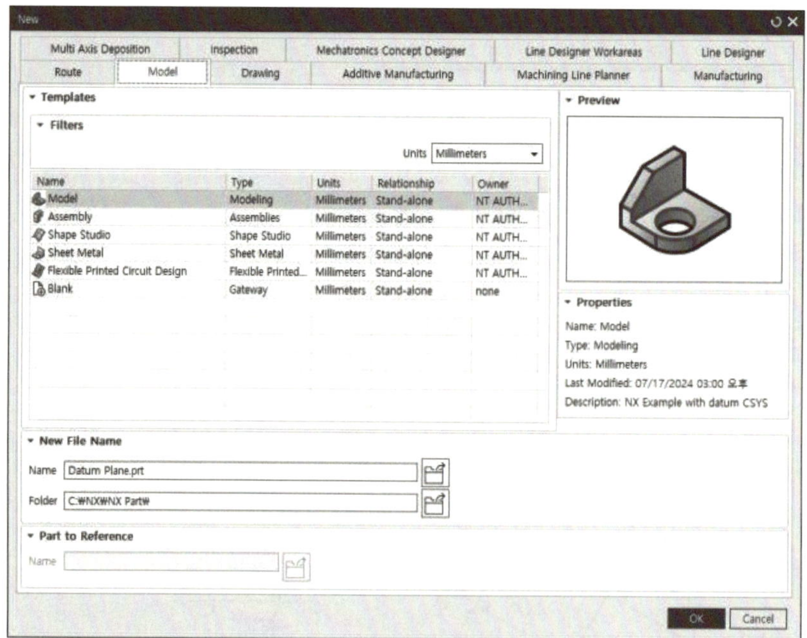

- File → New를 클릭하고 [Name: Datum Plane.prt, Units: Millimeters]로 설정하고 OK 버튼을 클
릭한다.

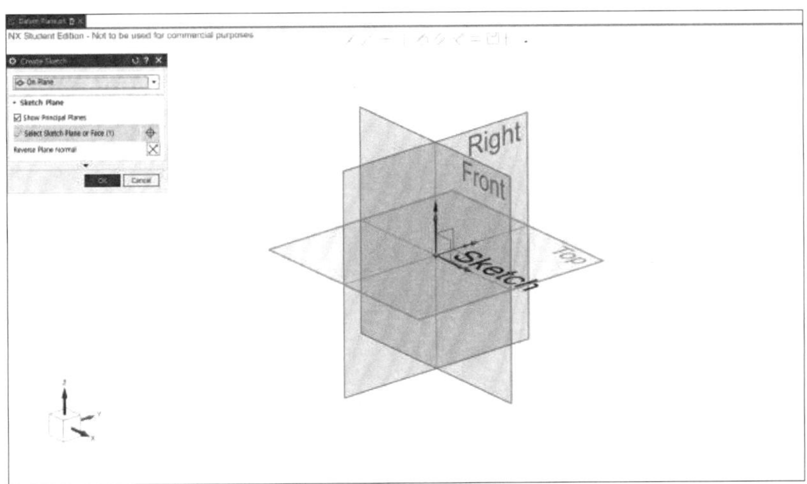

• Sketch를 클릭하여 XY 평면을 선택한 뒤, Create Sketch 창의 OK 버튼을 클릭한다.

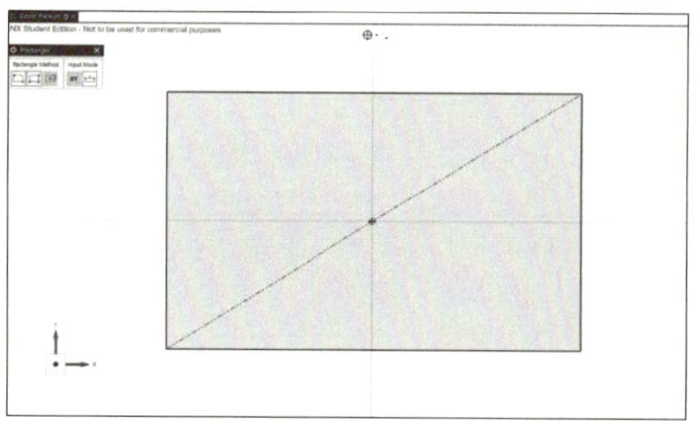 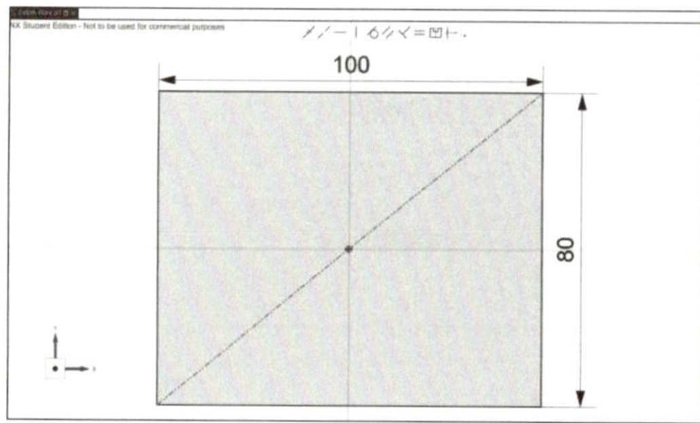

- Rectangle ▭ 을 클릭하고, From Center ◉ 로 설정하여 사각형의 중심을 원점과 일치시켜 사각형을 작성하고 Rectangle 창을 닫는다.

- 사각형의 치수를 [X축 길이: 100mm, Y축 길이: 80mm]로 정의하고 Finish 🏁 를 클릭한다.

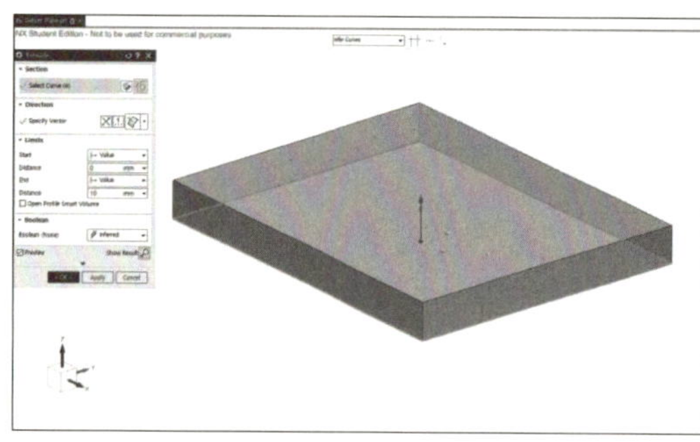 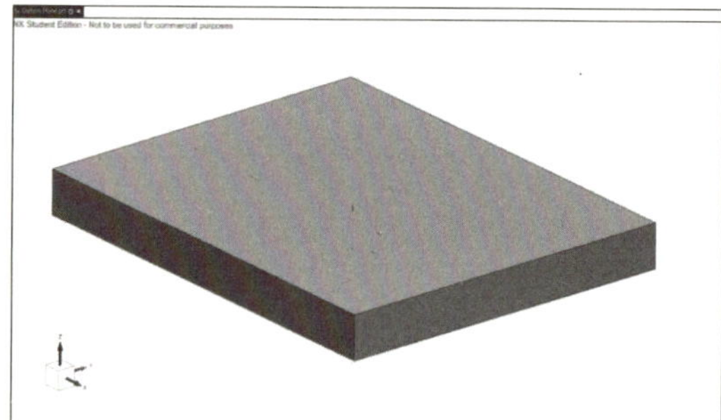

- Extrude 🔳 를 클릭한 뒤, 작성한 사각형 Sketch가 선택된 것을 확인한다.

- Extrude 창의 Limit tab에서 [Start Distance: 0mm, End Distance: 10mm]로 입력하고 OK 버튼을 클릭한다.

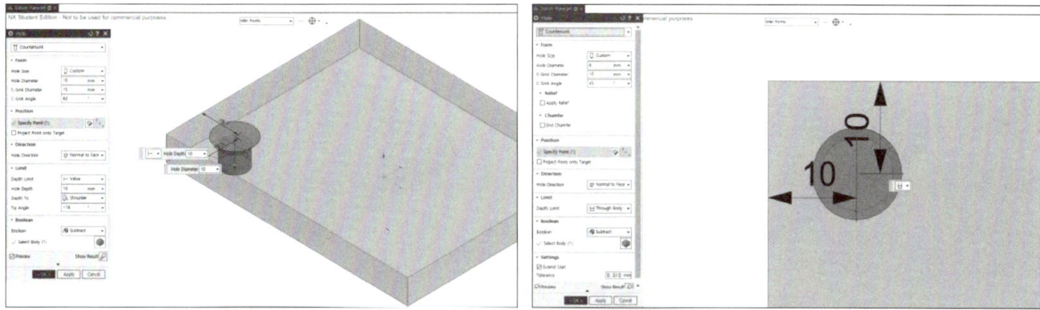

- Hole 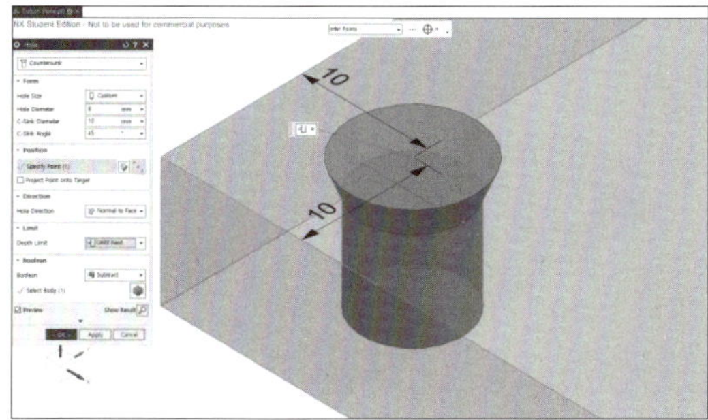을 클릭한 뒤, Countersunk로 설정하고 Extrude한 Body의 윗면에 임의의 점을 클릭한다.
- 임의로 입력되어있는 치수를 눌러 [사각형의 가까운 변과의 X축 거리: 10mm, 사각형의 가까운 변과의 Y축 거리: 10mm]로 정의한다.

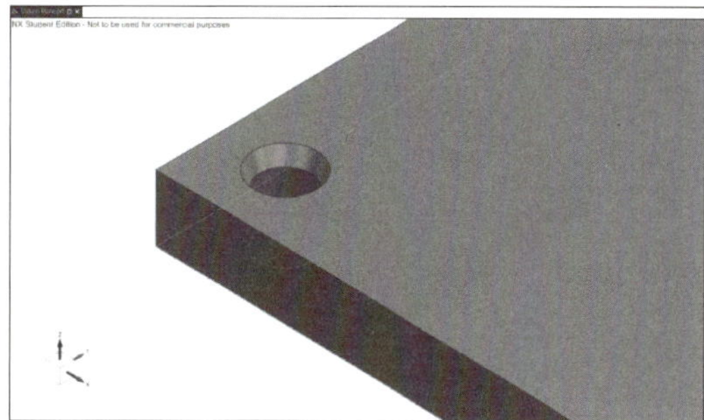

- Hole 창의 Form tab에서 [Hole Size: Custom, Hole Diameter: 8mm, C-Sink Diameter: 10mm, C-Sink Angle: 45°]로 입력한다.
- Direction tab에서 [Hole Direction: Normal to Face], Limit tab에서 [Depth Limit: Until Next]로 설정하고 OK 버튼을 클릭한다.

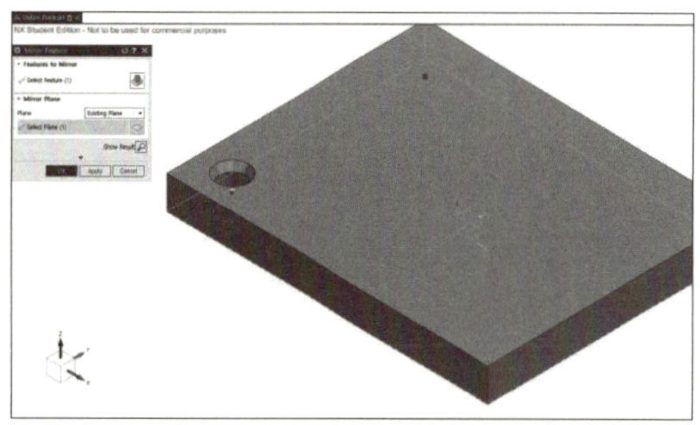 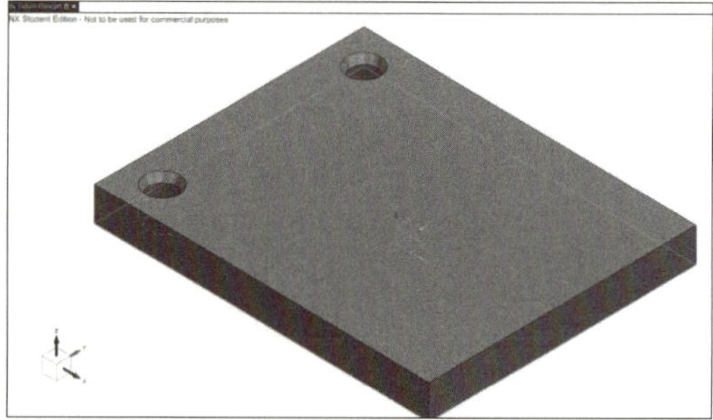

- Mirror Feature를 클릭하고 Hole을 클릭한다.
- Mirror Feature 창의 Mirror Plane tab에서 Select Plane을 클릭한 뒤, XZ평면을 선택하고 OK 버튼을 클릭한다.

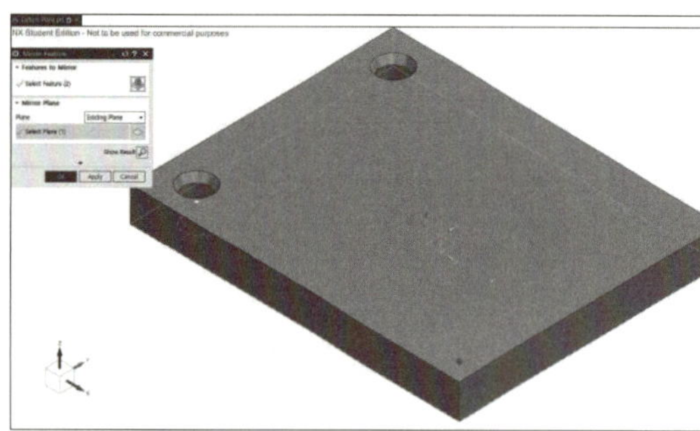 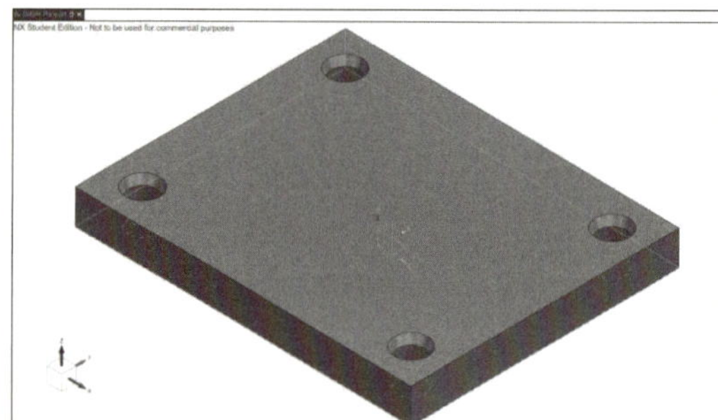

- Mirror Feature를 클릭하고 2개의 Hole을 모두 클릭한다.
- Mirror Feature 창의 Mirror Plane tab에서 Select Plane을 클릭한 뒤, YZ평면을 선택하고 OK 버튼을 클릭한다.

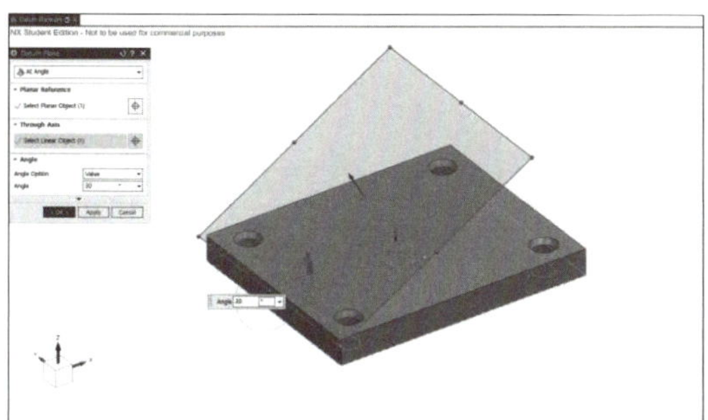 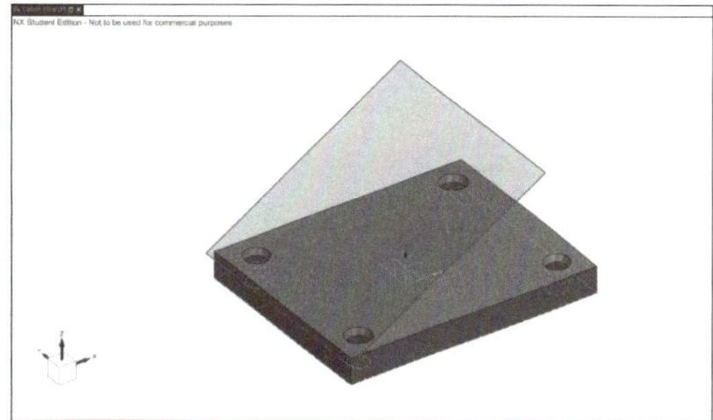

- Datum Plane 을 At Angle 로 설정한다.

- Datum Plane 창에서 Select Planar Object를 클릭하고 Body의 윗면을 선택, Select Linear Object를 클릭하고 해당하는 선을 선택한다.

- Datum Plane 창의 Angle tab에서 [Angle Option: Value, Angle: 30°]을 입력하고 OK 버튼을 클릭한다.

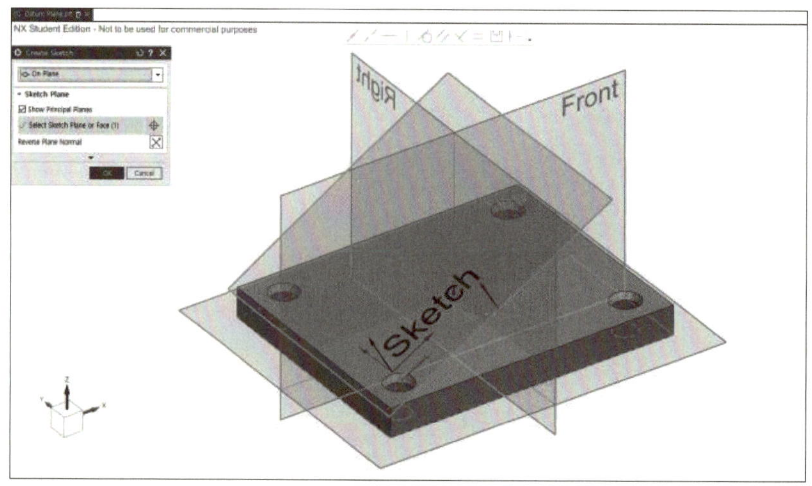

- Sketch 를 클릭하여 생성한 Datum Plane을 선택한 뒤, Create Sketch 창의 OK 버튼을 클릭한다.

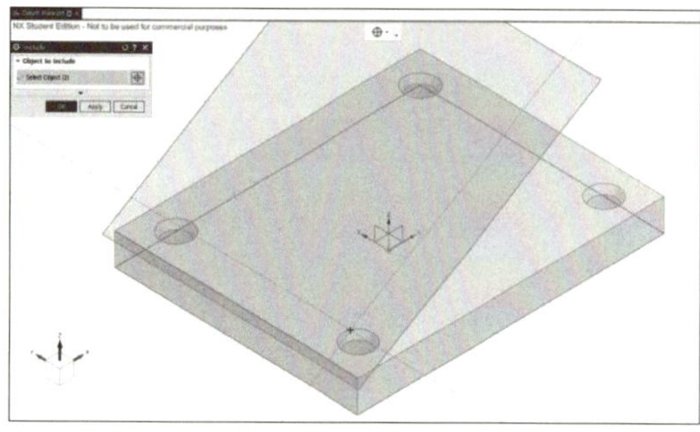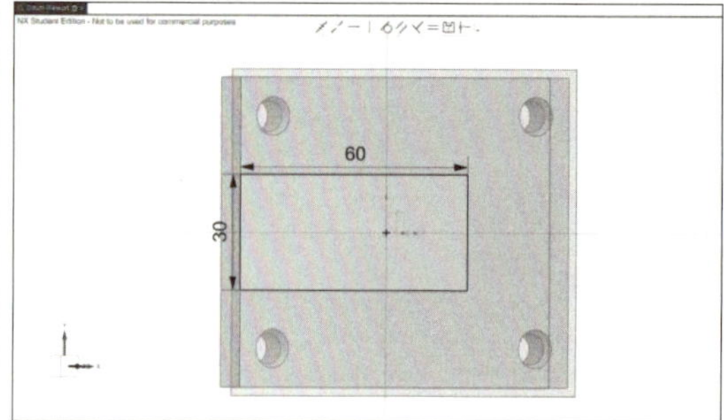

- Include 를 클릭하고 Datum Plane과 Body의 접선과 X축을 클릭하고 OK 버튼을 클릭한다.
- Rectangle 을 클릭하고 사각형의 밑변이 Include한 접선과 일치하도록 사각형을 작성한다.
- 사각형의 치수를 [Y축 길이: 30mm, X축 길이: 60mm]로 정의하고, Make Symmetric 를 이용해 X축 기준으로 대칭시킨다.

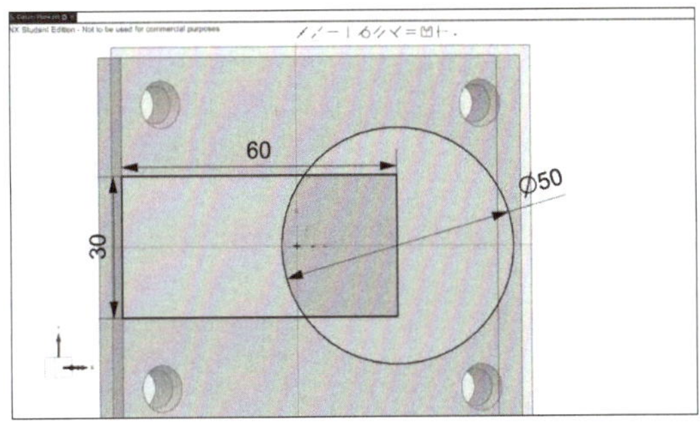

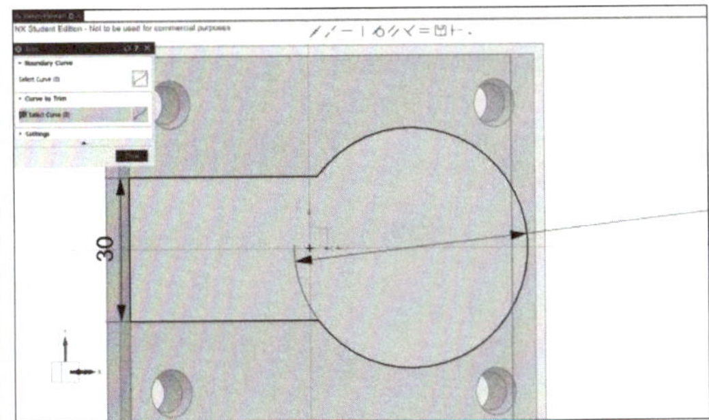

- Circle◯을 클릭하고 원의 중심이 사각형의 윗변의 중앙점과 일치하도록 원을 작성한다.
- 원의 치수를 [Diameter: 50mm]로 정의하고 Trim╳을 클릭하여 불필요한 선을 삭제하고 Finish▨를 클릭한다.

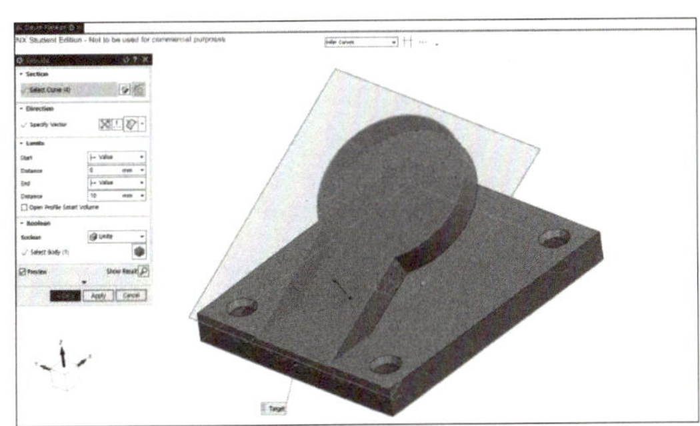

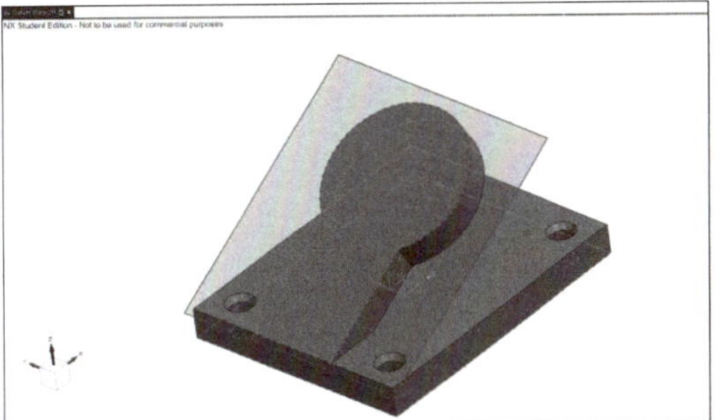

- Extrude🏠를 클릭한 뒤, 작성한 Sketch가 선택된 것을 확인하고 Reverse Direction╳을 이용해 방향을 맞춘다.
- Extrude 창의 Limit tab에서 [Start Distance: 0mm, End Distance: 10mm], Boolean tab에서 [Boolean: Unite]로 입력하고 OK 버튼을 클릭한다.

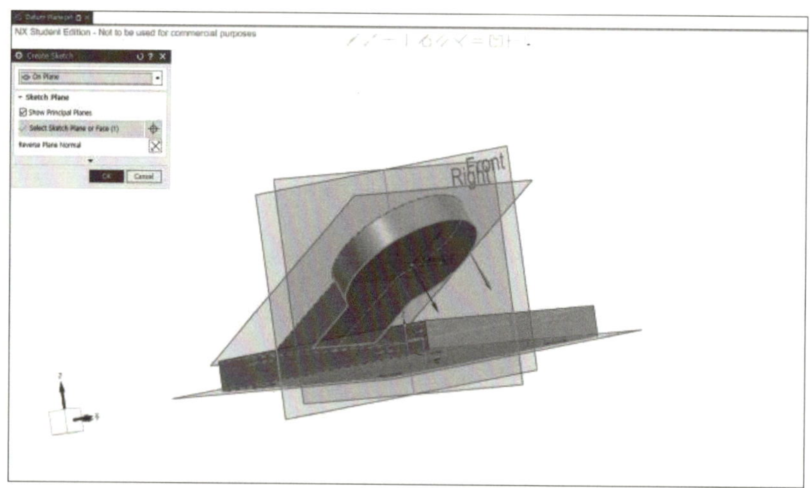

- Sketch 를 클릭하여 다음 면을 선택한 뒤, Create Sketch 창의 OK 버튼을 클릭한다.

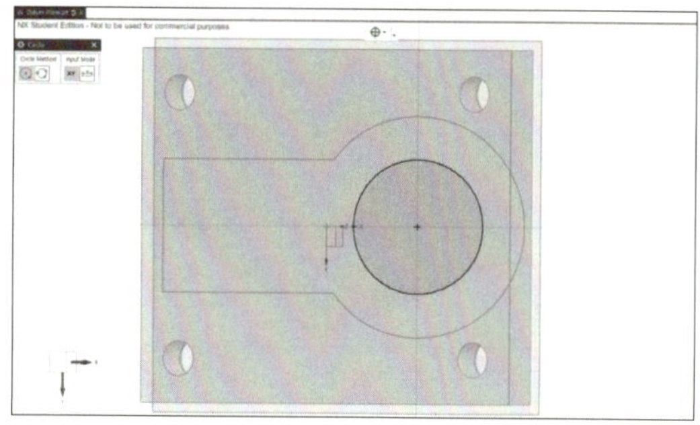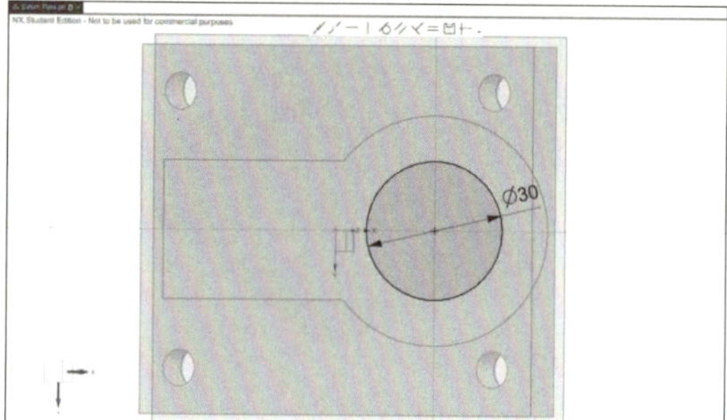

- Circle ○ 을 클릭하고 원의 중심이 이전 Sketch의 원의 중심과 일치하도록 원을 작성한다.
- 원의 치수를 [Diameter: 30mm]로 정의하고 Finish 를 클릭한다.

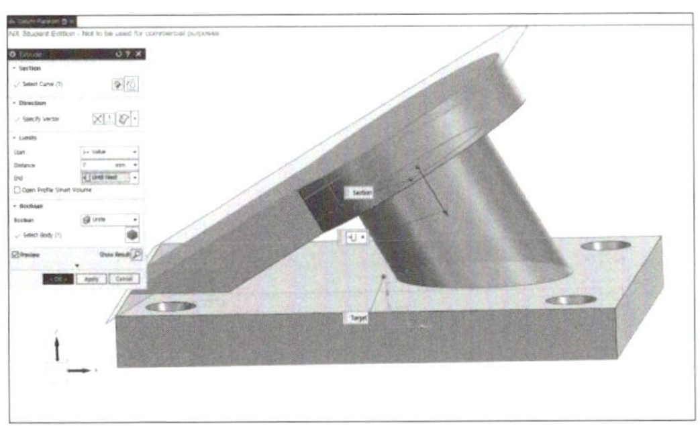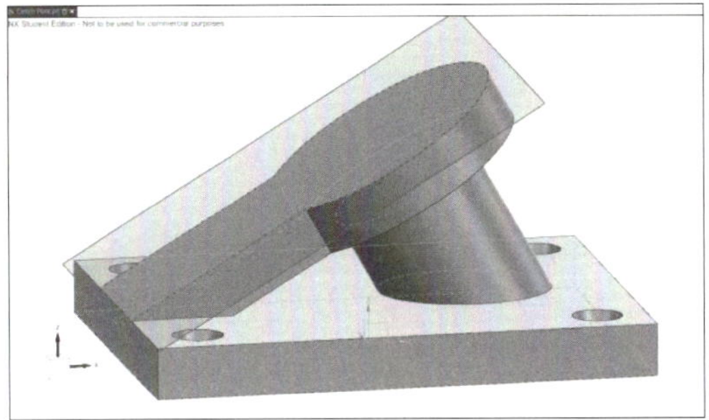

- Extrude 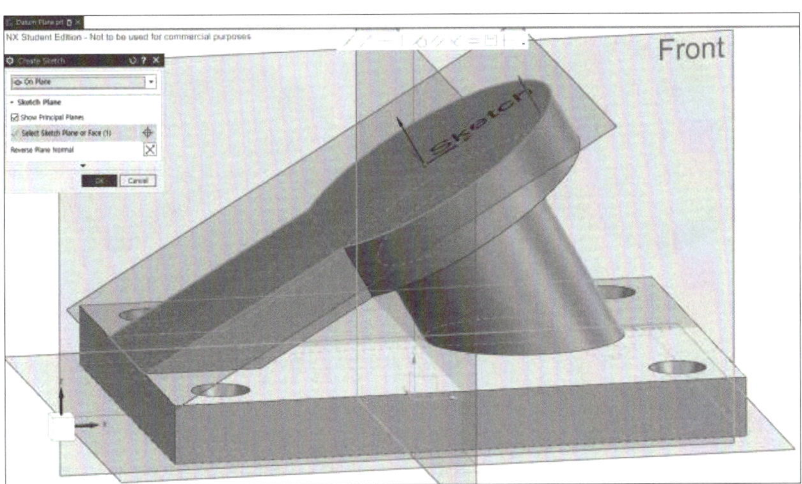 를 클릭한 뒤, 작성한 Sketch가 선택된 것을 확인한다.
- Extrude 창의 Limit tab에서 [Start Distance: 0mm, End: Until Next], Boolean tab에서 [Boolean: Unite]로 입력하고 OK 버튼을 클릭한다.

- Sketch 를 클릭하여 다음 면을 선택한 뒤, Create Sketch 창의 OK 버튼을 클릭한다.

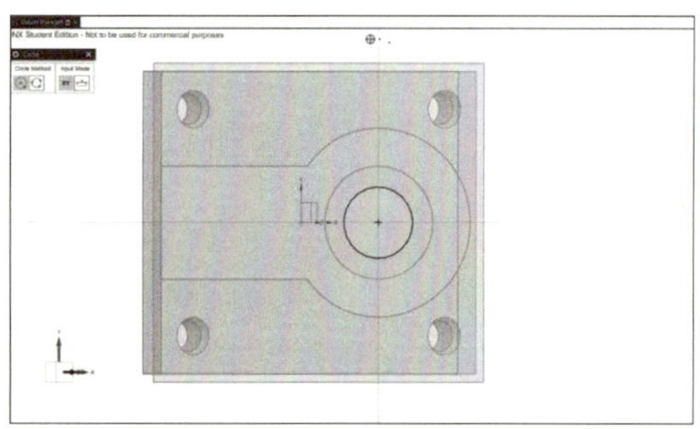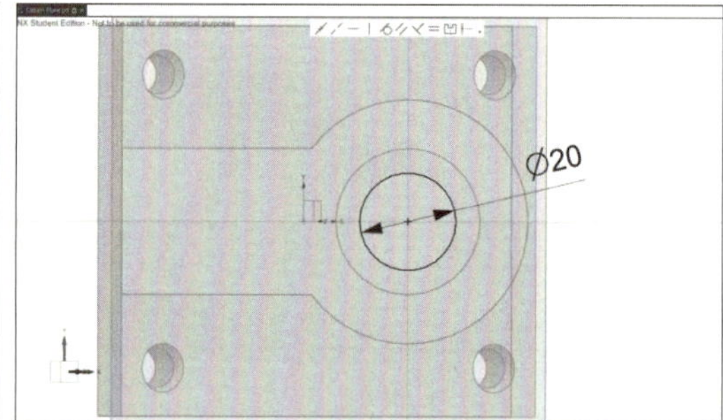

- Circle◯을 클릭하고 원의 중심이 Sketch의 원점과 일치하도록 원을 작성한다.
- 원의 치수를 [Diameter: 20mm]로 정의하고 Finish를 클릭한다.

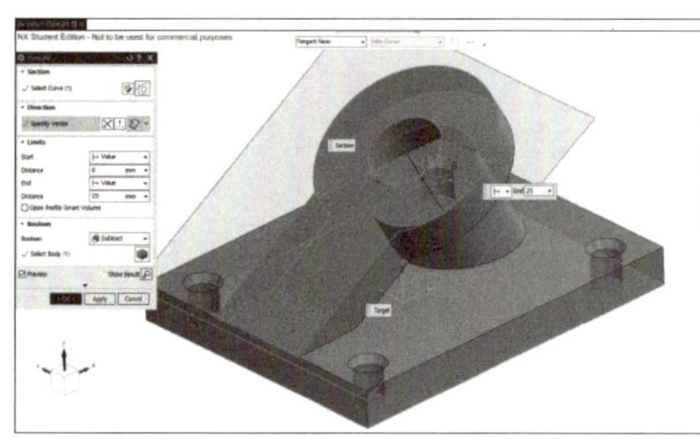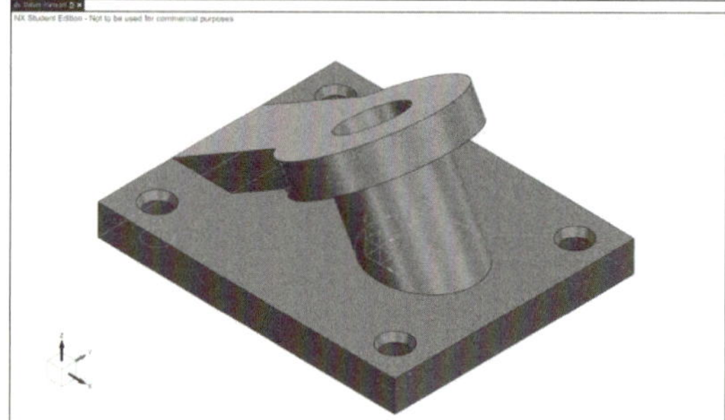

- Extrude를 클릭한 뒤, 작성한 Sketch가 선택된 것을 확인하고 Reverse Direction을 이용해 방향을 맞춘다.
- Extrude 창의 Limit tab에서 [Start Distance: 0mm, End Distance: 25mm], Boolean tab에서 [Boolean: Subtract]로 입력하고 OK 버튼을 클릭한다.

8 Sweep along Guide

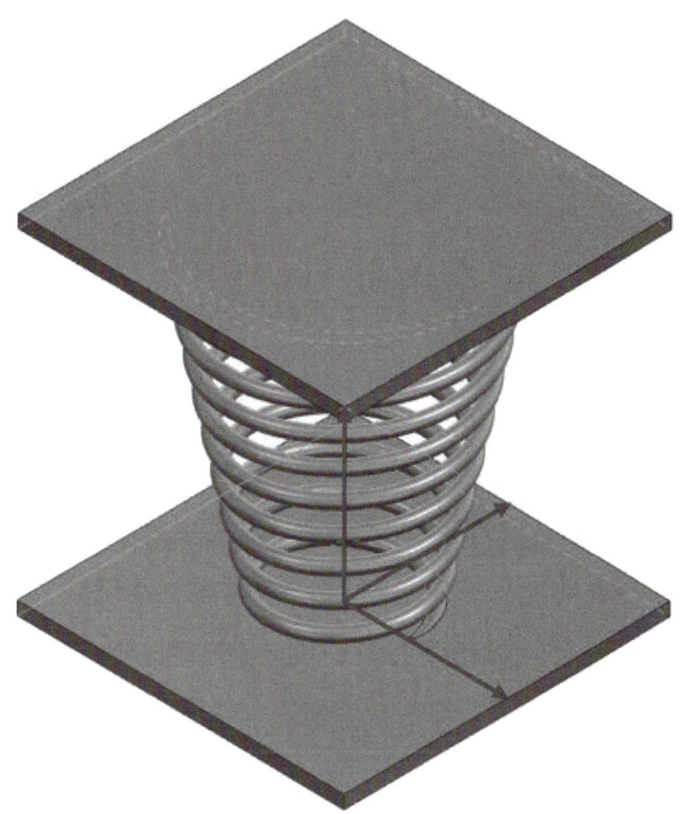

• Sweep 기능을 이용하여 다음 형상에 대해 모델링을 진행한다.

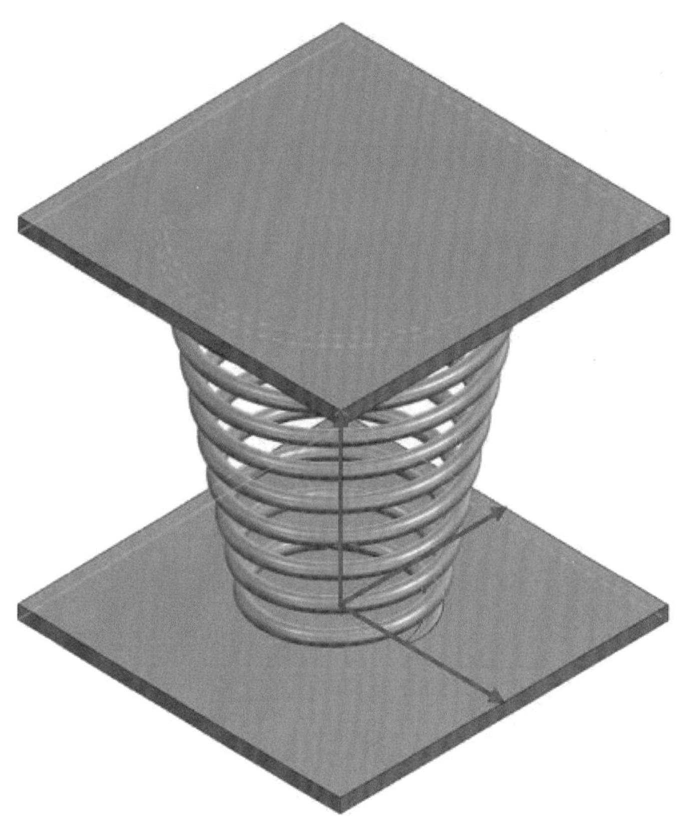

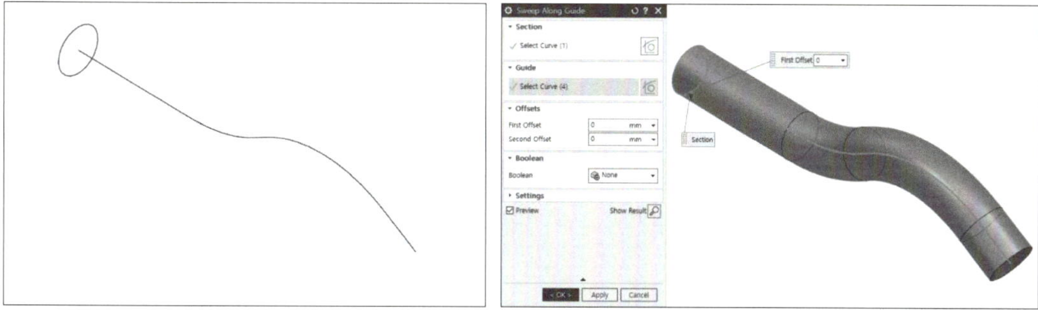

- Sweep along Guide는 지정한 Curve 또는 면이 Guide를 따라 이동했을 때의 궤적으로 형상을 생성한다.

- Section에 해당하는 Curve 또는 면은 Guide의 시작점에 위치하는 것이 일반적이다.

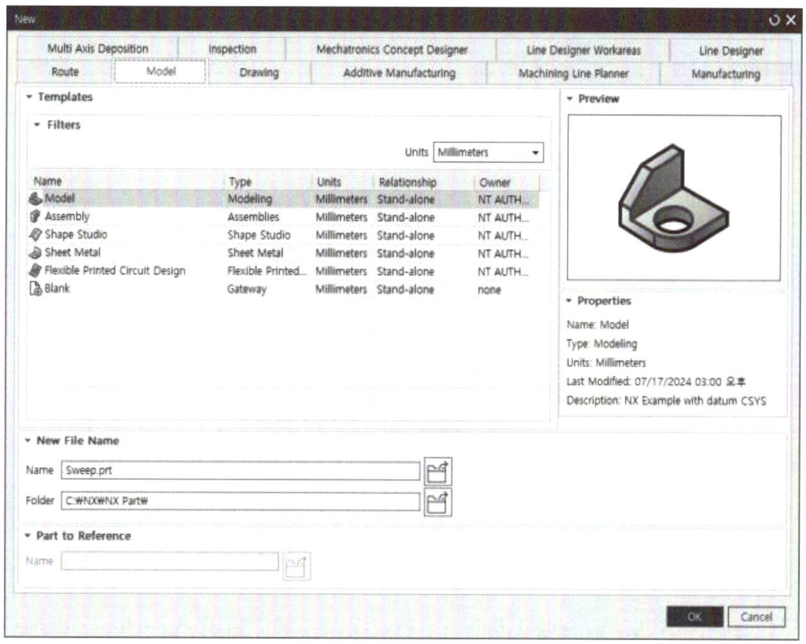

- File → New를 클릭하고 [Name: Sweep.prt, Units: Millimeters]로 설정하고 OK 버튼을 클릭한다.

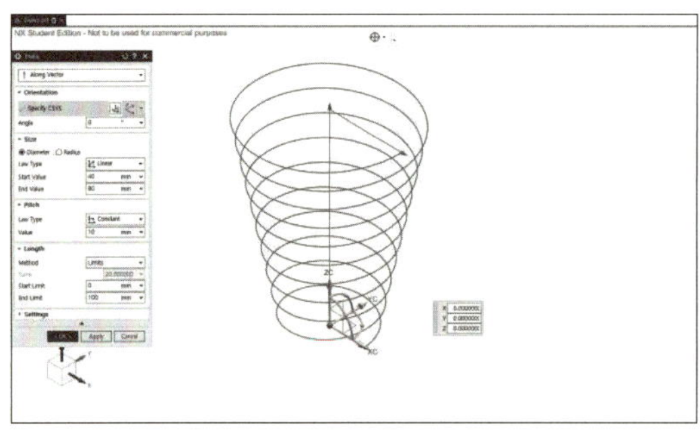 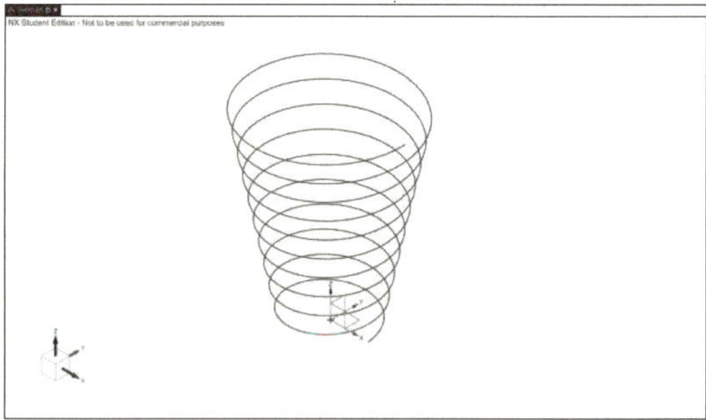

- Helix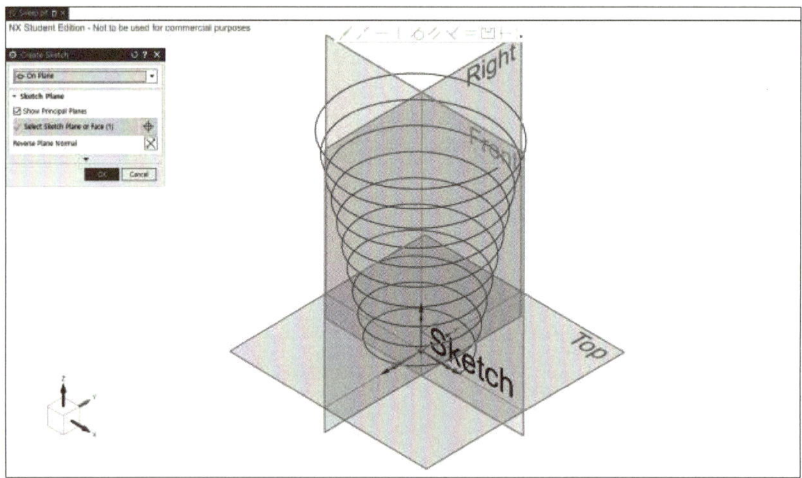를 클릭하고 Helix창의 Size tap에서 [Law Type: Linear, Start Value: 40mm, End Value: 80mm]로 설정한다.

- Pitch tab에서 [Law Type: Constant, Value: 10mm], Length tab에서 [Start Limit: 0mm, End Limit: 100mm]로 설정하고 OK 버튼을 클릭한다.

- Sketch를 클릭하여 XZ 평면을 선택한 뒤, Create Sketch 창의 OK 버튼을 클릭한다.

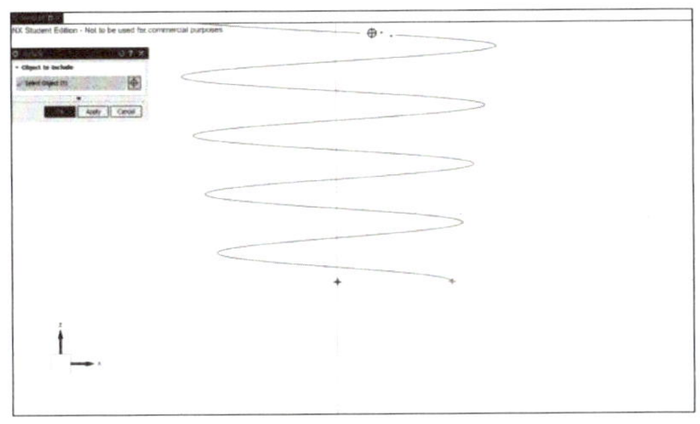
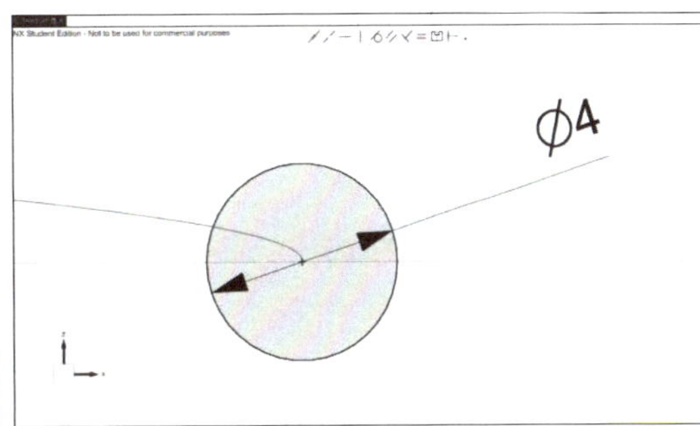

- Include 를 클릭하고 나선의 X축 위 점을 선택한 뒤, OK 버튼을 클릭한다.
- Circle 을 클릭하고 Include한 점과 원의 중심을 일치시키며 원을 작성한다.
- 원의 치수를 [Diameter: 4mm]로 정의하고 Finish 를 클릭한다.

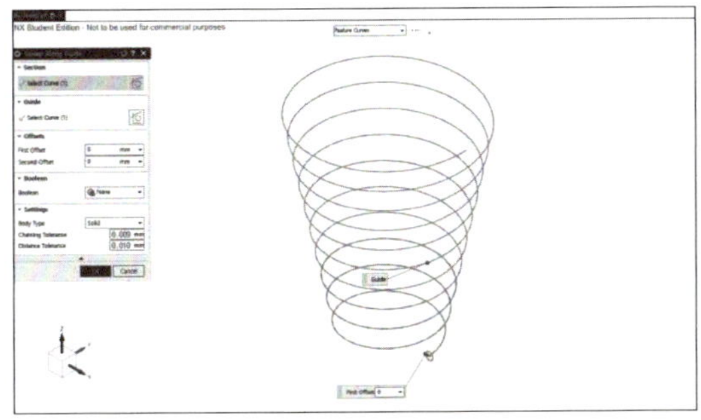
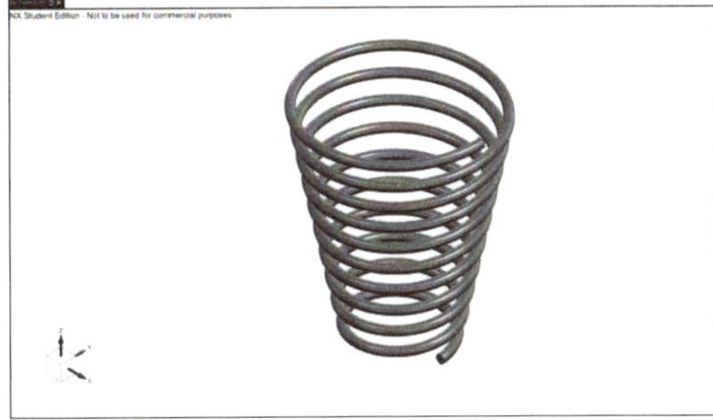

- Menu → Inserts → Sweep → Sweep along Guide 를 클릭한다.
- Sweep along Guide 창에서 [Section: 원 Sketch, Guide: Helix]를 선택하고 OK 버튼을 클릭한다.

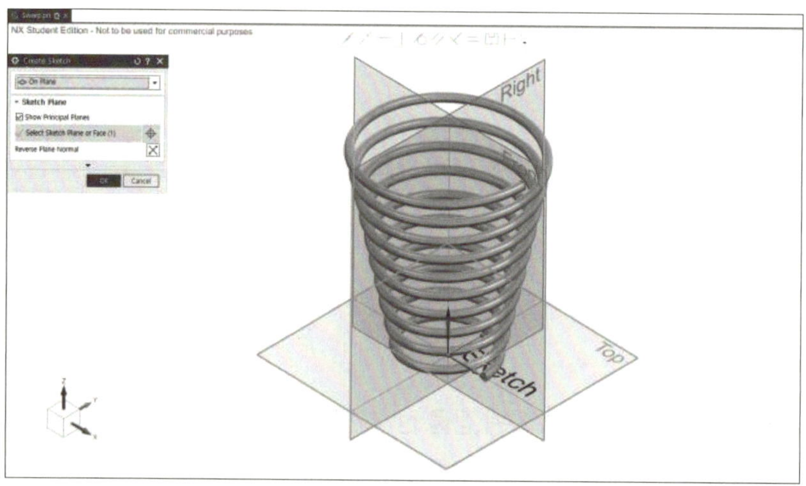

- Sketch 를 클릭하여 XY 평면을 선택한 뒤, Create Sketch 창의 OK 버튼을 클릭한다.

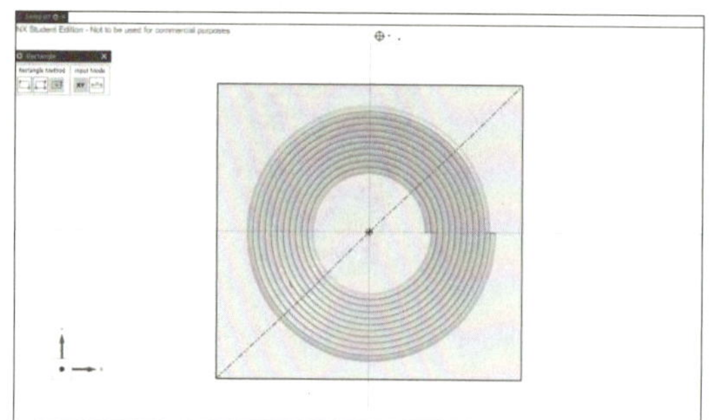 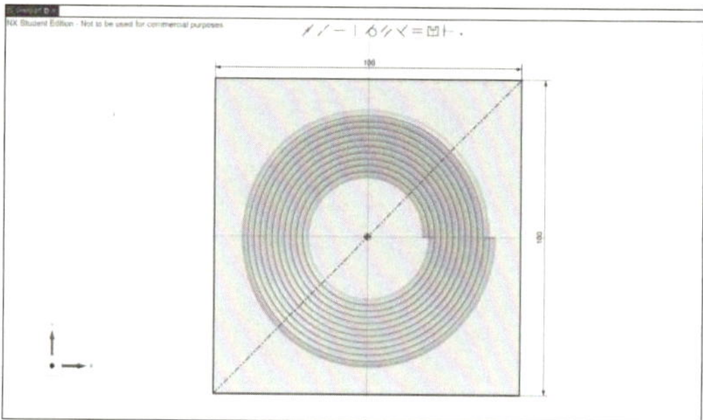

- Rectangle 을 클릭하고, From Center 로 설정하여 사각형의 중심을 원점과 일치시켜 사각형을 작성하고 Rectangle 창을 닫는다.
- 사각형의 치수를 [X축 길이: 100mm, Y축 길이: 100mm]로 정의하고 OK 버튼을 클릭한다.

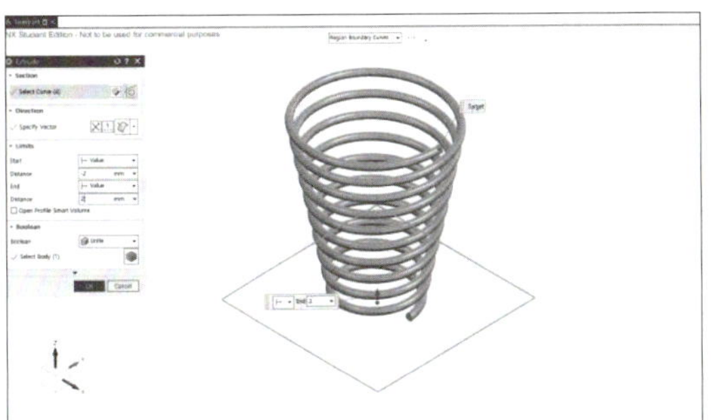 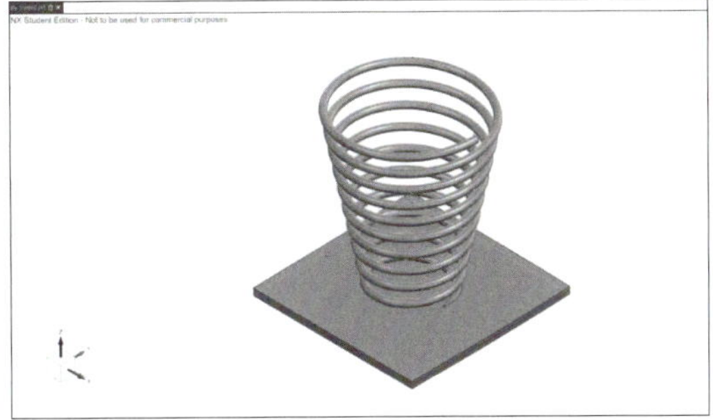

- Extrude 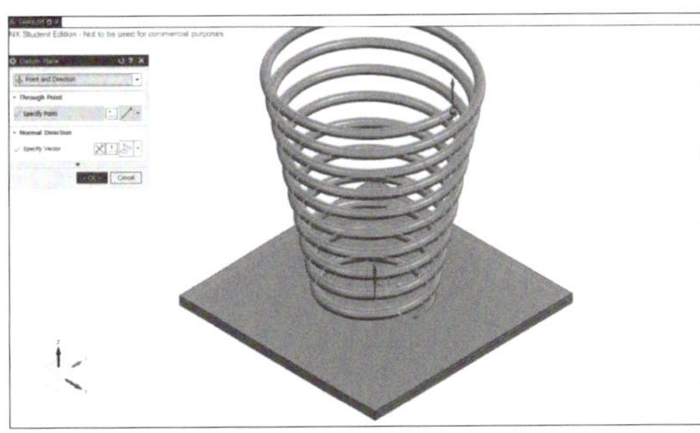를 클릭한 뒤, 작성한 사각형 Sketch가 선택된 것을 확인한다.
- Extrude 창의 Limit tab에서 [Start Distance: -2mm, End Distance: 2mm], Boolean tab에서 [Boolean: Unite]로 입력하고 OK 버튼을 클릭한다.

- Datum Plane 을 클릭하고 [Point and Direction]으로 설정한다.
- Datum Plane 창의 Through Point tab에서 Helix의 윗 끝점을 선택한다.
- Normal Direction tab에서 Vector Dialog 를 클릭하여 Z축으로 설정하고 OK 버튼을 클릭한다.

- Sketch를 클릭하여 생성한 Datum Plane을 선택한 뒤, Create Sketch 창의 OK 버튼을 클릭한다.

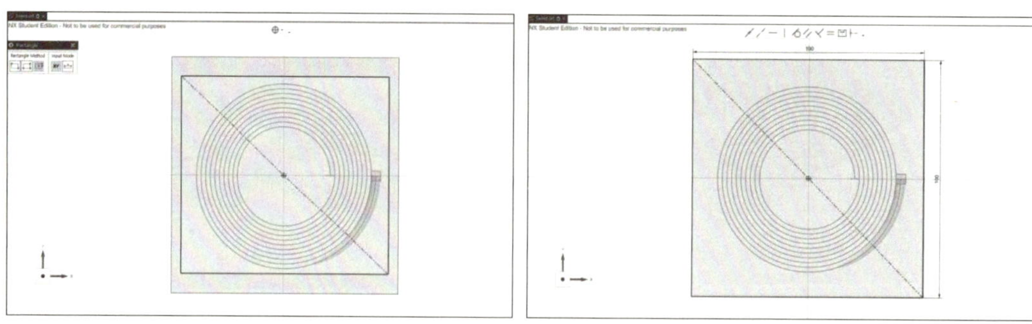

- Rectangle을 클릭하고, From Center로 설정하여 사각형의 중심을 원점과 일치시켜 사각형을 작성하고 Rectangle 창을 닫는다.
- 사각형의 치수를 [X축 길이: 100mm, Y축 길이: 100mm]로 정의하고 OK 버튼을 클릭한다.

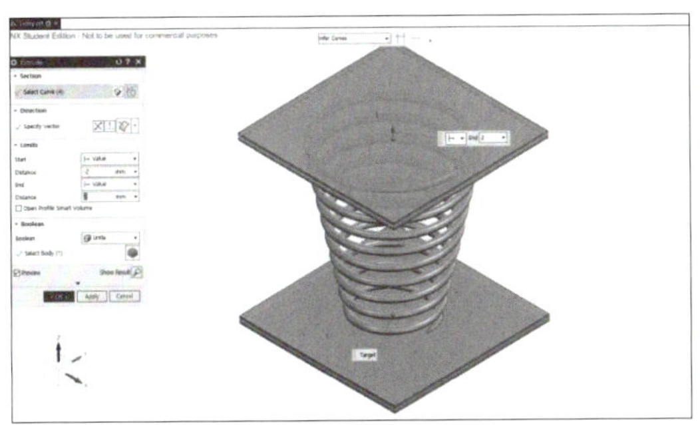 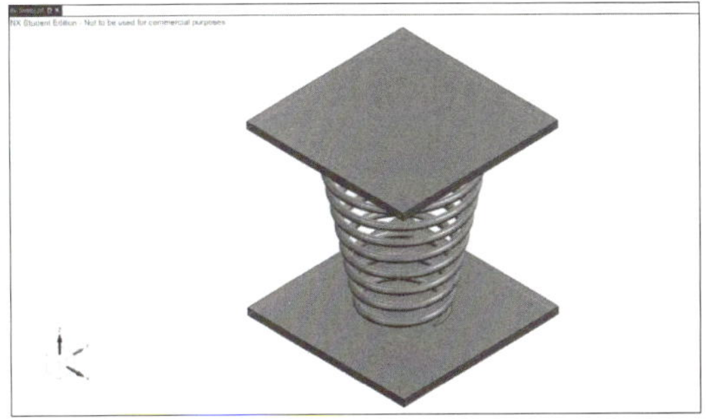

- Extrude 를 클릭한 뒤, 작성한 사각형 Sketch가 선택된 것을 확인한다.

- Extrude 창의 Limit tab에서 [Start Distance: -2mm, End Distance: 2mm], Boolean tab에서 [Boolean: Unite]로 입력하고 OK 버튼을 클릭한다.

9 Swept

• Swept 기능을 이용하여 다음 형상에 대해 모델링을 진행한다.

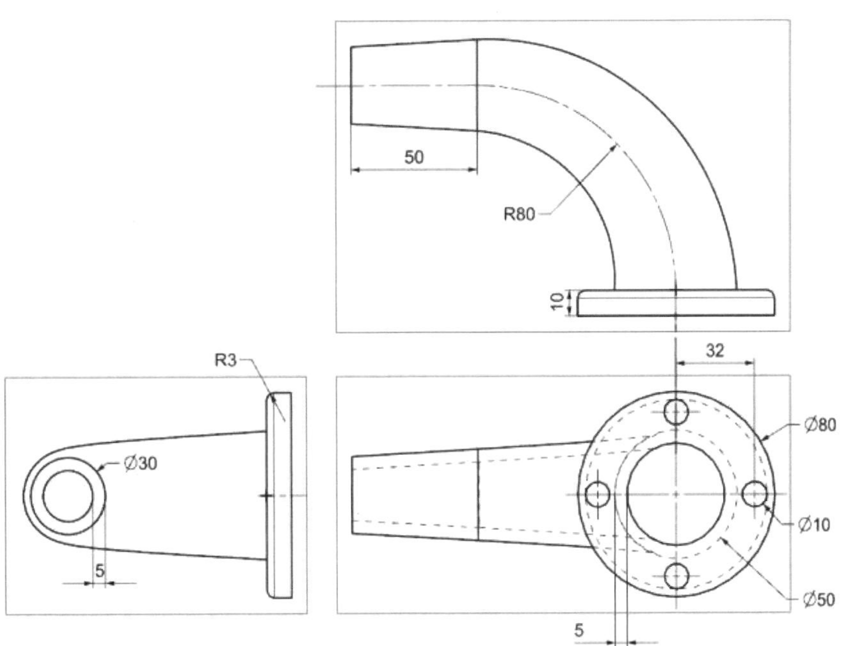

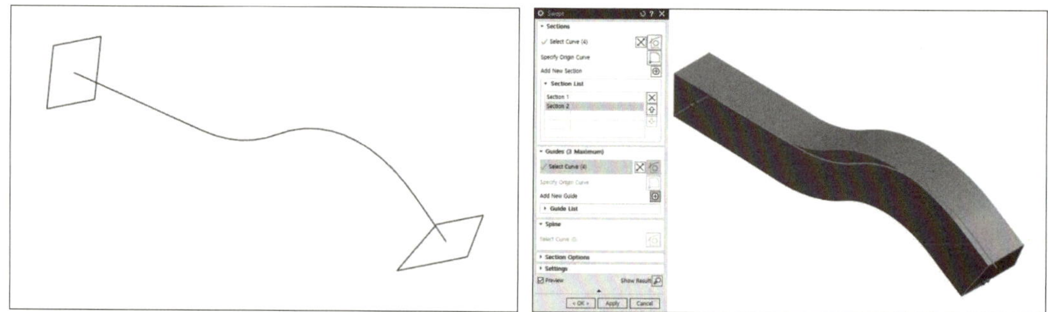

- Swept은 Sweep 기능의 확장형으로, Section이 되는 단면의 개수를 늘리거나 Guide의 개수를 늘려 복잡한 형상 생성이 가능하다.

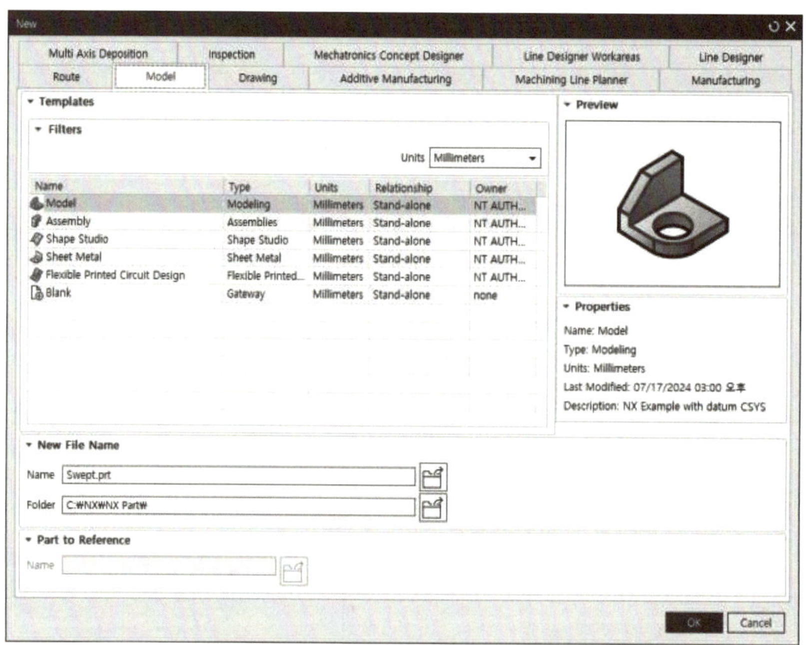

- File → New를 클릭하고 [Name: Swept.prt, Units: Millimeters]로 설정하고 OK 버튼을 클릭한다.

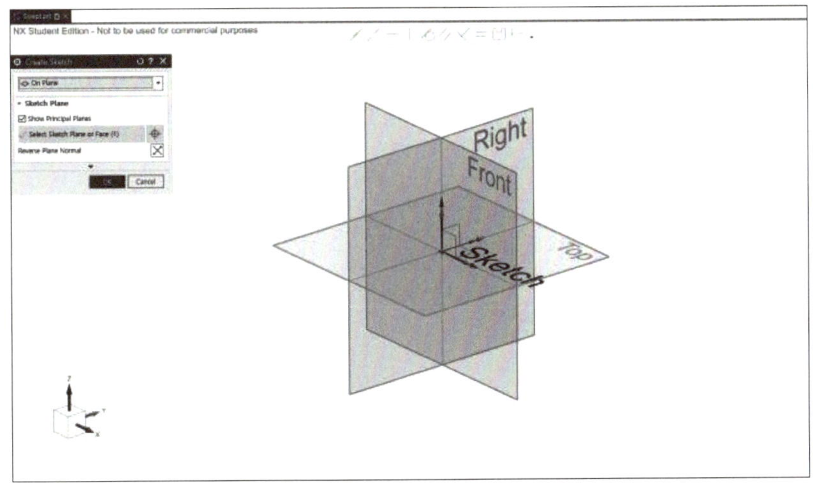

- Sketch를 클릭하여 XY 평면을 선택한 뒤, Create Sketch 창의 OK 버튼을 클릭한다.

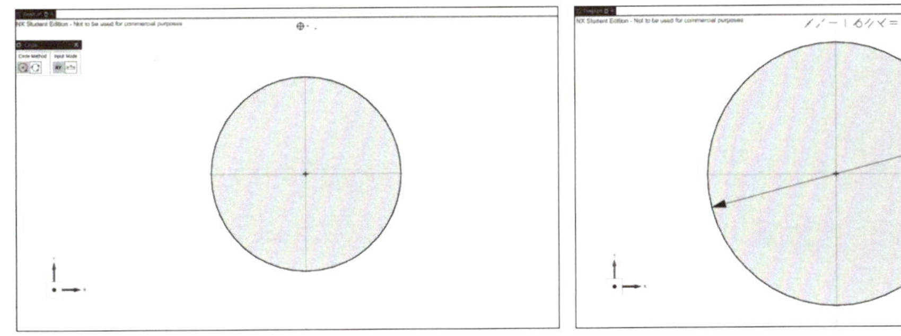

- Circle을 클릭한 뒤, 원점과 원의 중심을 일치시켜 원을 작성하고, Circle 창을 닫는다.
- 원의 지름을 클릭하여 [Diameter: 50mm]로 치수를 정의한 뒤, Finish를 클릭한다.

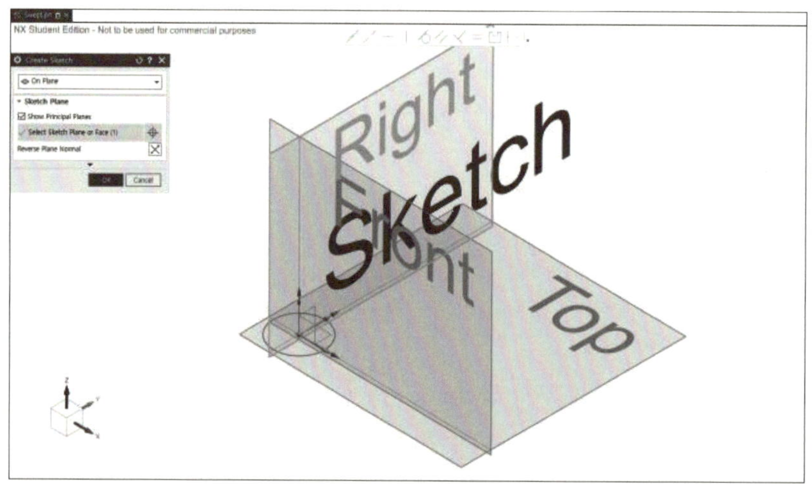

- Sketch 를 클릭하여 YZ 평면을 선택한 뒤, Create Sketch 창의 OK 버튼을 클릭한다.

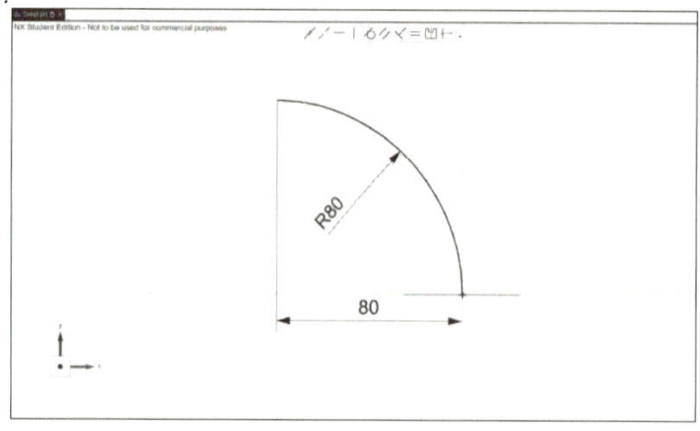 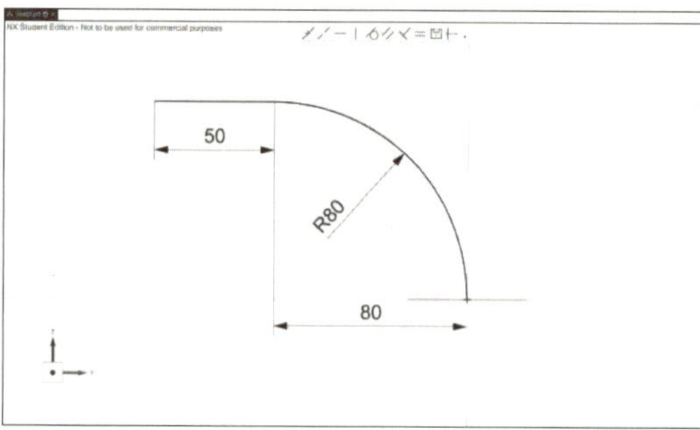

- Arc 를 클릭하고 Arc by Center and Endpoints 로 설정하여 중심과 한 점이 X축 위를 지나도록 Arc를 작성한다.

- 치수를 다음과 같이 [Radius: 80mm, X축 위에 있지 않은 끝점과 원점 사이 Y축 거리: 80mm]로 정의한다.

- Line 을 클릭하고 Arc의 X축 위에 있지 않은 끝점에서부터 X축과 평행하게 Line을 작성한 뒤, [Length: 50mm]로 정의하고, Finish 를 클릭한다.

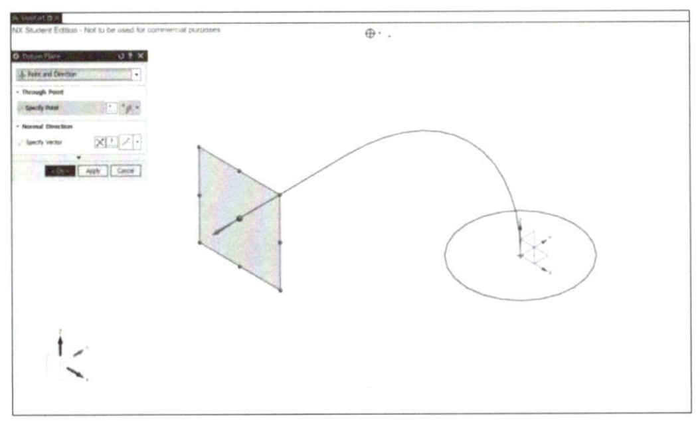 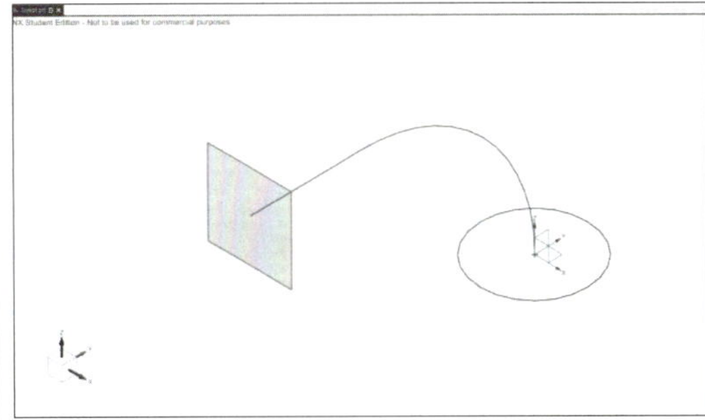

- Datum Plane ◇ 을 클릭하고 [Point and Direction]으로 설정한다.

- Datum Plane 창의 Through Point tab에서 작성한 Line의 X축 위에 있지 않은 끝점을 선택한다.

- Normal Direction tab에서 Vector Dialog ⋮ 를 클릭하여 Y축으로 설정하고 OK 버튼을 클릭한다.

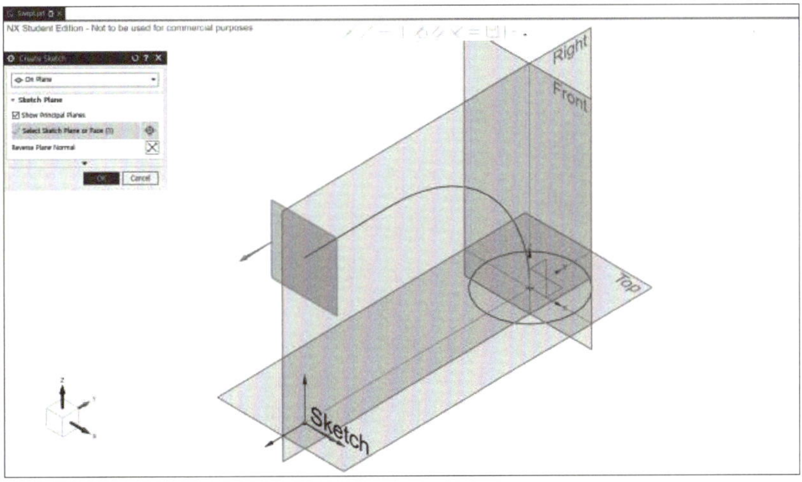

- Sketch ✎ 를 클릭하여 작성한 Datum Plane을 선택한 뒤, Create Sketch 창의 OK 버튼을 클릭한다.

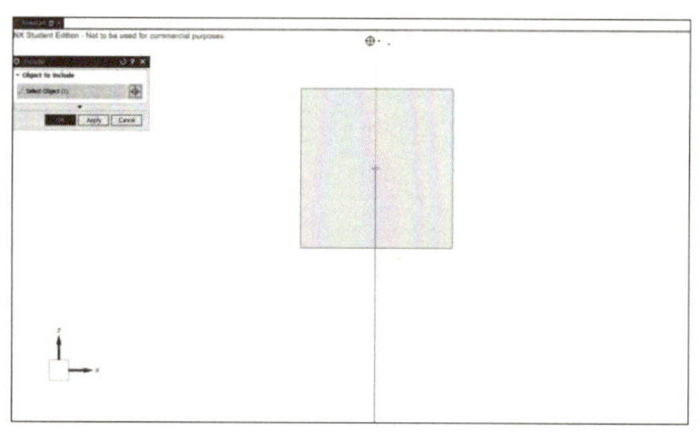 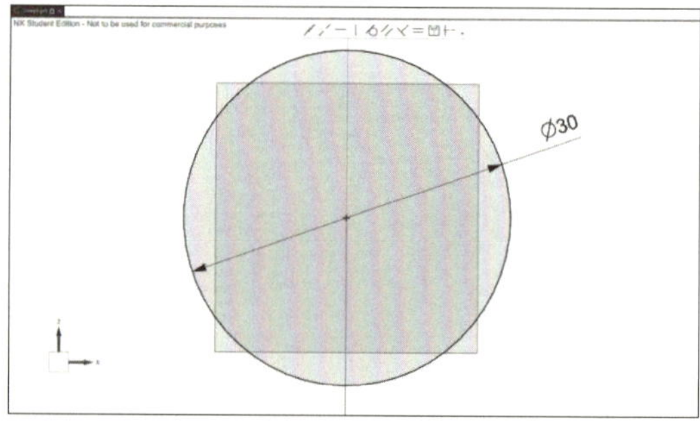

- Include를 클릭하고, Line의 끝점을 선택한 뒤 OK 버튼을 클릭한다.
- Circle◯을 클릭한 뒤, Line의 끝점과 원의 중심을 일치시켜 원을 작성하고, Circle 창을 닫는다.
- 원의 지름을 클릭하여 [Diameter: 30mm]로 치수를 정의한 뒤, Finish를 클릭한다.

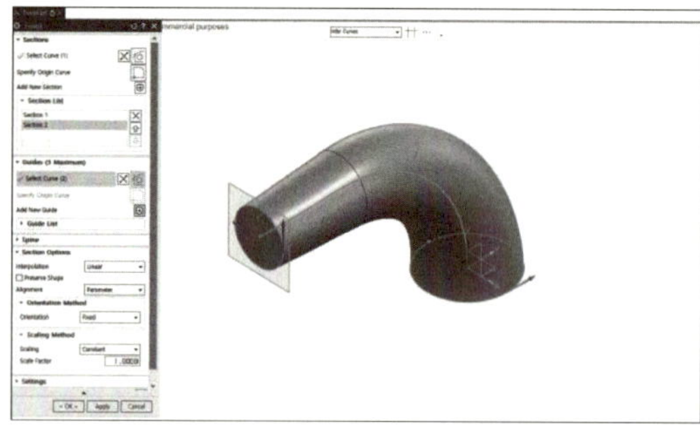 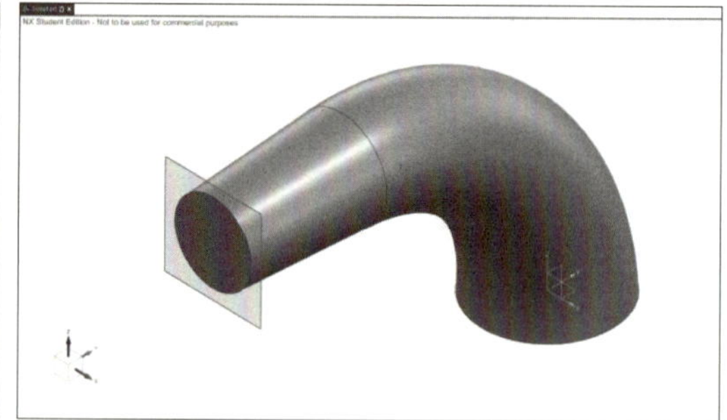

- Swept을 클릭한 뒤, Datum Plane 위 원 스케치를 선택하고 Sections tab에서 Add New Section⊕을 클릭한다.
- XY 평면 위 원 스케치를 선택하고, Guides tab에서 Select Curve를 클릭한 뒤, Line을 선택한다.
- Section Options tab에서 [Interpolation: Linear]로 설정하고, OK 버튼을 클릭한다.

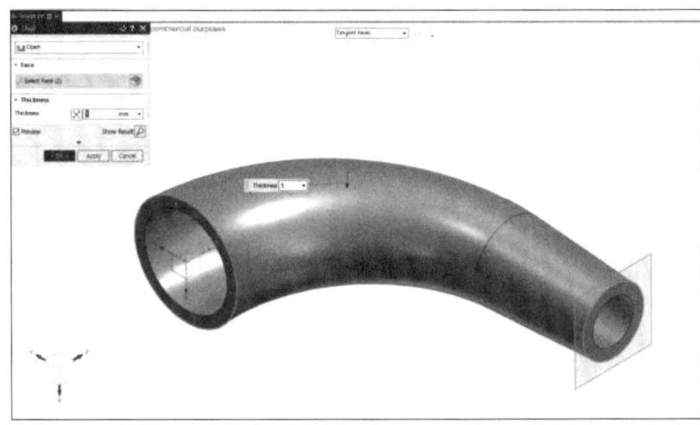 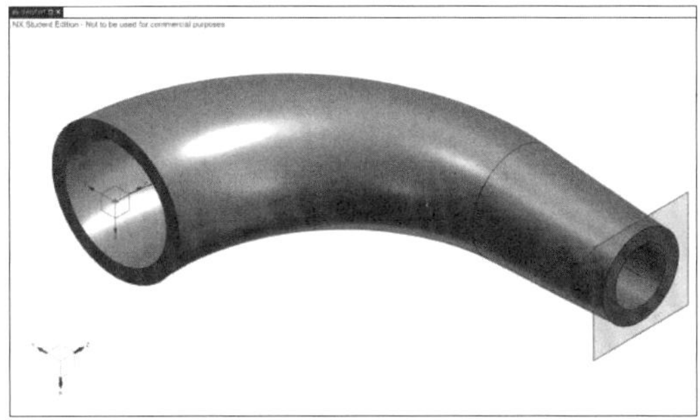

- Shell 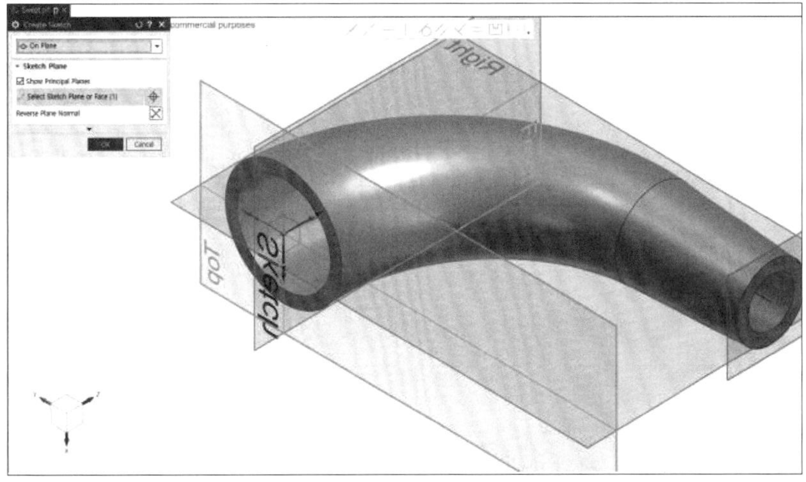을 클릭한 뒤, Open으로 설정하고 생성된 Body의 양쪽 끝 면을 선택한다.
- Shell 창의 Thickness tab에서 [Thickness: 5mm]로 정의하고 OK 버튼을 클릭한다.

- Sketch를 클릭하여 XY평면을 선택한 뒤, Create Sketch 창의 OK 버튼을 클릭한다.

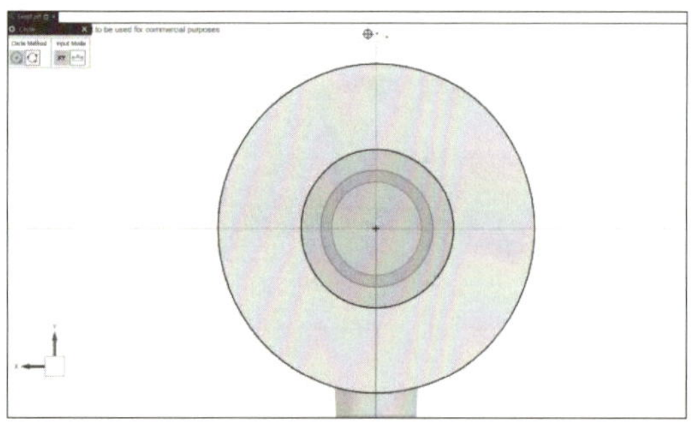 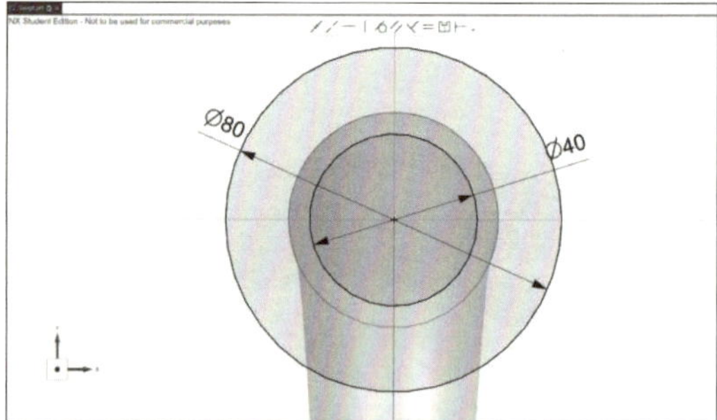

- Circle ○ 을 클릭한 뒤, 원점과 원의 중심을 일치시켜 두 개의 원을 작성하고, Circle 창을 닫는다.
- 원의 지름을 클릭하여 각각 [Diameter1: 40mm, Diameter2: 80mm]로 치수를 정의한 뒤, Finish 를 클릭한다.

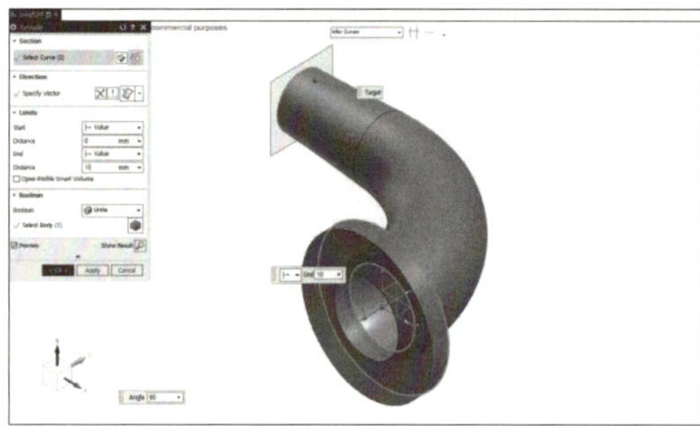 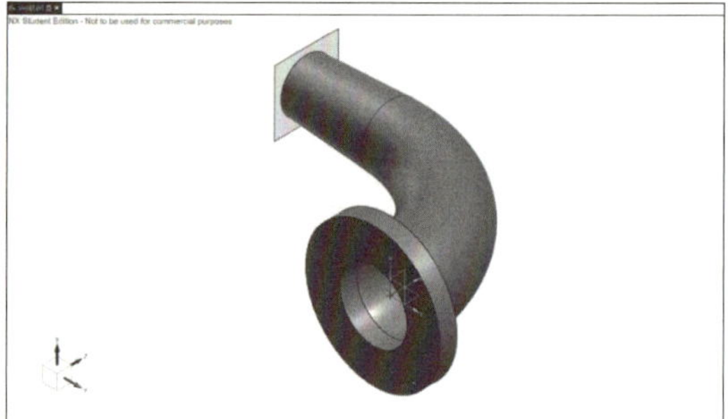

- Extrude 를 클릭한 뒤, 작성한 Sketch가 선택된 것을 확인하고, Direction Tab에서 -Z축인 것을 확인한다.
- Extrude 창의 Limit tab에서 [Start Distance: 0mm, End Distance: 10mm]로 입력하고 OK 버튼을 클릭한다.

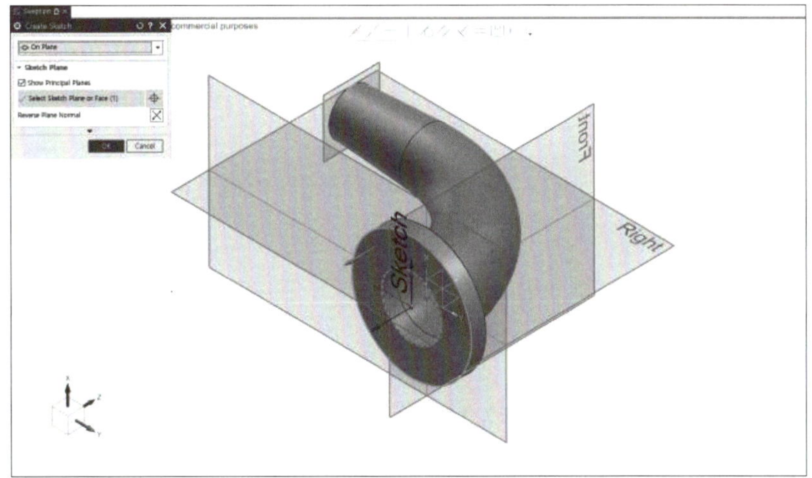

- Sketch ▨ 를 클릭하여 Extrude한 원기둥의 면을 선택한 뒤, Create Sketch 창의 OK 버튼을 클릭한다.

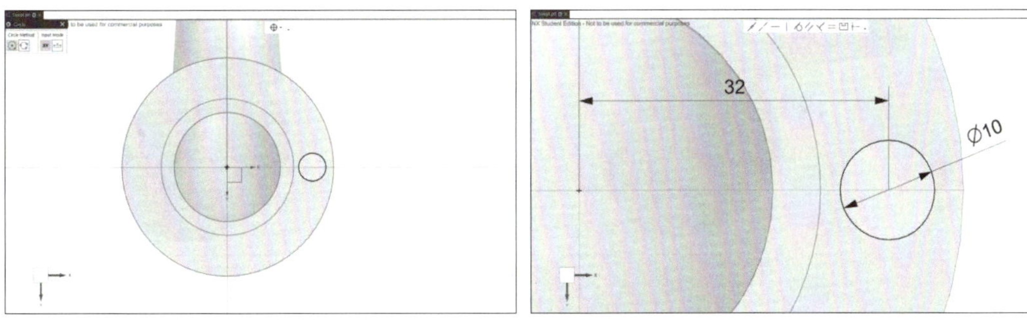

- Circle ◯ 을 클릭한 뒤, 원의 중심이 X축을 지나도록 원을 작성하고, Circle 창을 닫는다.
- 원의 치수를 [Diameter: 10mm, 원의 중심과 원점 사이 X축 거리: 32mm]로 정의한 뒤, Finish ▨ 를 클릭한다.

 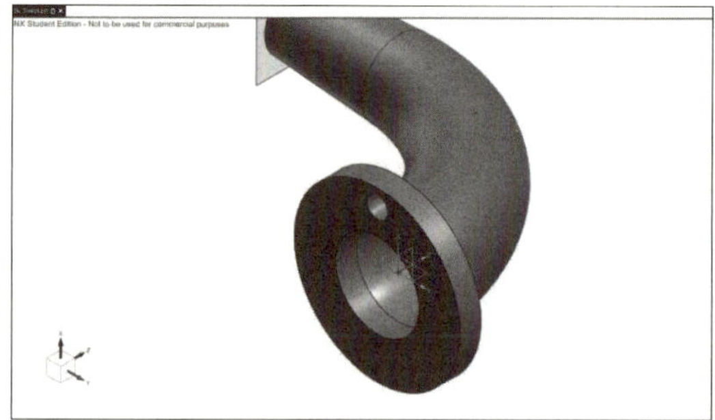

- Extrude 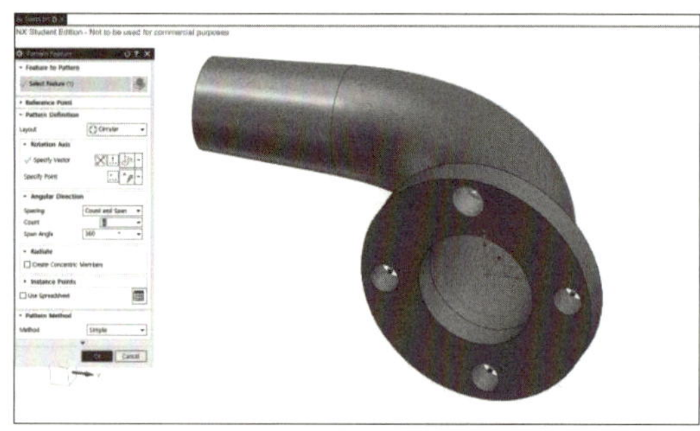를 클릭한 뒤, 작성한 Sketch가 선택된 것을 확인하고, Direction tab에서 Z축으로 설정한다.

- Extrude 창의 Limit tab에서 [Start Distance: 0mm, End: Until Next], Boolean tab에서 [Boolean: Subtract]로 입력하고 OK 버튼을 클릭한다.

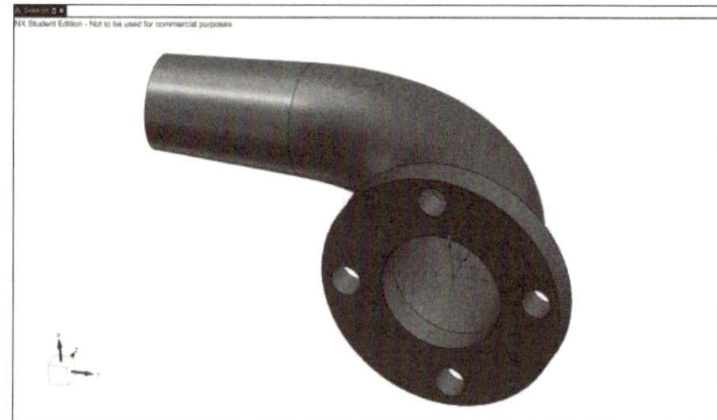

- Pattern Feature 를 클릭한 뒤, Extrude를 통해 생성된 Hole을 선택하고, Pattern Definition tab에서 [Layout: Circular]로 설정한다.

- Rotation Axis tab에서 Vector Dialog 를 클릭하고 Z축으로 설정한다.

- Angular Direction tab에서 [Spacing: Count and Span, Count: 4, Span Angle: 360°]로 입력하고 OK 버튼을 클릭한다.

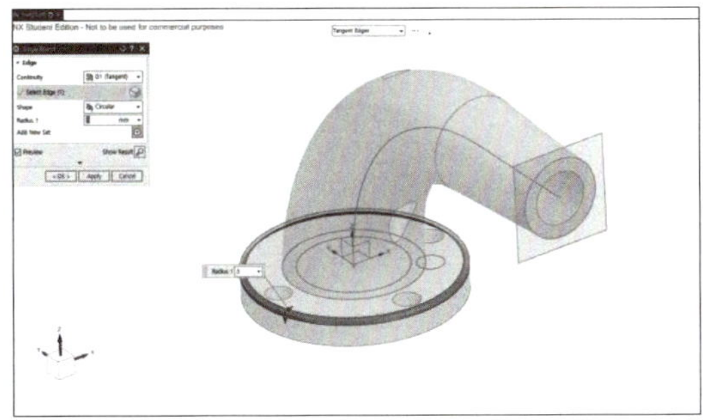 

- Edge Blend 를 클릭한 뒤, 생성한 원기둥의 바깥 지름을 선택한다.
- Edge Blend 창의 Edge tab에서 [Radius: 3mm]로 입력하고 OK 버튼을 클릭한다.

NX 기초

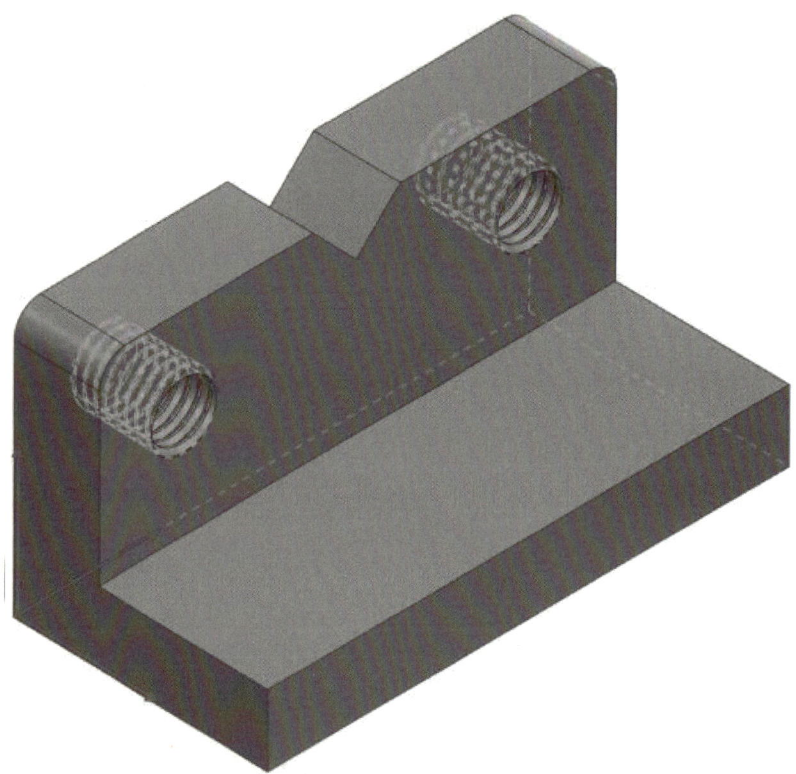

● Thread 기능을 이용하여 다음 형상에 대해 모델링을 진행한다.

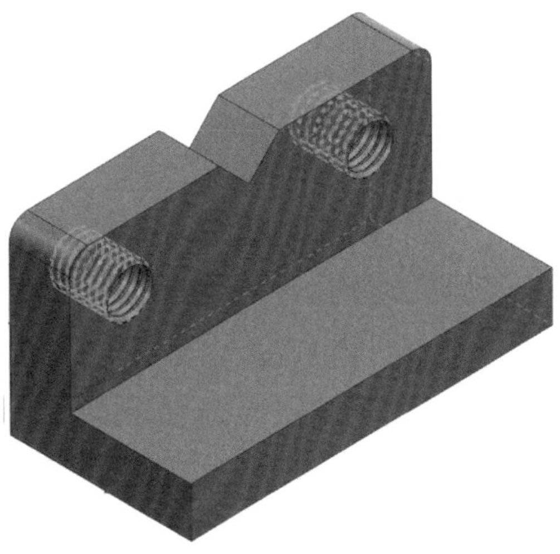

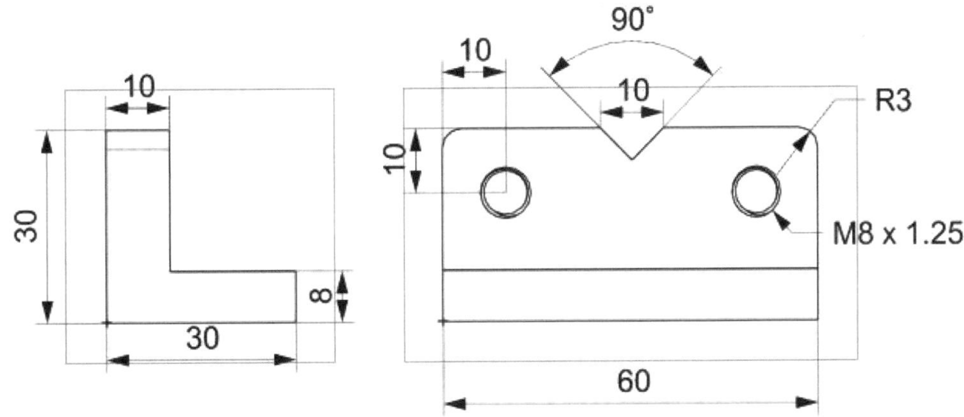

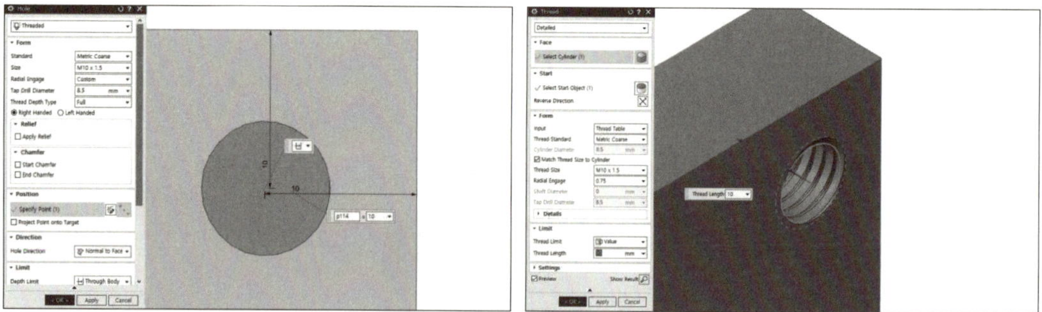

- Thread는 나사산을 생성할 수 있는 기능으로 주로 볼트, 너트, 파이프의 연결 등에서 사용되는 나사의 형상을 생성할 때 사용한다.
- Hole을 이용하여 구멍을 먼저 생성한 후, Thread를 통해 나사산에 대한 정보를 입력하여 생성한다.

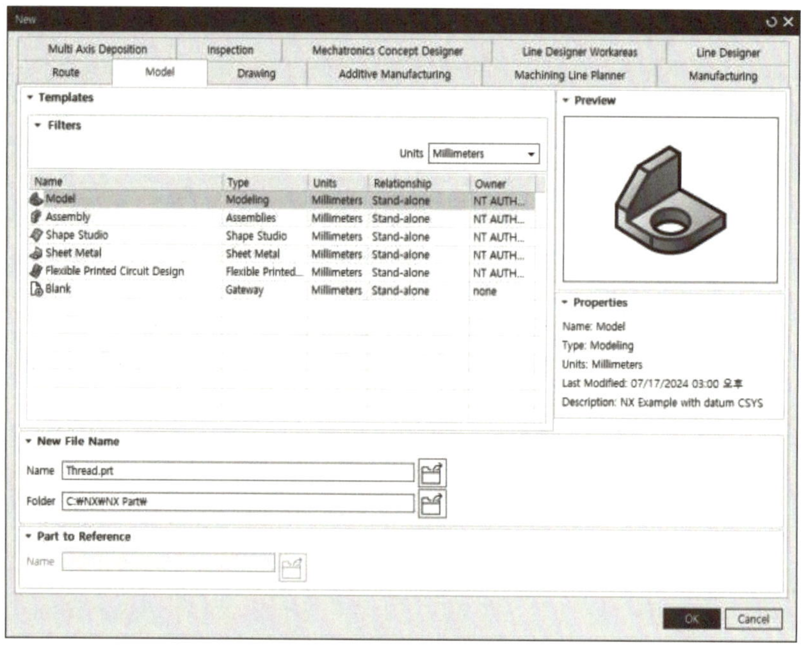

- File → New를 클릭하고 [Name: Thread.prt, Units: Millimeters]로 설정하고 OK 버튼을 클릭한다.

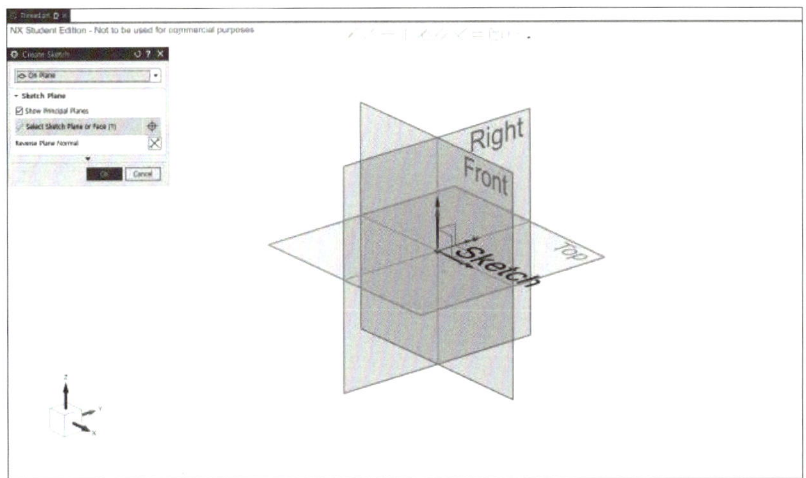

- Sketch 를 클릭하여 XY 평면을 선택한 뒤, Create Sketch 창의 OK 버튼을 클릭한다.

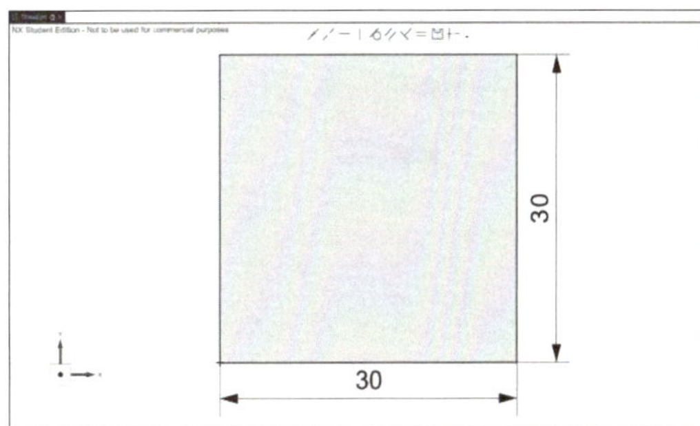

- Rectangle □를 클릭한 뒤, 원점과 기준점을 일치시키고 사각형을 작성하고, Rectangle 창을 닫는다.

- 사각형의 치수를 [X축 길이: 30mm, Y축 길이: 30mm]로 정의한 뒤, Finish 🏁를 클릭한다.

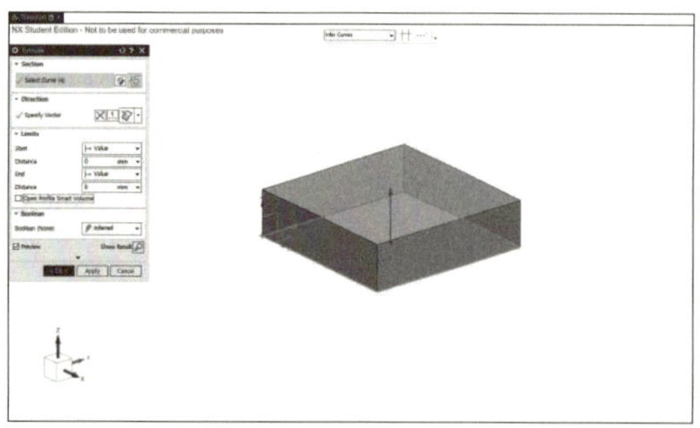 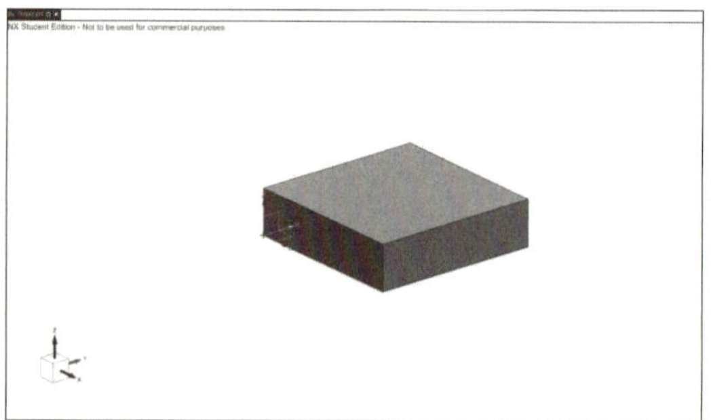

- Extrude 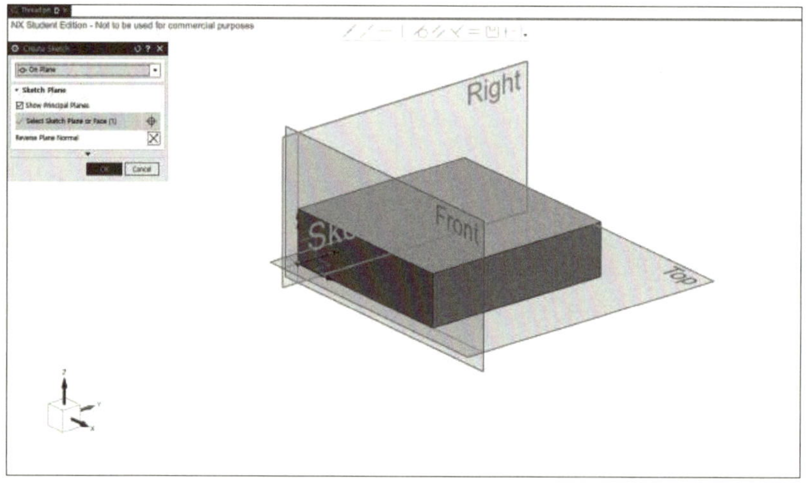를 클릭한 뒤, 작성한 Sketch가 선택된 것을 확인한다.
- Extrude 창의 Limit tab에서 [Start Distance: 0mm, End Distance: 8mm]로 입력하고 OK 버튼을 클릭한다.

- Sketch 를 클릭하여 YZ 평면을 선택한 뒤, Create Sketch 창의 OK 버튼을 클릭한다.

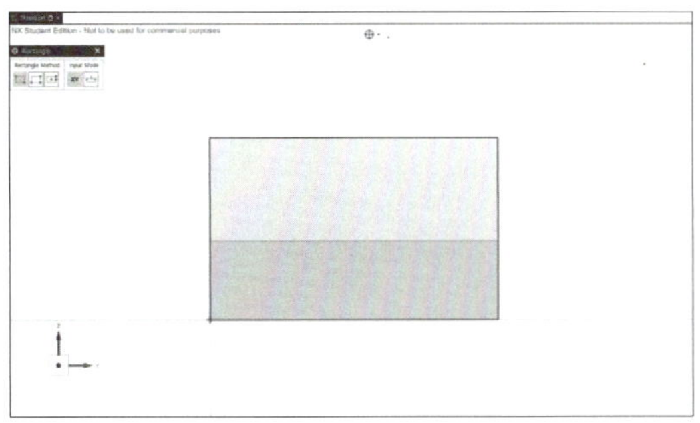 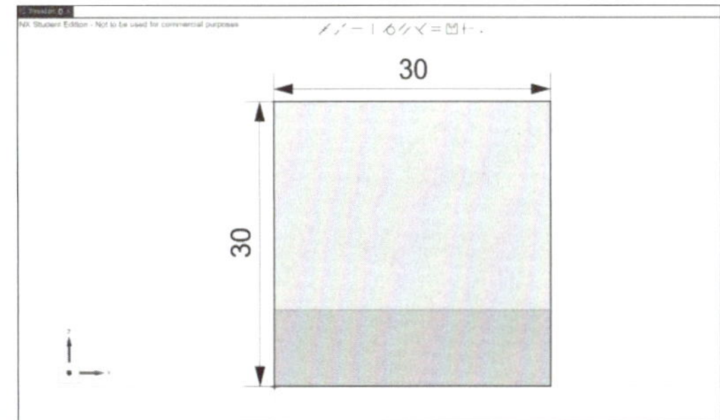

- Rectangle □ 를 클릭한 뒤, 원점과 기준점을 일치시키고 사각형을 작성하고, Rectangle 창을 닫는다.
- 사각형의 치수를 [X축 길이: 30mm, Y축 길이: 30mm]로 정의한 뒤, Finish ▨ 를 클릭한다.

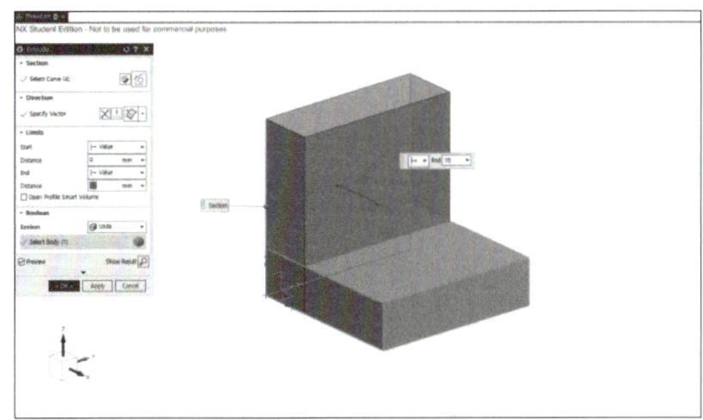 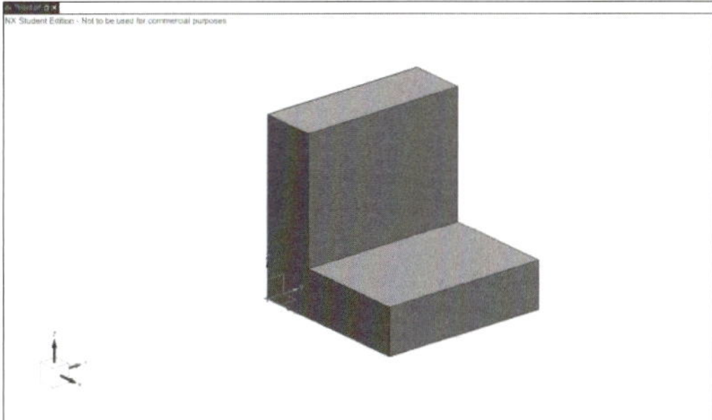

- Extrude ⬡ 를 클릭한 뒤, 작성한 Sketch가 선택된 것을 확인한다.
- Extrude 창의 Limit tab에서 [Start Distance: 0mm, End Distance: 10mm], Boolean tab에서 [Boolean: Unite]로 선택하고 OK 버튼을 클릭한다.

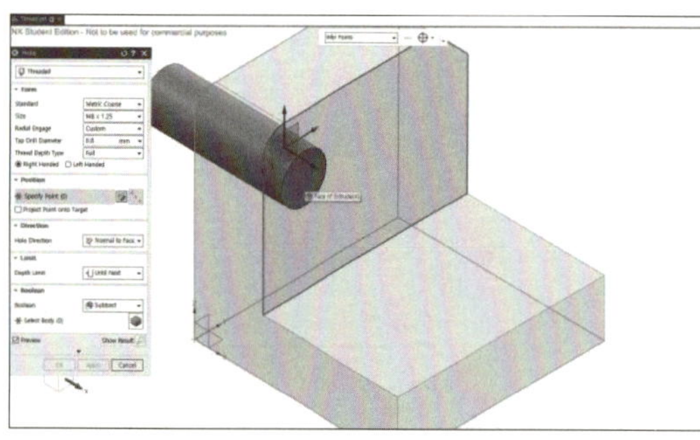 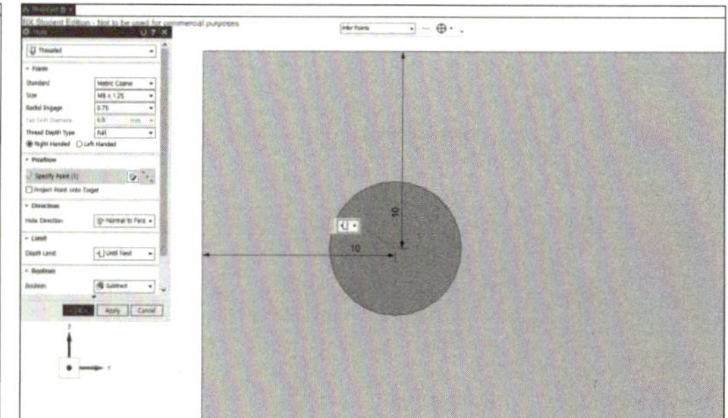

- Hole 을 클릭하고 Threaded 로 선택하고 해당하는 면에 임의의 위치를 클릭한다.
- Form tab에서 [Standard: Metric Coarse, Size: M8 x 1.25, Thread Depth Type: Full]로 입력하고 Right Handed로 선택한다.
- Hole과 사각형의 변과의 거리를 [Y축 거리: 10mm, Z축 거리: 10mm], Limit tab에서 [Depth Limit: Until Next]로 선택하고 OK 버튼을 클릭한다.

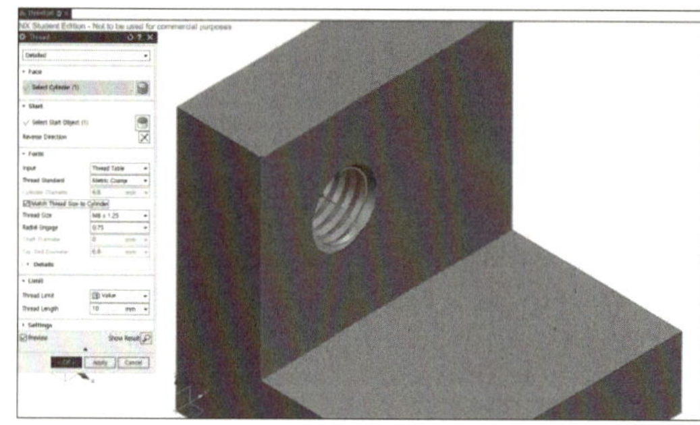 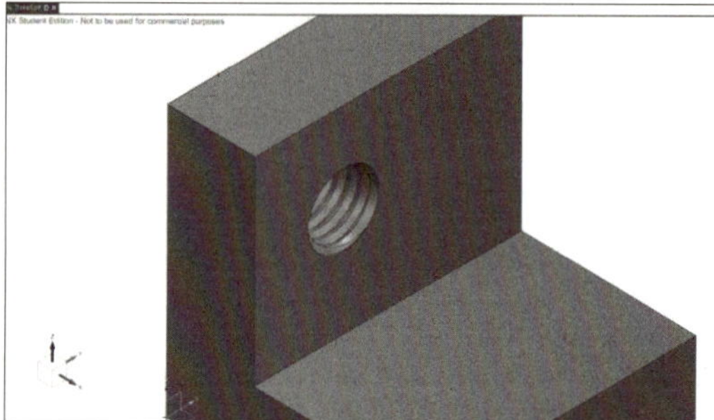

- Thread 를 클릭하고 Detailed를 선택한다.
- Hole 로 인해 생성된 면을 클릭하고 OK 버튼을 클릭한다.

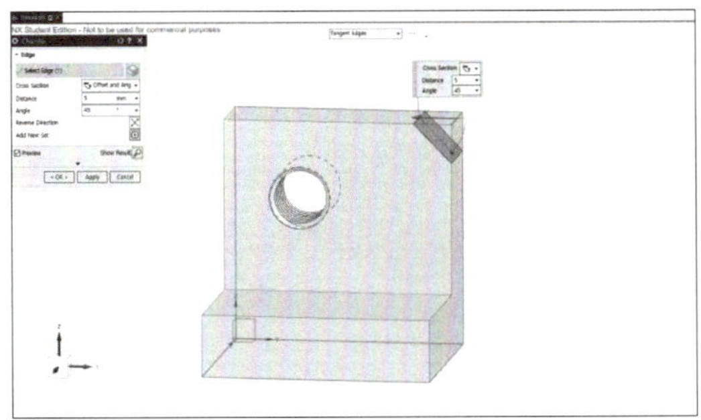 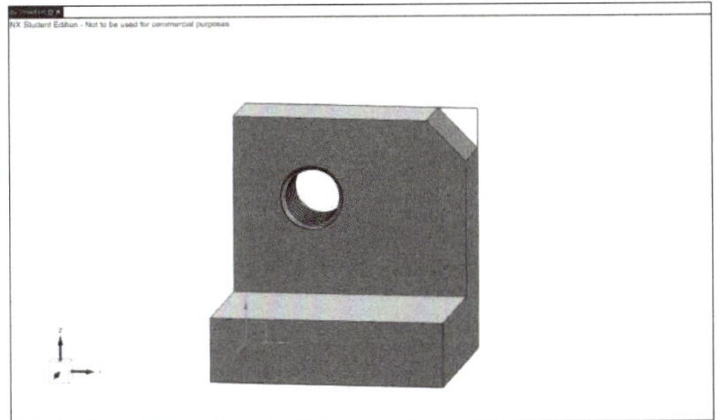

- Chamfer 를 클릭한 뒤, 해당하는 선을 선택하고 Edge tab에서 [Cross Section: Offset and Angle]로 선택한다.
- Edge tab에서 [Distance: 5mm, Angle: 45°]로 입력하고 OK 버튼을 클릭한다.

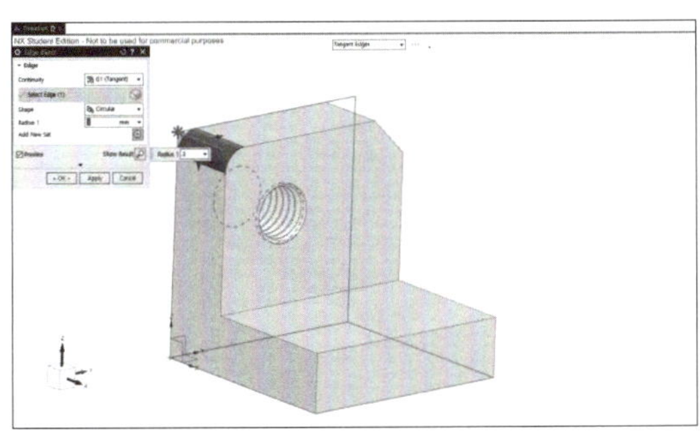 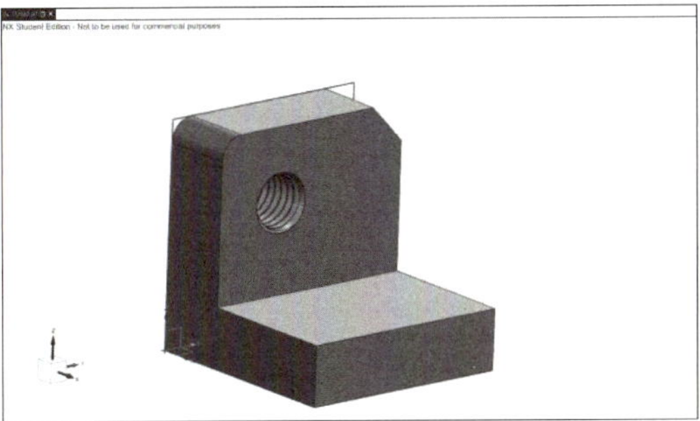

- Edge Blend 를 클릭한 뒤, 해당하는 선을 선택한다.
- Edge tab에서 [Radius1: 3mm]로 입력하고 OK 버튼을 클릭한다.

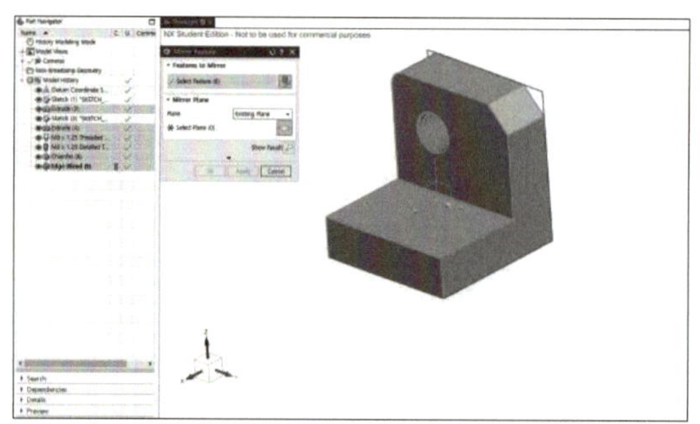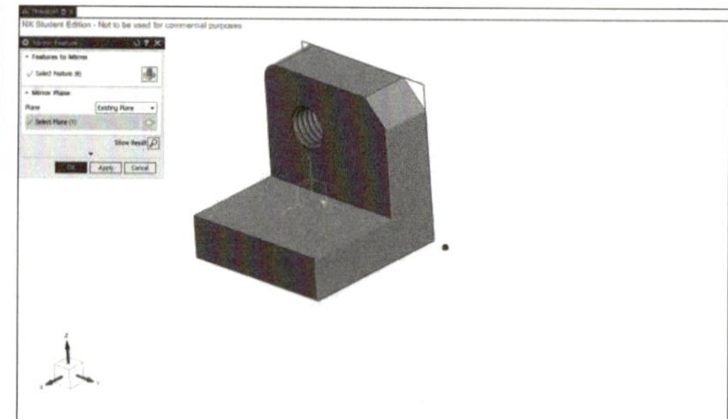

- Mirror Feature 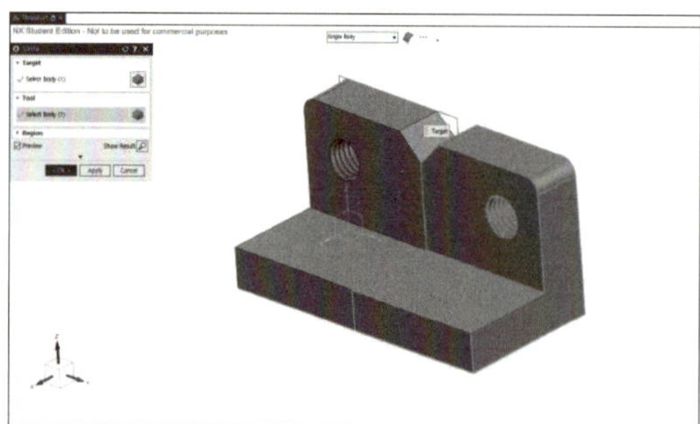를 클릭하고 Part Navigator에서 Sketch를 제외한 6개의 Feature를 선택한다.
- Mirror Plane tab의 Select Plane을 클릭하고 해당하는 면을 선택하고 OK 버튼을 클릭한다.

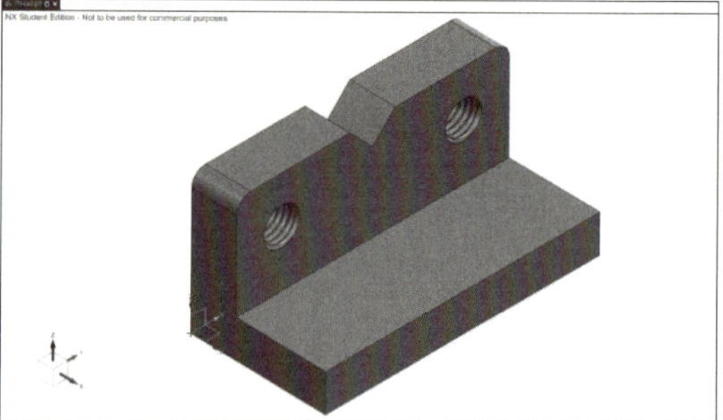

- Unite 를 클릭하고 Target tab의 Select Body를 클릭한 뒤, 2개의 바디 중 1개를 클릭한다.
- Tool tab의 Select Body를 클릭한 뒤, 나머지 Body를 클릭하고 OK 버튼을 클릭한다.

11 Drafting

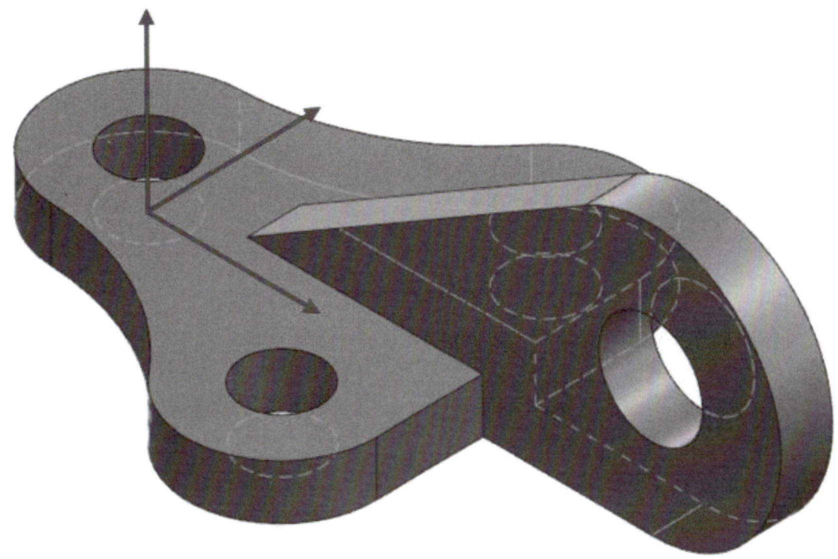

● Drafting 기능을 이용하여 다음 형상에 대해 모델링하고 도면 작업을 진행한다.

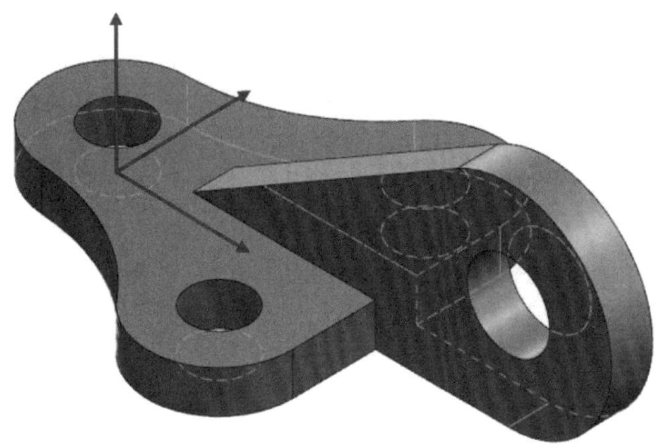

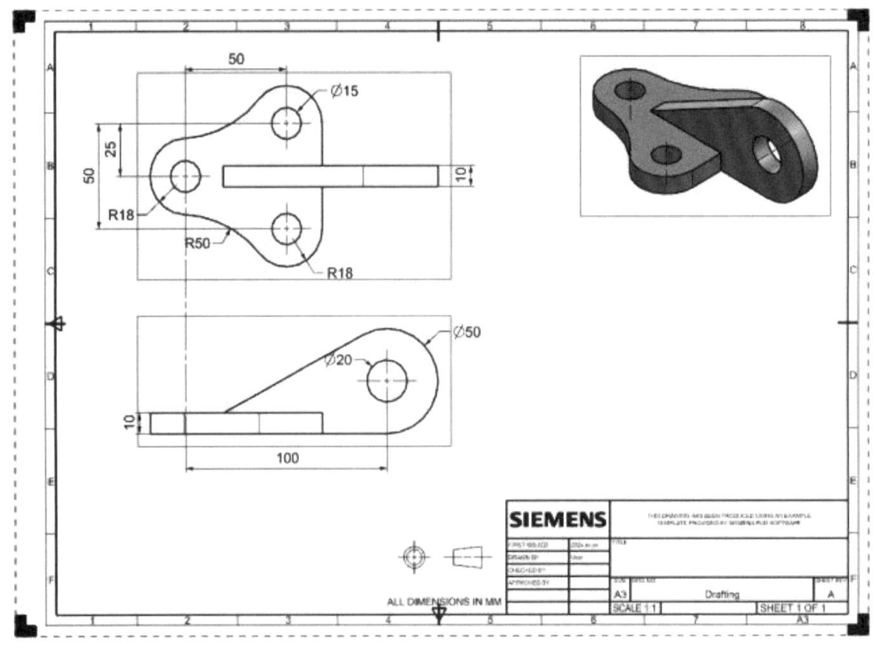

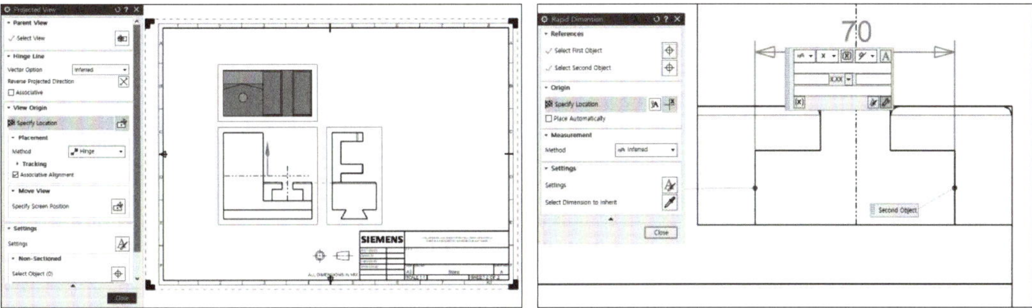

- Drafting은 Modeling을 통해 생성한 3D 형상을 2D로 도면화하는 작업이다.
- 일반적으로 3각 투상도를 그리고 치수를 기입하여 제작한다.

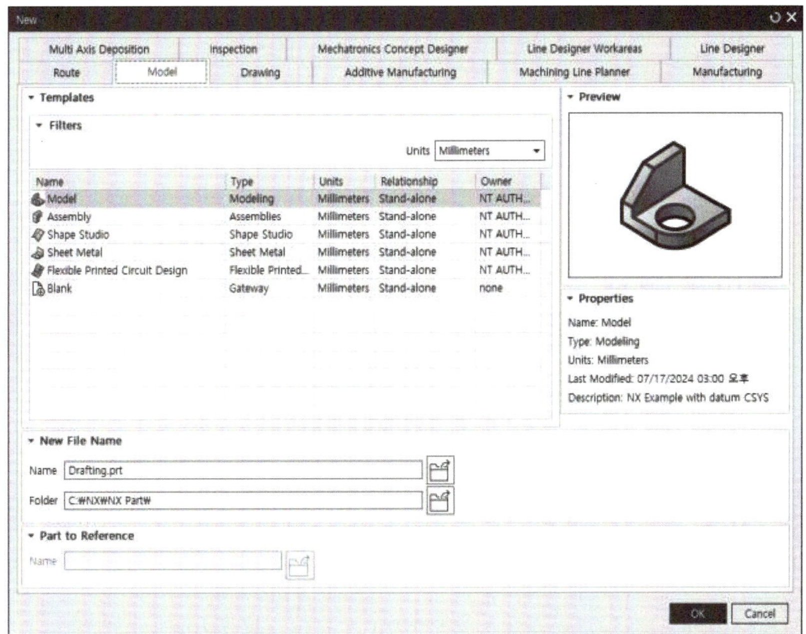

- File → New를 클릭하고 [Name: Drafting.prt, Units: Millimeters]로 설정하고 OK 버튼을 클릭한다.

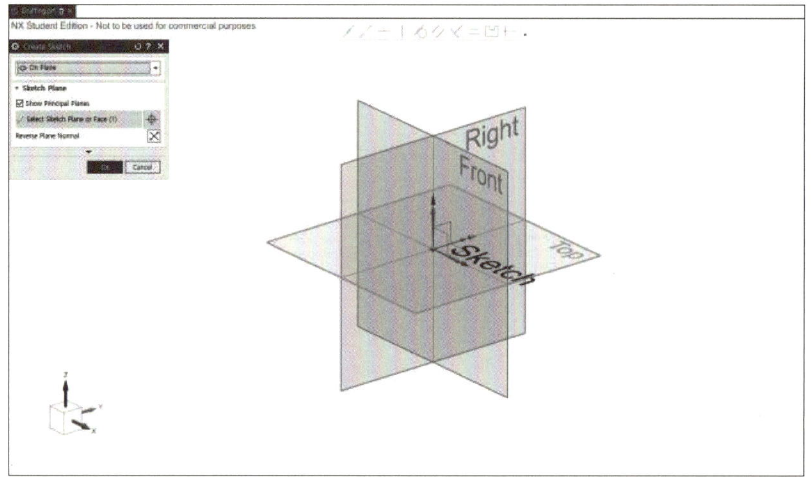

- Sketch 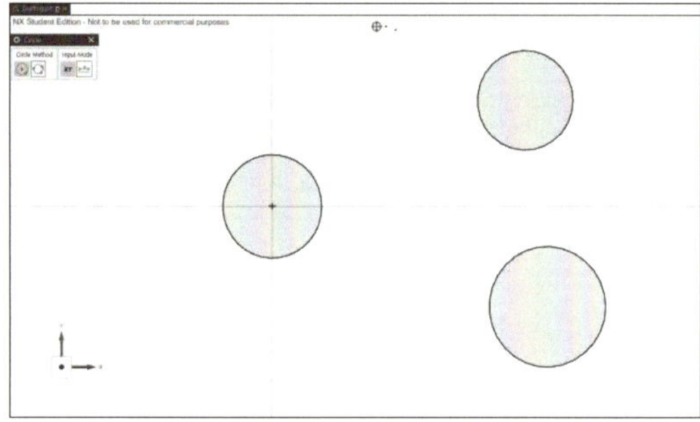 를 클릭하여 XY 평면을 선택한 뒤, Create Sketch 창의 OK 버튼을 클릭한다.

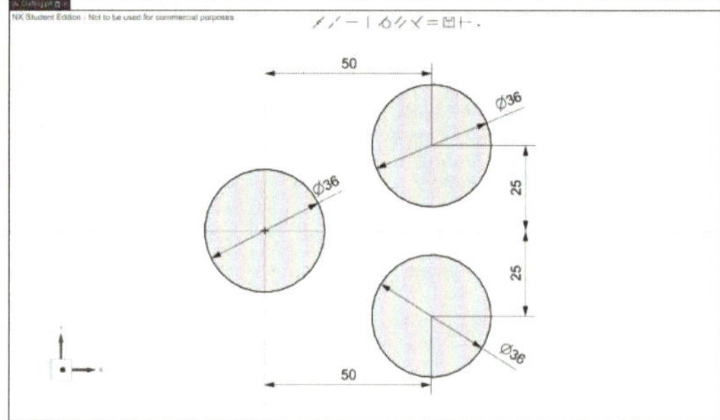

- Circle ◯ 을 클릭하고 원점과 원의 중심을 일치시켜 1개의 원을 작성하고, 임의의 위치에 2개의 원을 작성하고, Circle 창을 닫는다.

- 3개의 원의 치수를 [Diameter: 36mm, 2개의 원의 중심과 X축 사이의 거리: 25mm, 2개의 원의 중심과 Y축 사이의 거리: 50mm]로 정의한다.

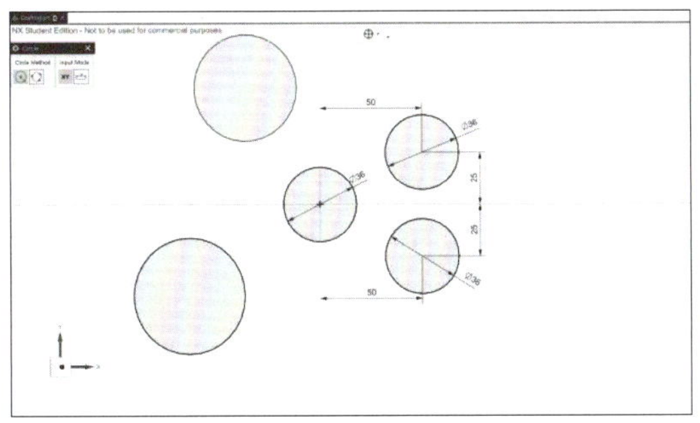
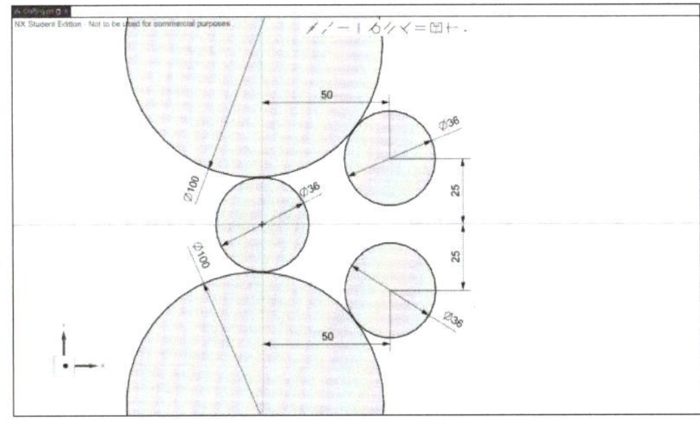

- Circle ◯ 을 클릭하고 임의의 위치에 2개의 원을 작성하고, Circle 창을 닫는다.
- 2개의 원의 치수를 [Diameter: 100mm]로 정의하고, Make Tangent ⬡ 를 클릭하여 다음과 같이 원끼리 접하게 한다.

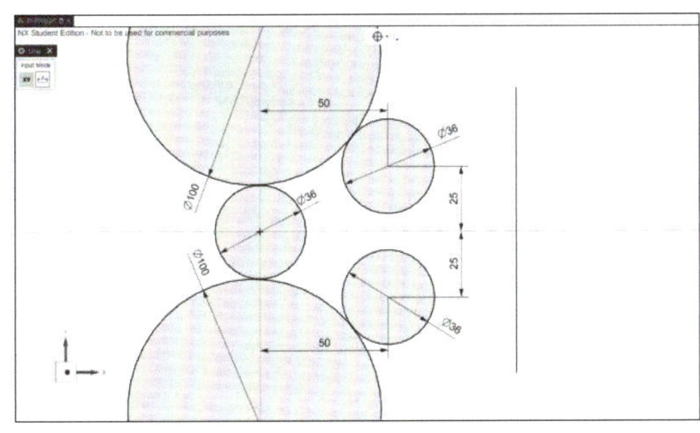
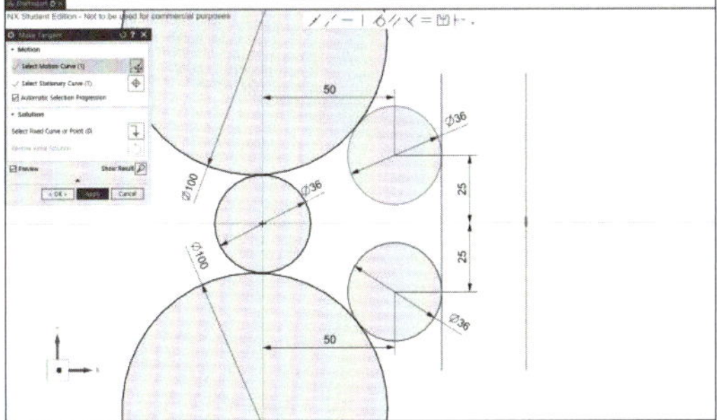

- Line ╱ 을 클릭하고 임의의 위치에 Y축에 평행하게 선을 작성하고, Line 창을 닫는다.
- Make Tangent ⬡ 를 클릭하여 다음과 같이 선과 원이 접하게 한다.

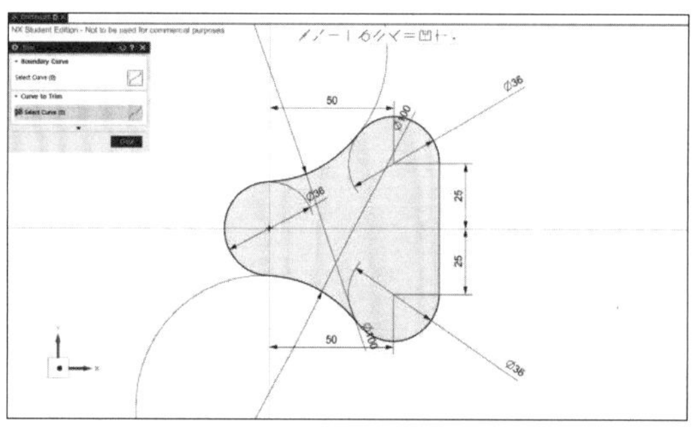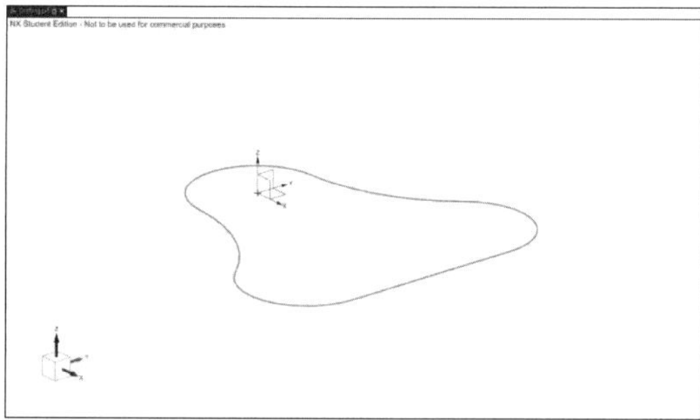

- Trim ☒ 을 클릭하고 다음과 같이 불필요한 선을 삭제하고 Finish ⚑ 를 클릭한다.

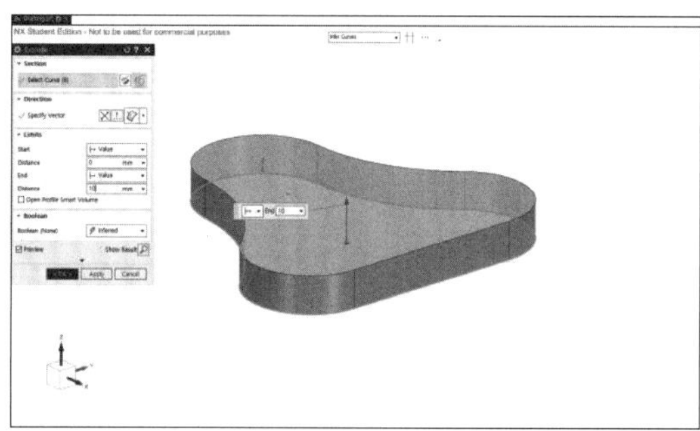

- Extrude ⬛ 를 클릭한 뒤, 작성한 Sketch가 선택된 것을 확인한다.
- Extrude 창의 Limit tab에서 [Start Distance: 0mm, End Distance: 10mm]로 입력하고 OK 버튼을 클릭한다.

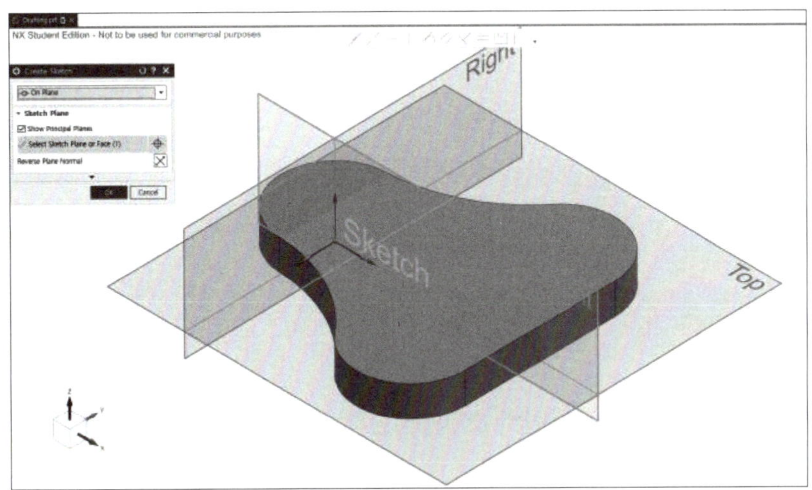

- Sketch를 클릭하여 XZ 평면을 선택한 뒤, Create Sketch 창의 OK 버튼을 클릭한다.

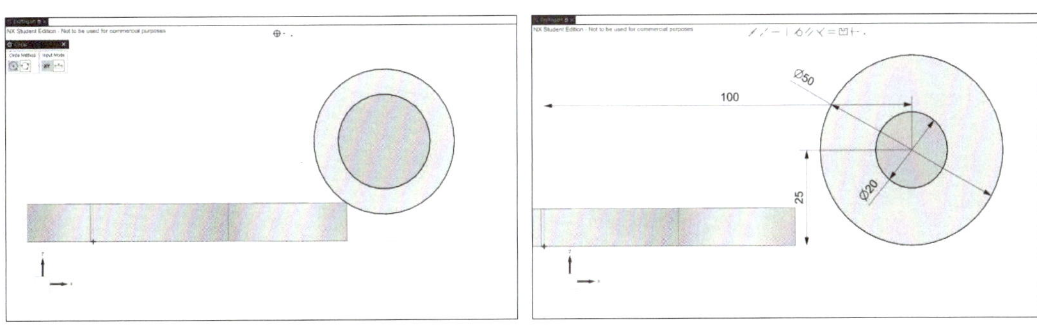

- Circle을 클릭하고 원점과 원의 중심을 일치시켜 1개의 원을 작성하고, 임의의 위치에 2개의 원을 작성하고, Circle 창을 닫는다.
- [Diameter1: 50mm, Diameter2: 20mm, 원의 중심과 X축 사이의 거리: 25mm, 2개의 원의 중심과 Y축 사이의 거리: 100mm]로 정의한다.

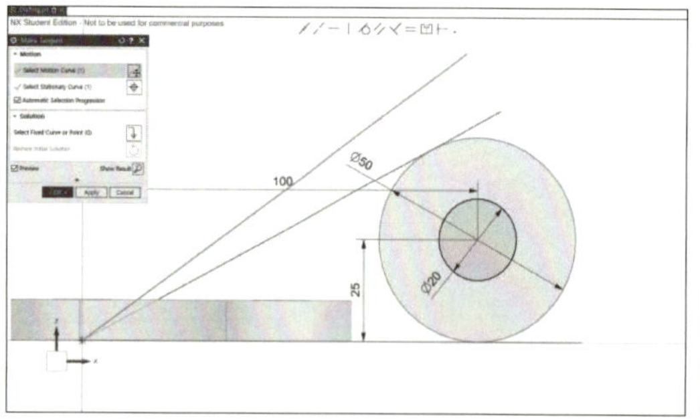 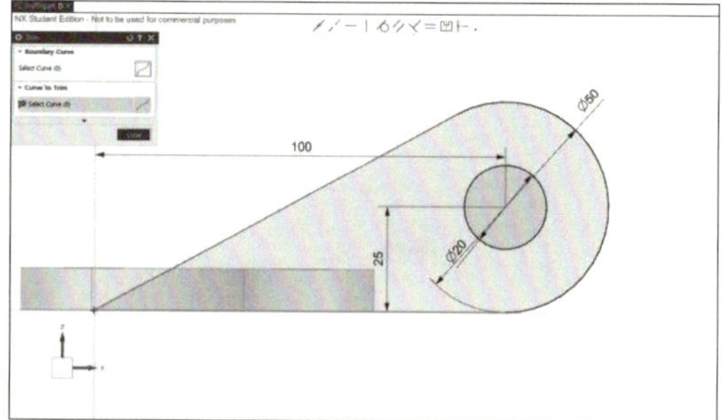

- Line 을 클릭하고 원점을 지나면서 X축에 평행하도록 선을 1개 작성하고, 원점을 지나는 임의의 선을 1개 작성하고 Line 창을 닫는다.
- Make Tangent 를 클릭하여 다음과 같이 선과 원이 접하게 한다.
- Trim 을 클릭하여 다음과 같이 불필요한 선을 제거하고 Finish 를 클릭한다.

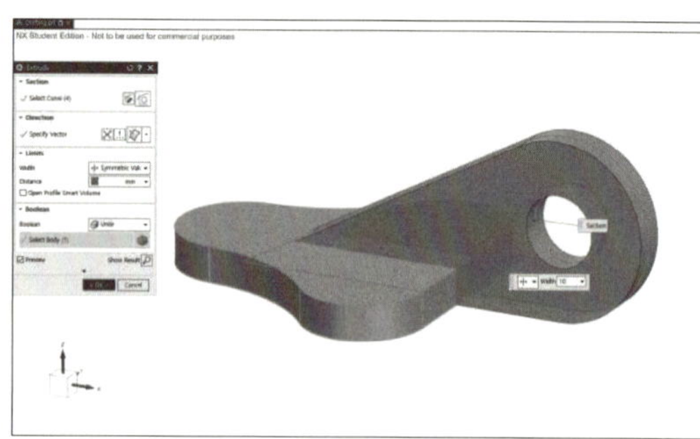 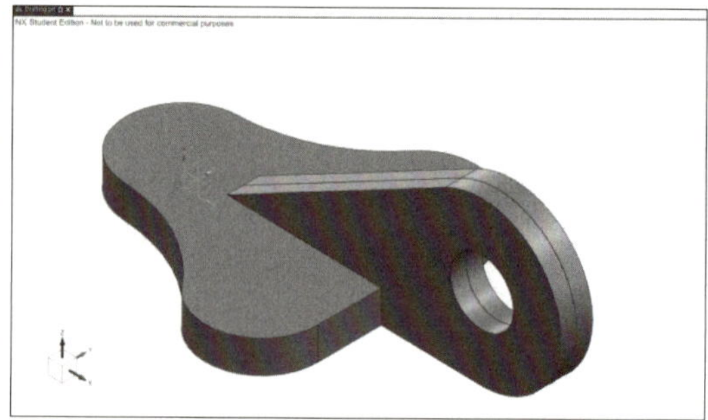

- Extrude 를 클릭한 뒤, 작성한 Sketch가 선택된 것을 확인한다.
- Extrude 창의 Limit tab에서 [Width: Symmetric Value, Distance: 10mm]로, Boolean tab에서 [Boolean: Unite]으로 선택하고 OK 버튼을 클릭한다.

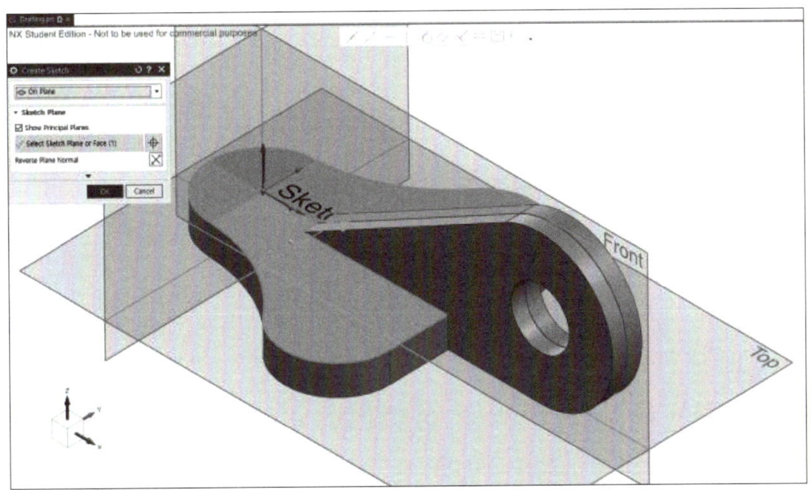

- Sketch 를 클릭하여 Body의 윗면을 선택한 뒤, Create Sketch 창의 OK 버튼을 클릭한다.

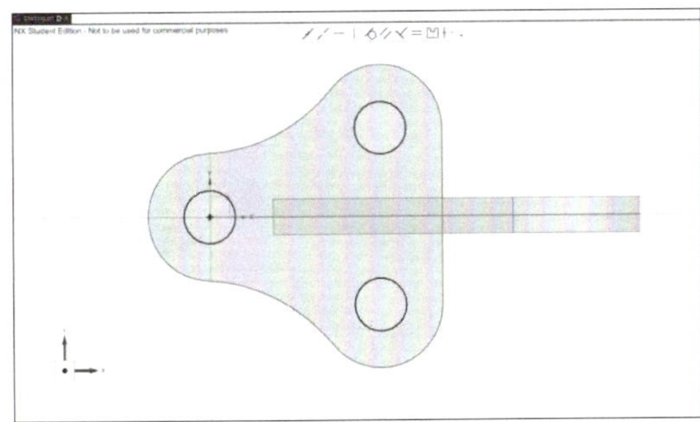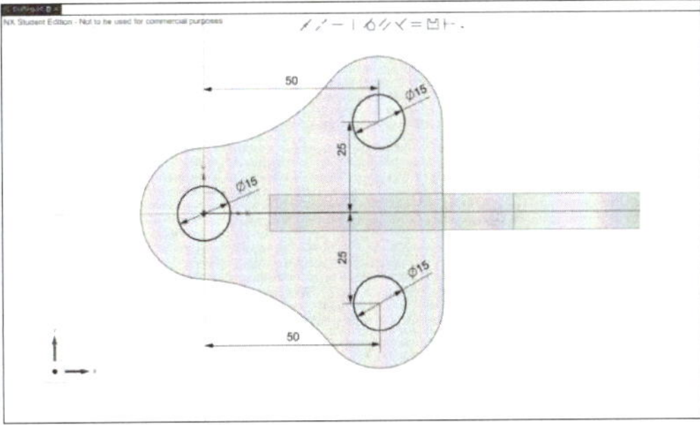

- Circle ◯ 을 클릭하고 원점과 원의 중심을 일치시켜 1개의 원을 작성하고, 임의의 위치에 2개의 원을 작성하고, Circle 창을 닫는다.
- 3개의 원의 치수를 [Diameter: 15mm, 2개의 원의 중심과 X축 사이의 거리: 25mm, 2개의 원의 중심과 Y축 사이의 거리: 50mm]로 정의한다.
- Finish 🏁 를 클릭한다.

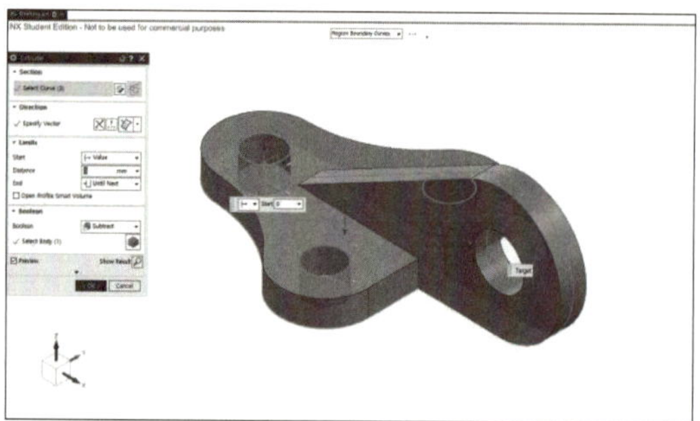 

- Extrude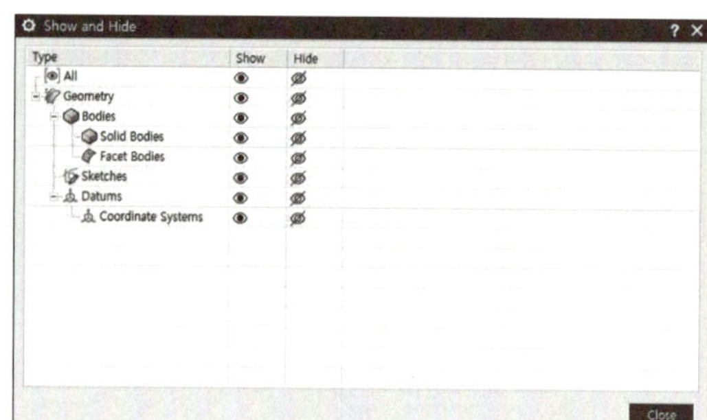를 클릭한 뒤, 작성한 Sketch가 선택된 것을 확인한다.
- Extrude 창의 Limit tab에서 [Start Distance: 0mm, End: Until Next]로, Boolean tab에서 [Boolean: Subtract]으로 선택하고 OK 버튼을 클릭한다.

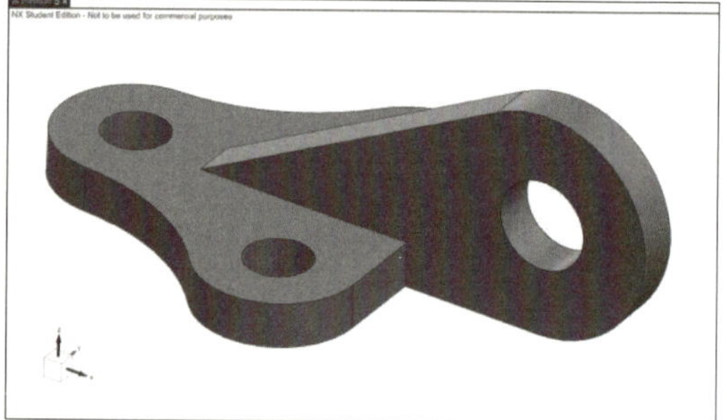

- Show and hide를 클릭하고 Sketches, Datums의 Hide를 클릭하고 Close를 클릭한다.

- Drafting 을 클릭하고 Size tab에서 [Size: Use Template, A3- Size]를 선택하고 OK 버튼을 클릭한다.

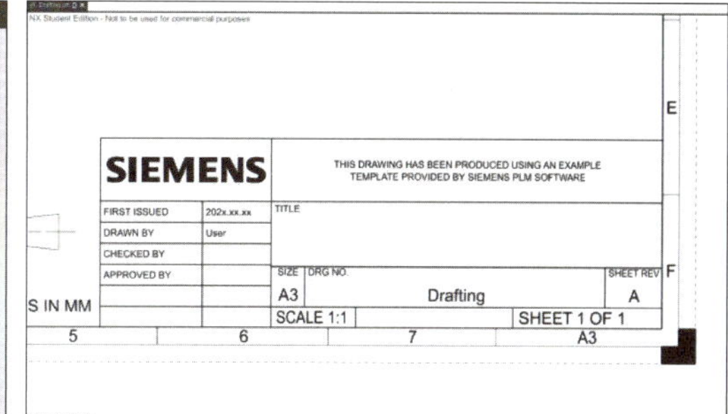

- Populate Title Block 창에 [First Issued: 현재 날짜(ex: 202x.xx.xx), Drawn By: 본인 이름(ex: User)]를 입력하고 Close 버튼을 클릭한다.
- 다음과 같이 도면 하단에 표시된 것을 확인할 수 있다.

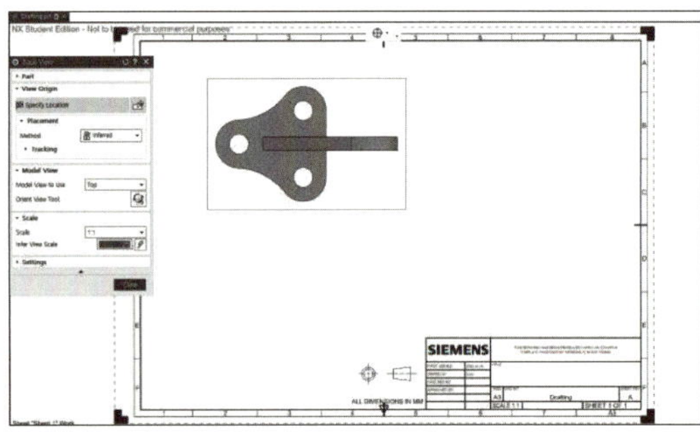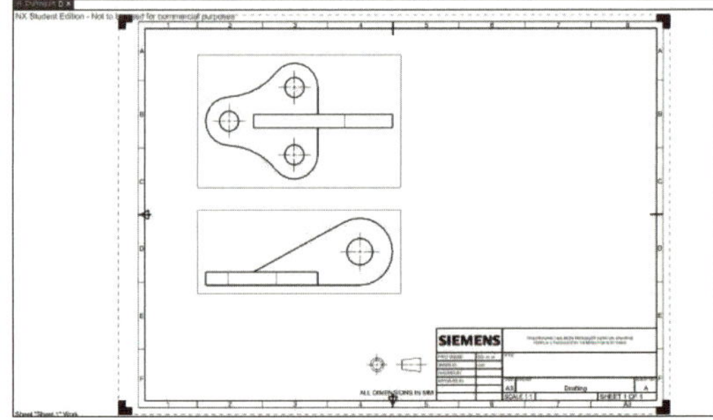

- Base View를 클릭하고 Base View 창의 Model View tab에서 [model View to Use: Top]으로 설정한다.
- 적절한 위치를 클릭하여 Tow View에서의 단면도를 배치하고 마우스를 아래로 끌어 클릭하여 Front View에서의 단면도를 배치한다.

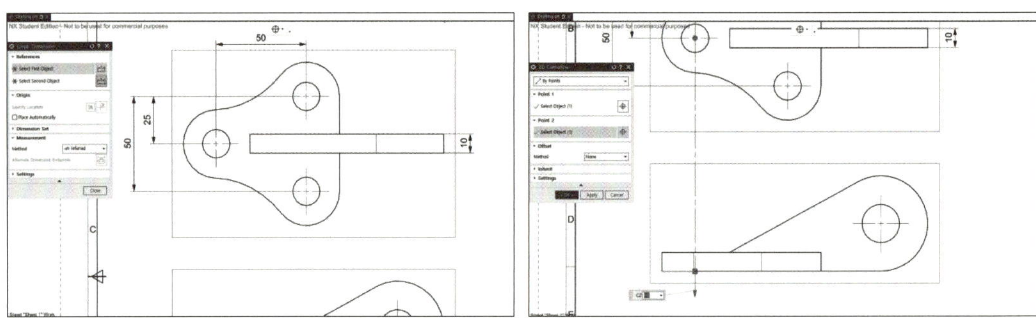

- Linear를 클릭하고 표시하고자 하는 치수의 양 끝점을 번갈아 클릭하여 치수를 기입한다.
- 2D Centerline을 클릭하고 해당하는 두 점을 클릭하여 Front View에서의 중심선을 표시해 준다.

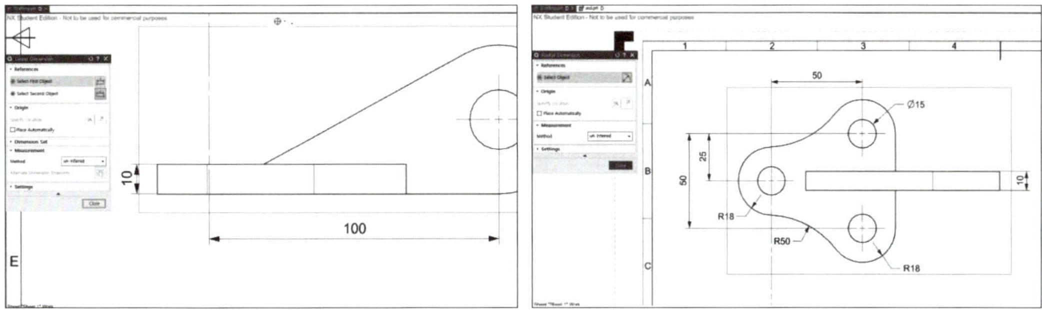

- Linear ⊢x⊣를 클릭하고 해당하는 위치의 두 점을 번갈아 클릭하여 치수를 기입한다.
- Radial ↗R을 클릭하고 해당하는 원 혹은 호의 둘레를 클릭하여 치수를 기입한다.

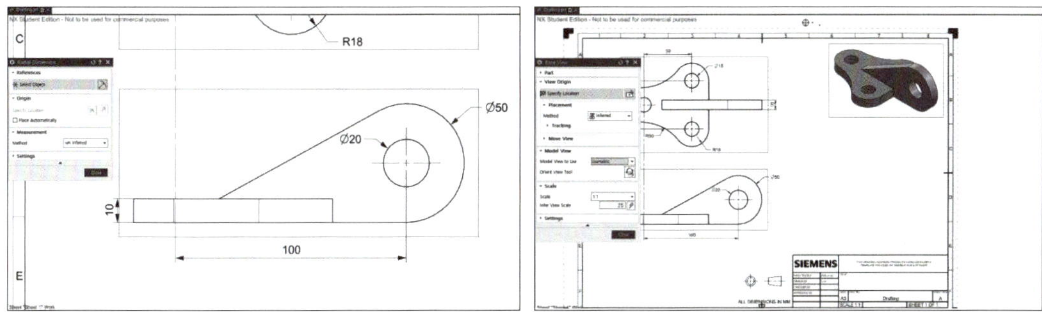

- 동일하게 Radial ↗R을 클릭하고 해당하는 원 혹은 호의 둘레를 클릭하여 치수를 기입한다.
- Base View 를 클릭하고 Model View tab에서 [Model View to Use: Isometric]로 설정하고 적절한 위치에 클릭한다.

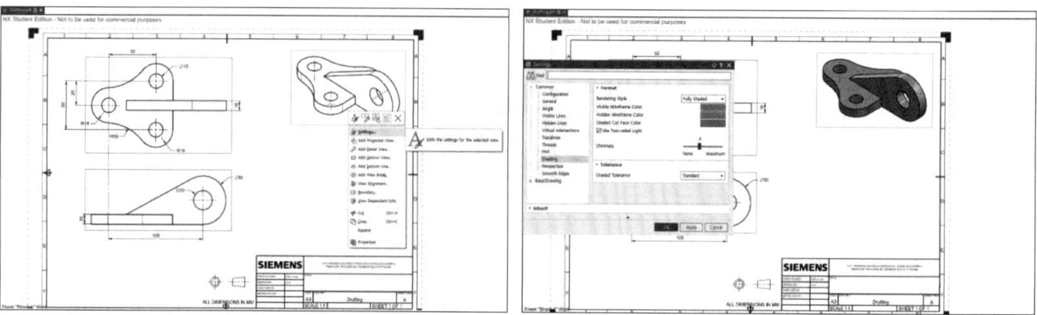

- 배치한 등각투상도의 경계를 오른쪽 클릭하여 Settings 를 클릭한다.
- Settings 창의 Shading tab을 클릭하고 [Rendering Style: Fully shaded]로 설정하고 OK 버튼을 클릭한다.

12 Assembly

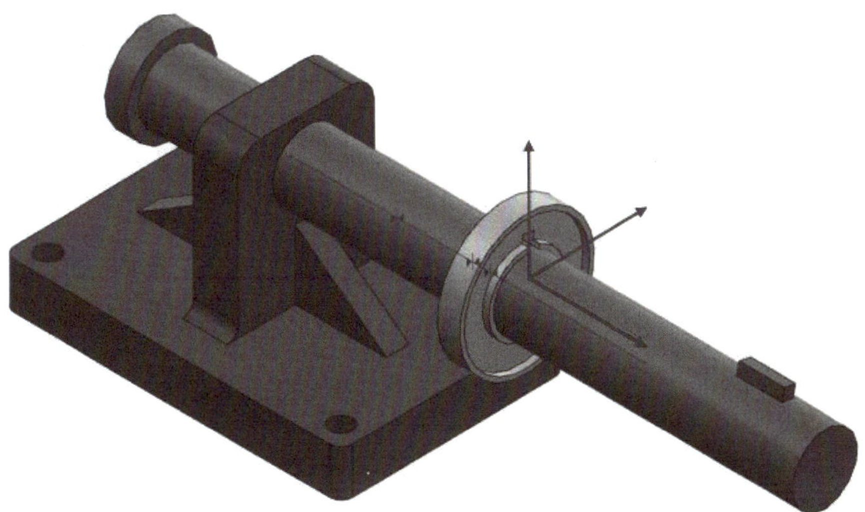

● Assembly 기능을 이용하여 다음 3개의 Part에 대해 Assembly를 진행한다.

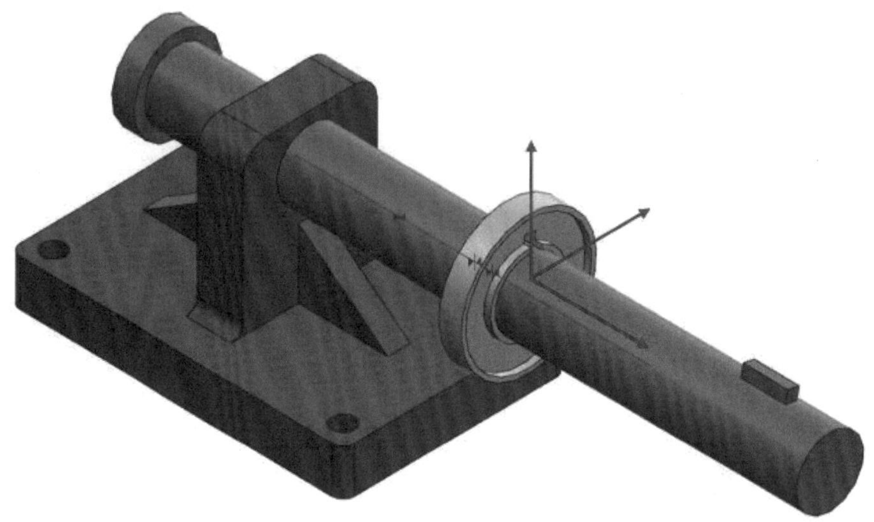

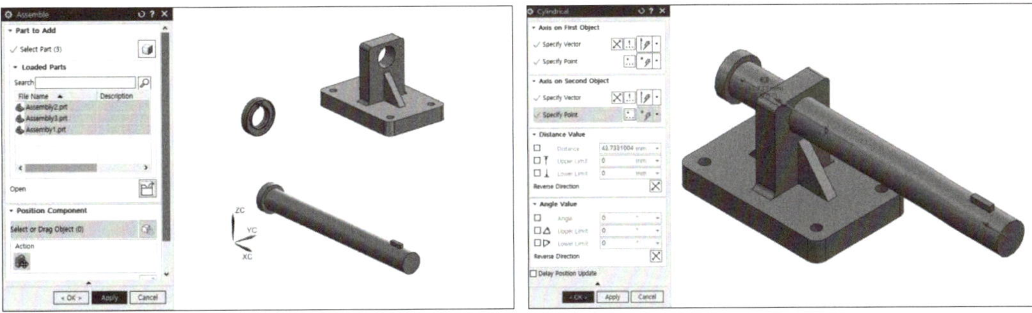

- Assembly는 제작한 여러 개의 부품이나 구성 요소를 결합하여 전체 시스템을 구성하는 작업이다.

- 여러 개의 Part를 불러오고, Part 간 위치 관계나 구속 조건을 부여해 시스템을 구성한다.

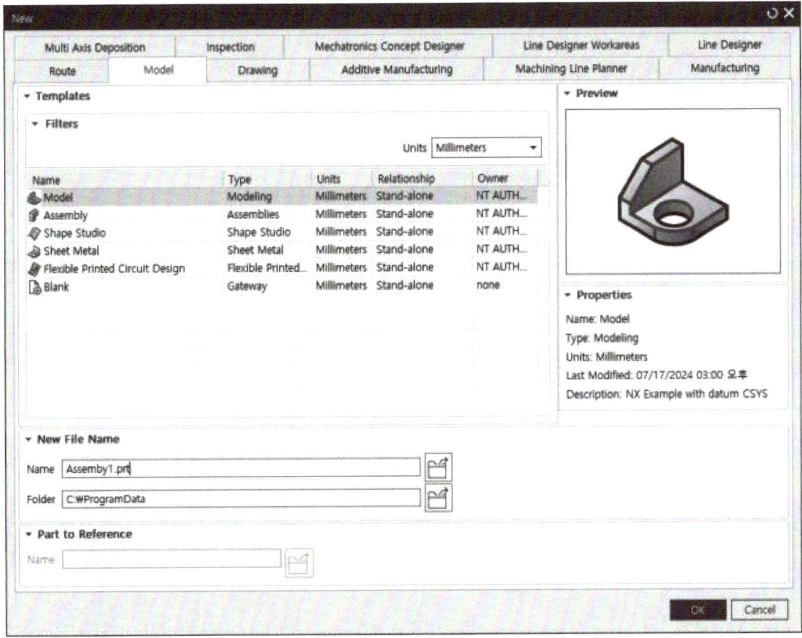

- File → New를 클릭하고 [Name: Assembly1.prt, Units: Millimeters]로 설정하고 OK 버튼을 클릭한다.

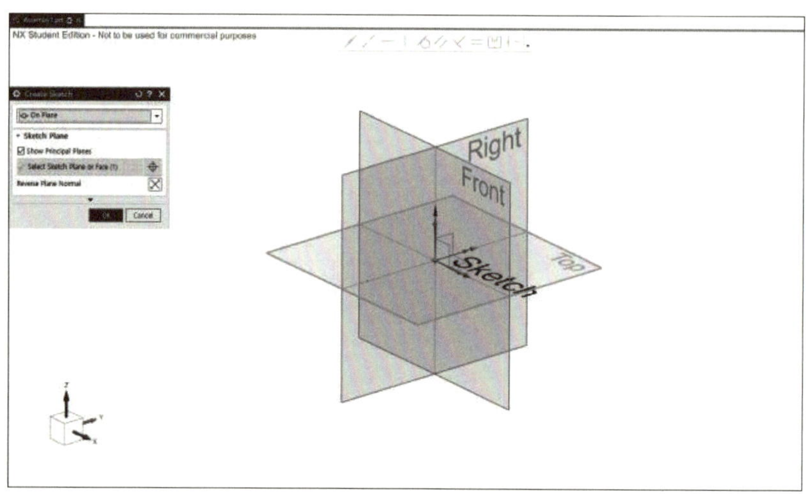

- Sketch 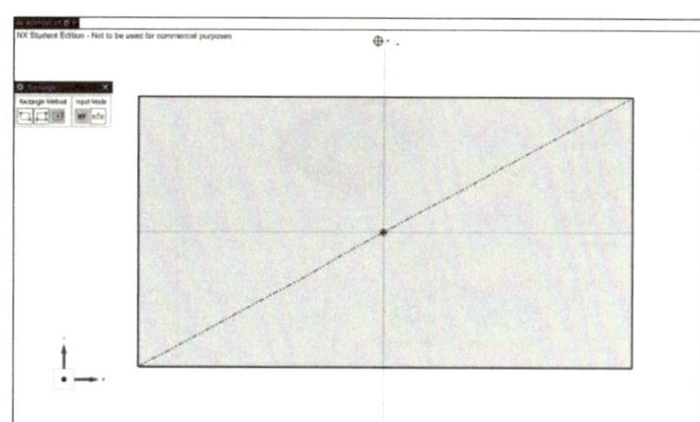 를 클릭하여 XY 평면을 선택한 뒤, Create Sketch 창의 OK 버튼을 클릭한다.

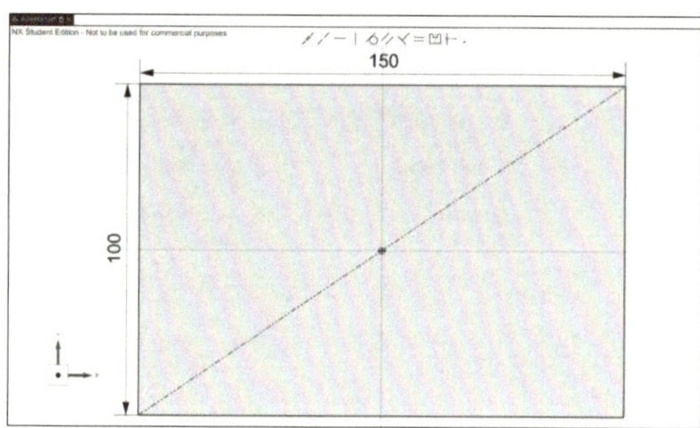

- Rectangle ▭ 을 클릭하고, From Center ⊡ 로 설정하여 사각형의 중심을 원점과 일치시켜 사각형을 작성하고 Rectangle 창을 닫는다.
- 사각형의 치수를 [X축 길이: 150mm, Y축 길이: 100mm]로 정의하고 OK 버튼을 클릭한다.

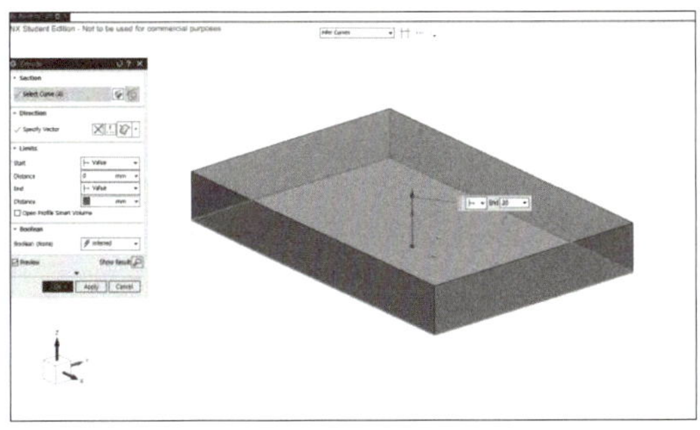 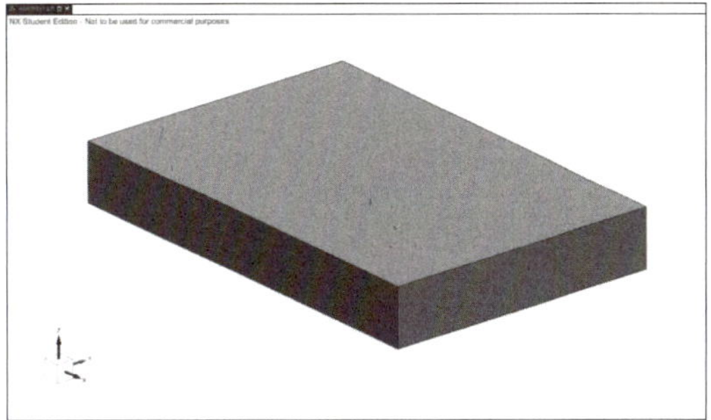

- Extrude 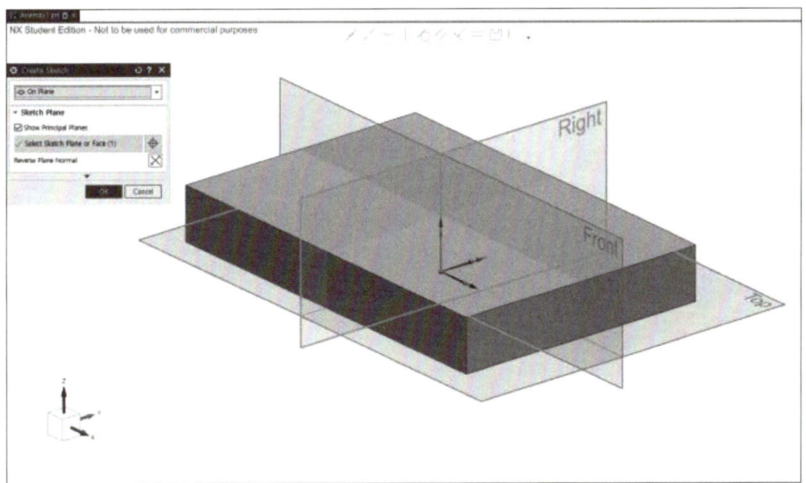를 클릭한 뒤, 작성한 Sketch가 선택된 것을 확인한다.
- Extrude 창의 Limit tab에서 [Start Distance: 0mm, End Distance: 20mm]로 입력하고 OK 버튼을 클릭한다.

- Sketch 를 클릭하여 YZ 평면을 선택한 뒤, Create Sketch 창의 OK 버튼을 클릭한다.

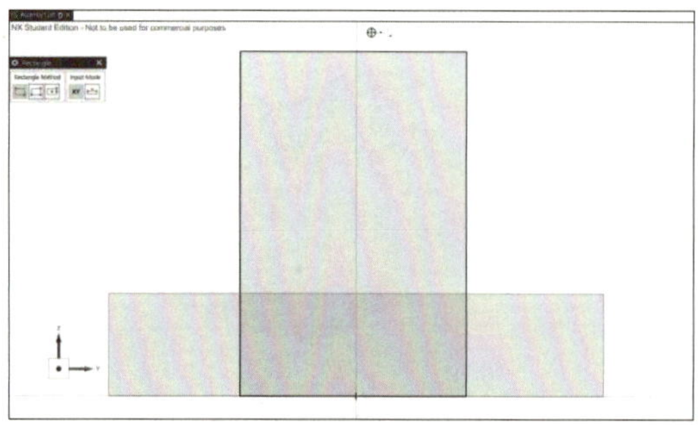 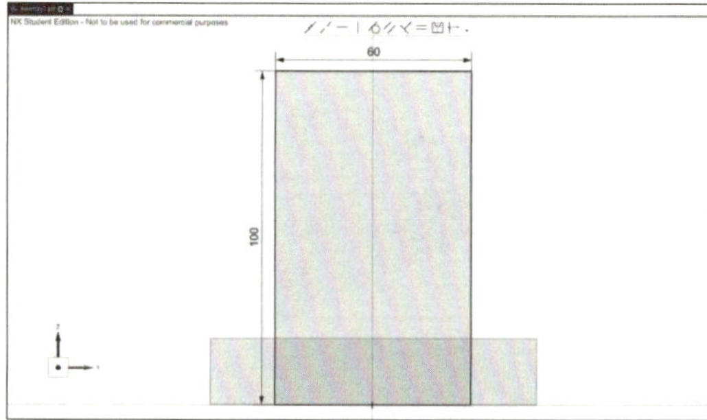

- Rectangle 을 클릭하고, 사각형의 중심을 원점과 일치시켜 사각형을 작성하고 Rectangle 창을 닫는다.

- Make Symmetric 을 클릭하여 사각형이 Z축을 대칭선으로 대칭하도록 한다.

- 사각형의 치수를 [Y축 길이: 60mm, Z축 길이: 100mm]로 정의하고 Finish 를 클릭한다.

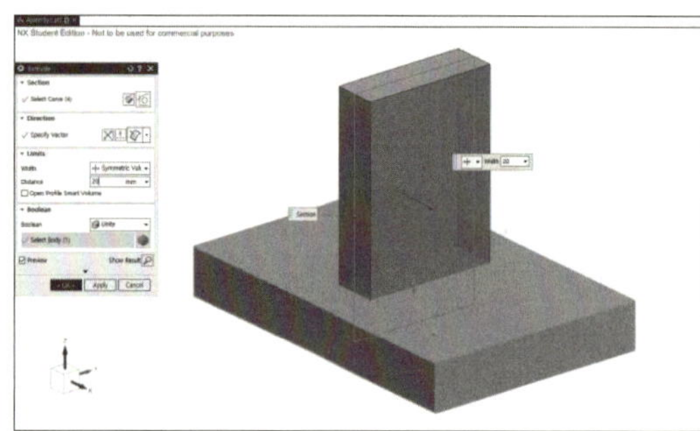 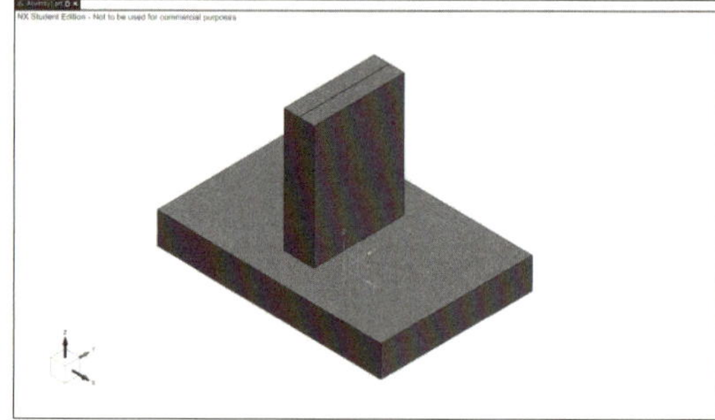

- Extrude 를 클릭한 뒤, 작성한 Sketch가 선택된 것을 확인한다.

- Extrude 창의 Limit tab에서 [Width: Symmetric Value, Distance: 20mm], Boolean tab에서 [Boolean: Unite]로 입력하고 OK 버튼을 클릭한다.

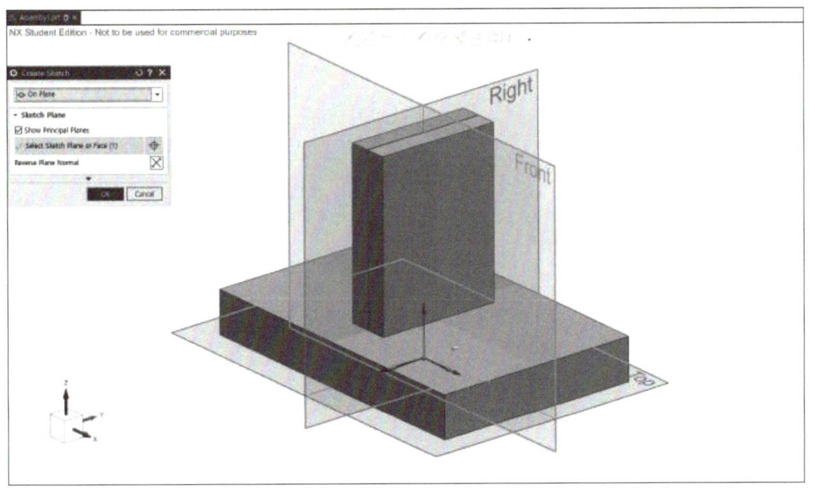

- Sketch를 클릭하여 XZ 평면을 선택한 뒤, Create Sketch 창의 OK 버튼을 클릭한다.

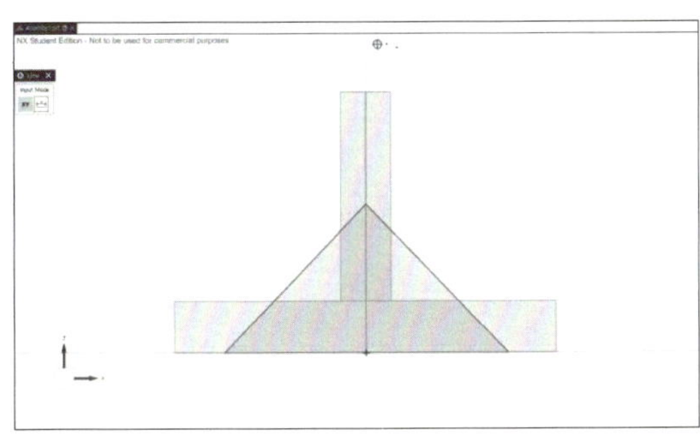

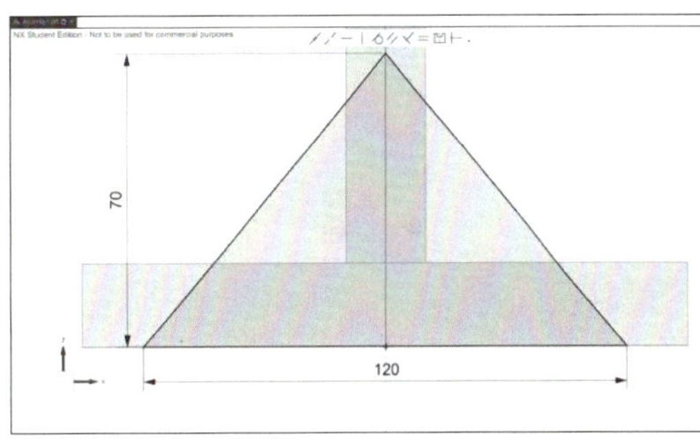

- Line을 클릭하여 한 변이 X축을 지나는 삼각형을 작성한다.

- Make Symmetric을 클릭하여 삼각형이 Z축을 대칭선으로 대칭하도록 한다.

- 삼각형의 치수를 [X축 길이: 120mm, Z축 길이: 70mm]로 정의하고 Finish를 클릭한다.

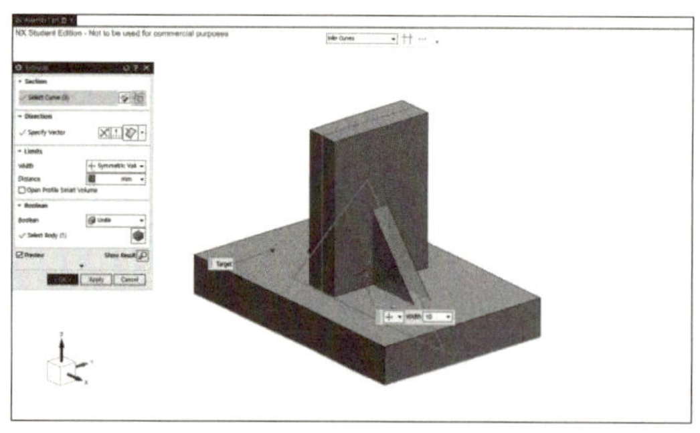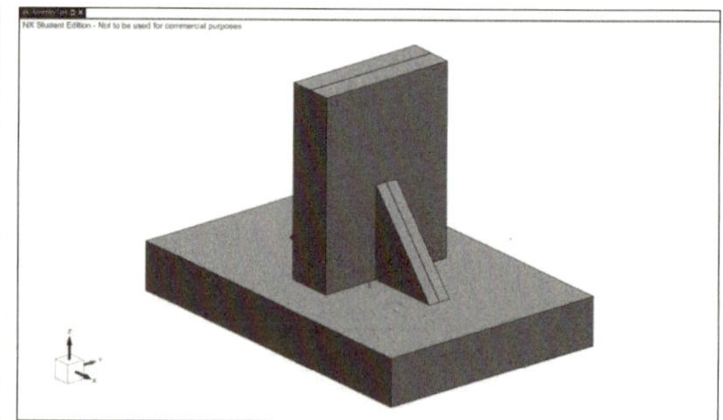

- Extrude 를 클릭한 뒤, 작성한 Sketch가 선택된 것을 확인한다.
- Extrude 창의 Limit tab에서 [Width: Symmetric Value, Distance: 10mm], Boolean tab에서 [Boolean: Unite]로 입력하고 OK 버튼을 클릭한다.

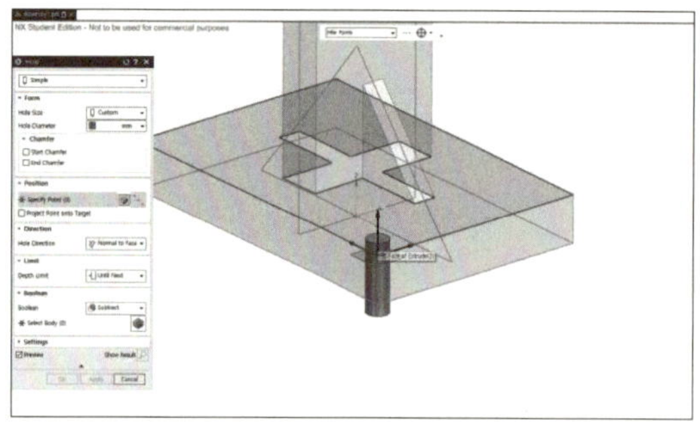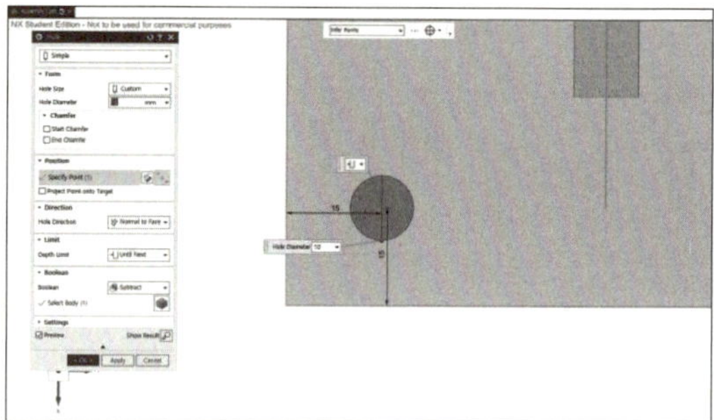

- Hole 을 클릭하고 simple로 설정한 뒤, 해당하는 면에 임의의 위치를 클릭한다.
- Form tab에서 [Hole Size: Custom, Hole Diameter: 10mm], Limit tab에서 [Depth Limit: Until Next]로 입력한다.
- Hole과 사각형의 변과의 거리를 [X축 거리: 15mm, Y축 거리: 15mm]로 선택하고 OK 버튼을 클릭한다.

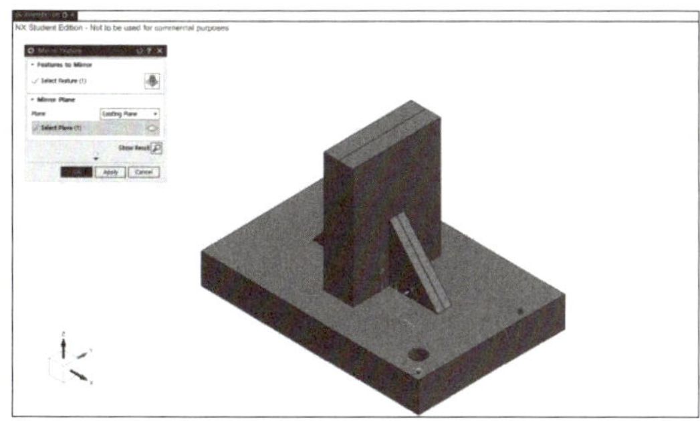 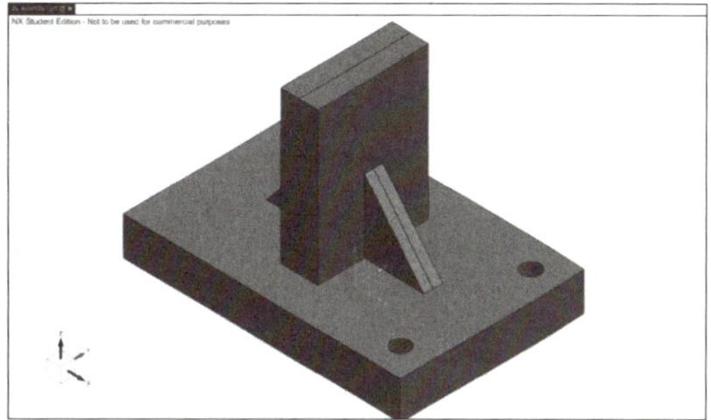

- Mirror Feature를 클릭하고 Hole을 클릭한다.
- Mirror Feature 창의 Mirror Plane tab에서 Select Plane을 클릭한 뒤, XZ 평면을 선택하고 OK 버튼을 클릭한다.

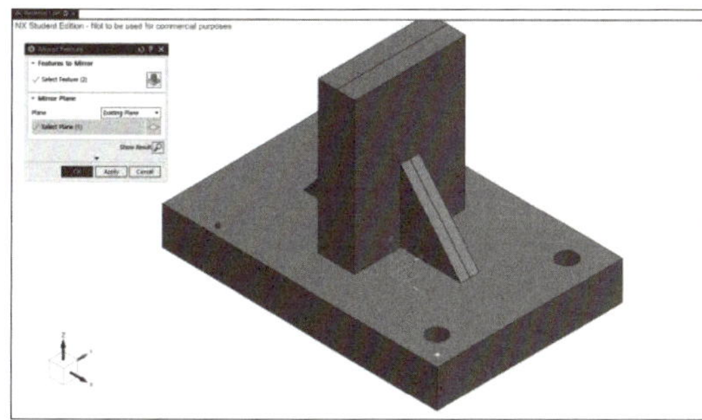 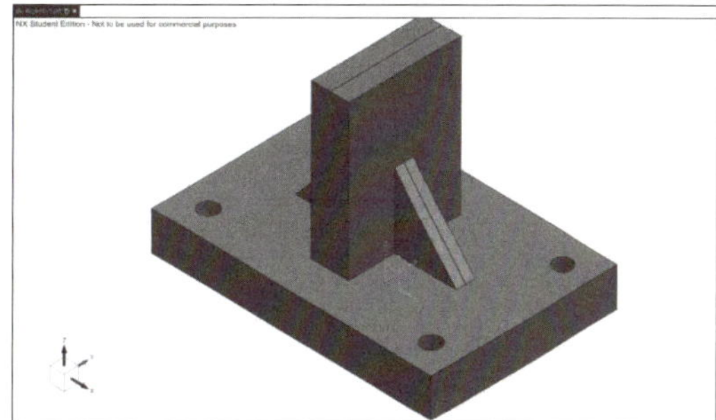

- Mirror Feature를 클릭하고 2개의 Hole을 클릭한다.
- Mirror Feature 창의 Mirror Plane tab에서 Select Plane을 클릭한 뒤, YZ 평면을 선택하고 OK 버튼을 클릭한다.

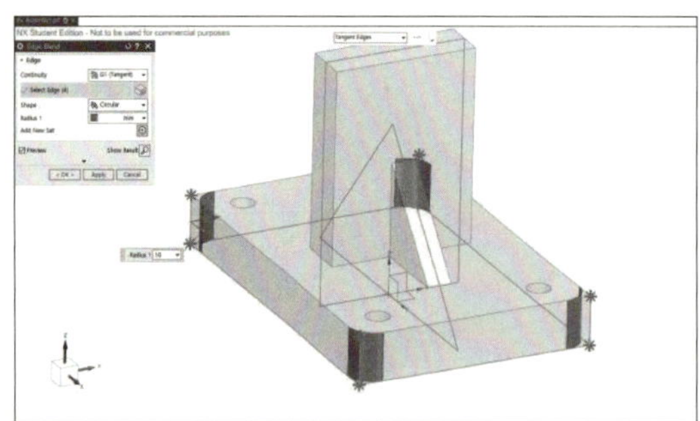 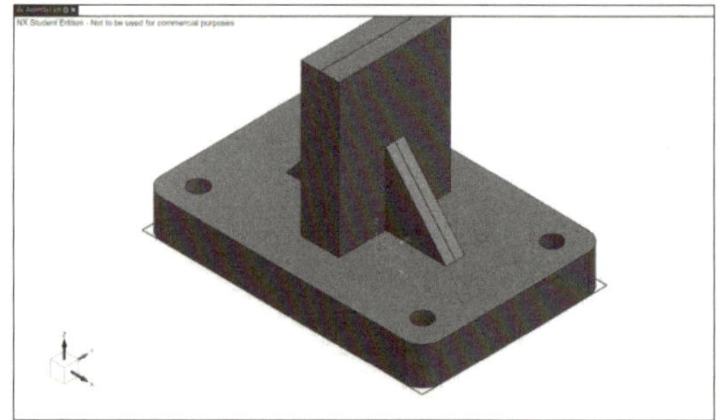

- Edge Blend를 클릭한 뒤, 해당하는 선 4개를 선택한다.

- Edge Blend 창의 Edge tab에서 [Radius: 10mm]로 입력하고 OK 버튼을 클릭한다.

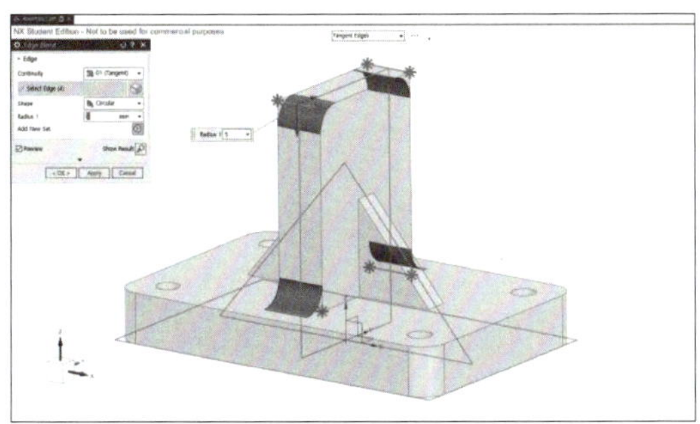 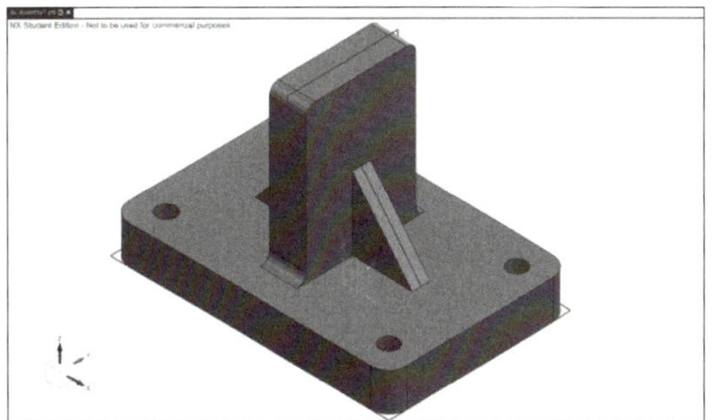

- 다시 Edge Blend 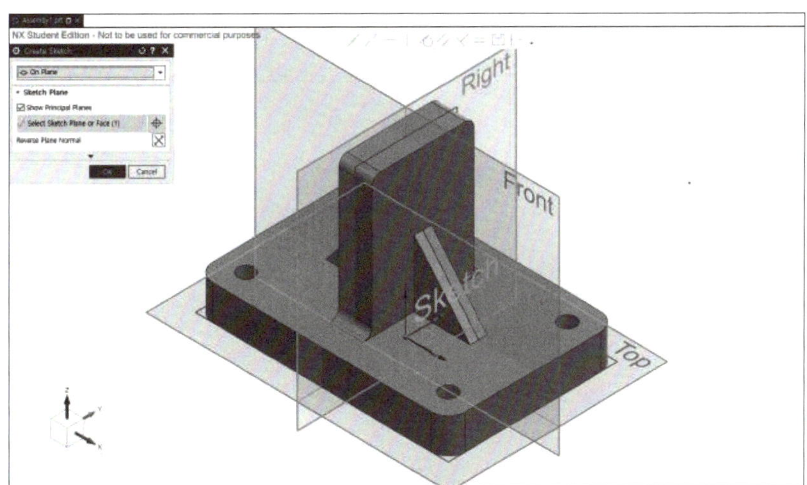를 클릭한 뒤, 해당하는 선 4개를 선택한다.
- Edge Blend 창의 Edge tab에서 [Radius: 5mm]로 입력하고 OK 버튼을 클릭한다.

- Sketch 를 클릭하여 YZ 평면을 선택한 뒤, Create Sketch 창의 OK 버튼을 클릭한다.

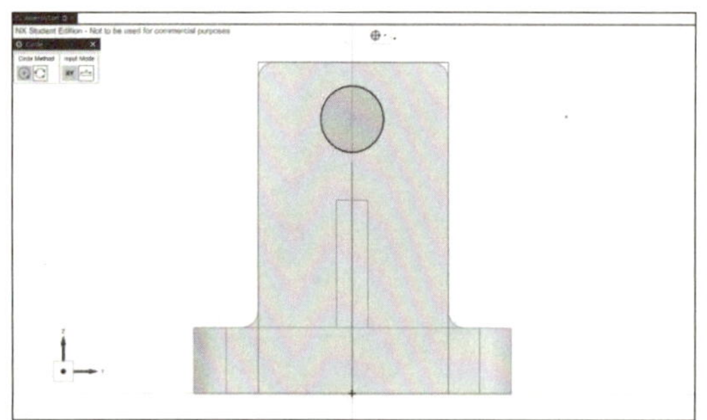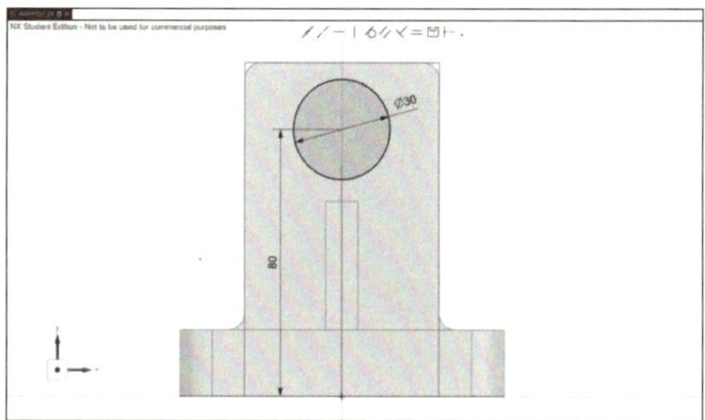

- Circle◯을 클릭한 뒤, Z축과 원의 중심을 일치시켜 원을 작성하고, Circle 창을 닫는다.
- 원의 치수를 [Diameter: 30mm, 원의 중심과 원점 사이 거리: 80mm]로 정의한 뒤, Finish를
클릭한다.

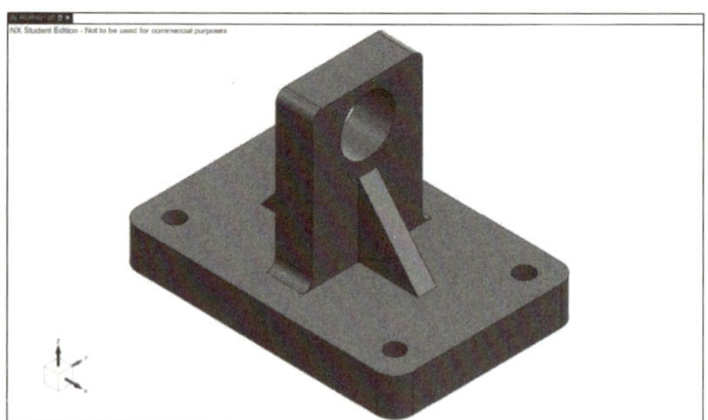

- Extrude를 클릭한 뒤, 작성한 Sketch가 선택된 것을 확인한다.
- Extrude 창의 Limit tab에서 [Width: Symmetric Value, Distance: 20mm], Boolean tab에서 [Boolean: Subtract]로 입력하고 OK 버튼을 클릭한다.

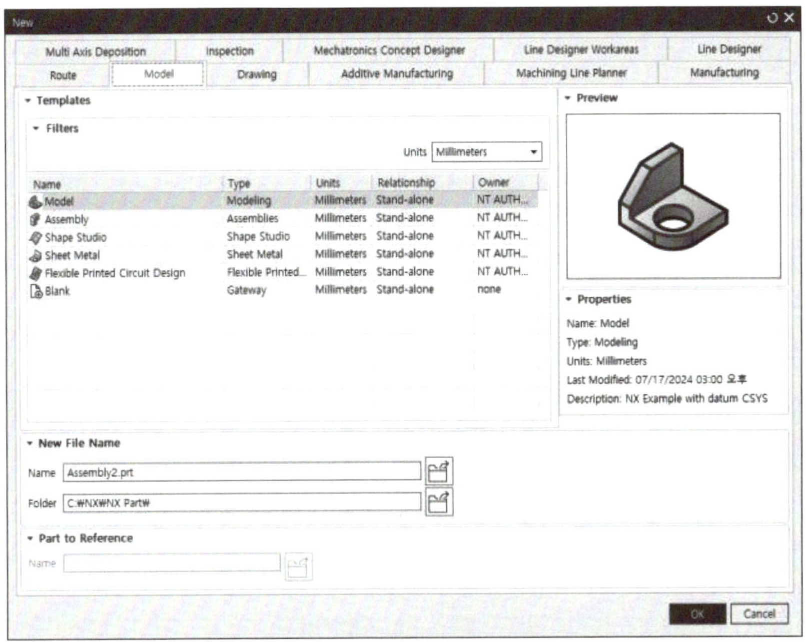

- File → New를 클릭하고 [Name: Assembly2.prt, Units: Millimeters]로 설정하고 OK 버튼을 클릭한다.

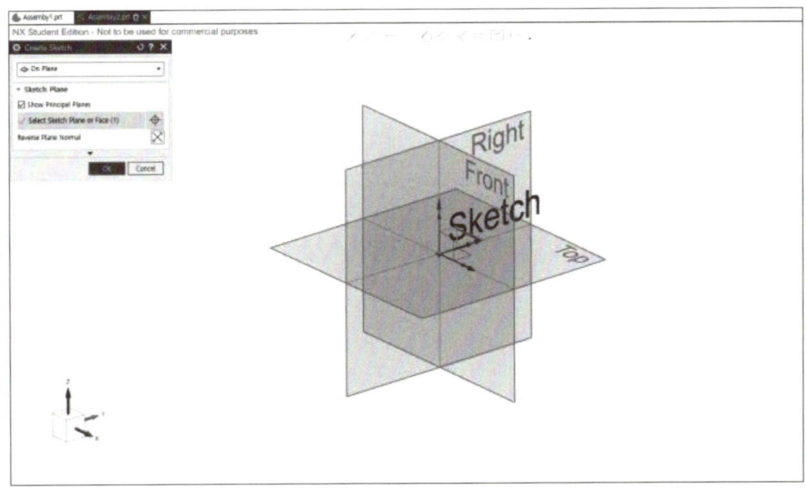

- Sketch를 클릭하여 YZ 평면을 선택한 뒤, Create Sketch 창의 OK 버튼을 클릭한다.

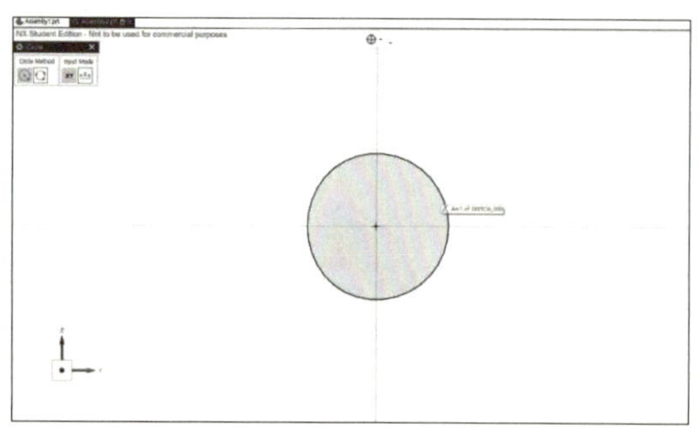 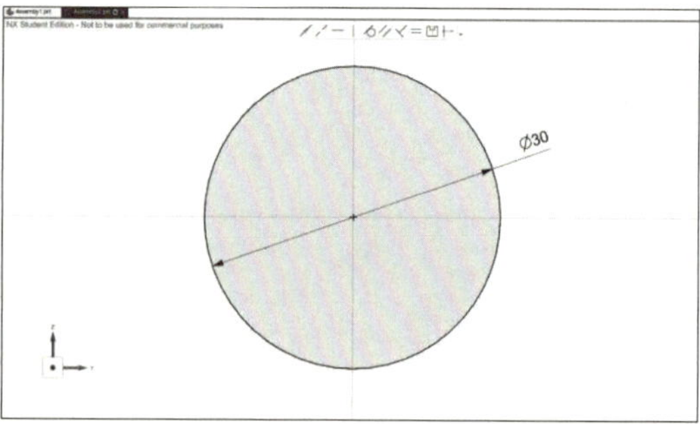

- Circle ◯ 을 클릭한 뒤, 원점과 원의 중심을 일치시켜 원을 작성하고, Circle 창을 닫는다.
- 원의 치수를 [Diameter: 30mm]로 정의한 뒤, Finish 🏁 를 클릭한다.

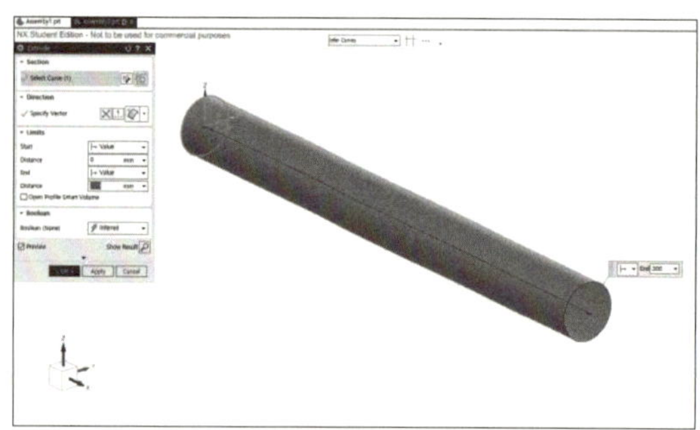 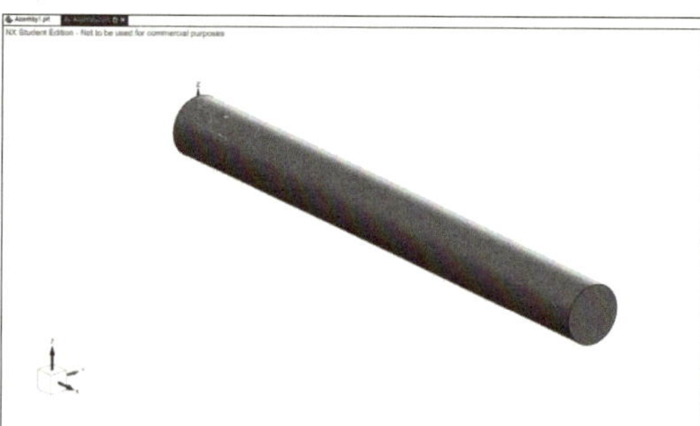

- Extrude 🔲 를 클릭한 뒤, 작성한 Sketch가 선택된 것을 확인한다.
- Extrude 창의 Limit tab에서 [Start Distance: 0mm, End Distance: 300mm]로 입력하고 OK 버튼을 클릭한다.

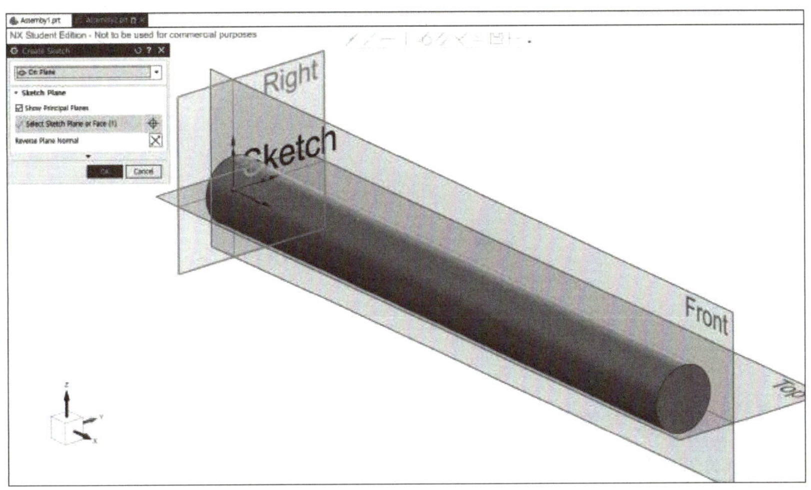

- Sketch 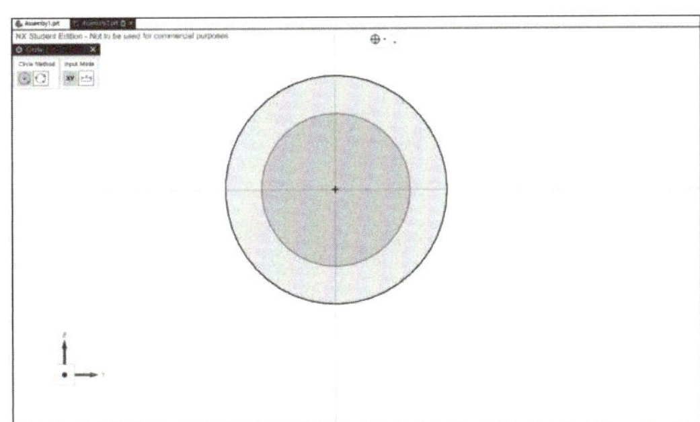를 클릭하여 YZ 평면을 선택한 뒤, Create Sketch 창의 OK 버튼을 클릭한다.

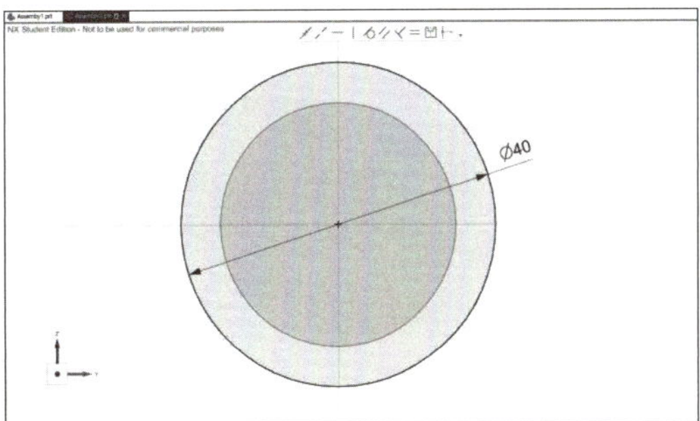

- Circle ◯을 클릭한 뒤, 원점과 원의 중심을 일치시켜 원을 작성하고, Circle 창을 닫는다.
- 원의 치수를 [Diameter: 40mm]로 정의한 뒤, Finish 🏁를 클릭한다.

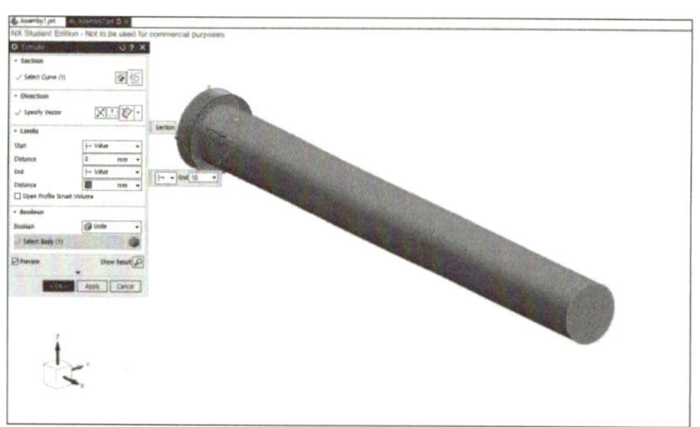 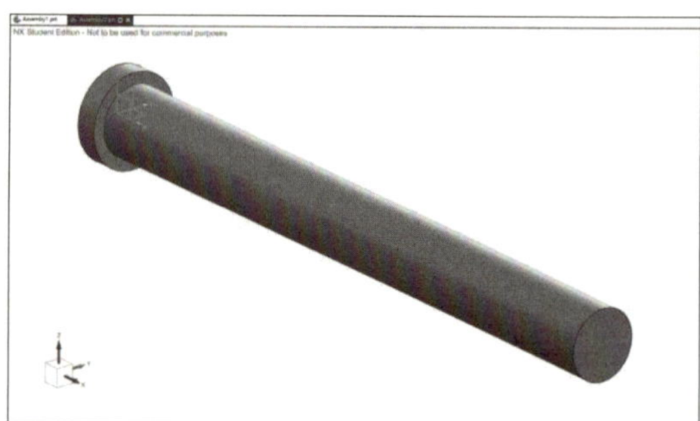

- Extrude를 클릭한 뒤, 작성한 Sketch가 선택된 것을 확인한다.

- Extrude 창의 Limit tab에서 [Start Distance: 0mm, End Distance: 10mm]로 입력하고 OK 버튼을 클릭한다.

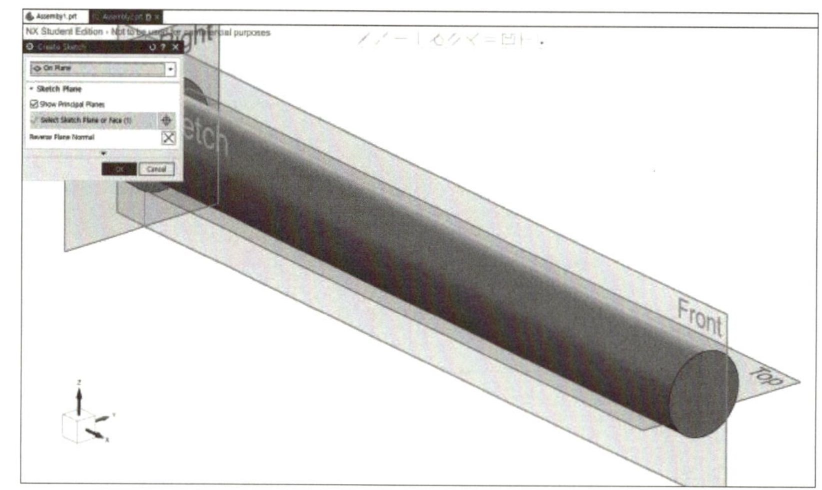

- Sketch를 클릭하여 XZ 평면을 선택한 뒤, Create Sketch 창의 OK 버튼을 클릭한다.

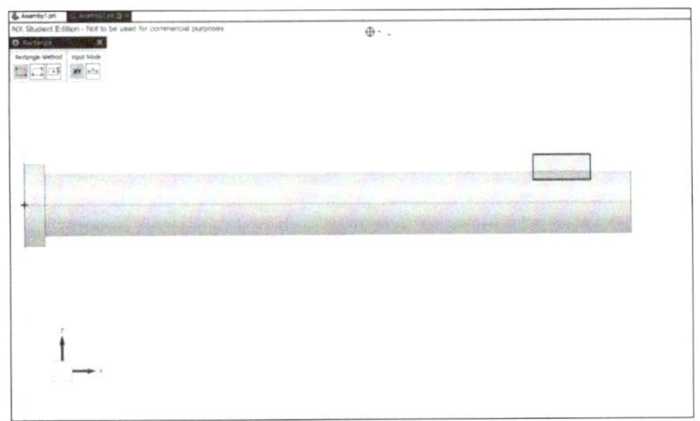 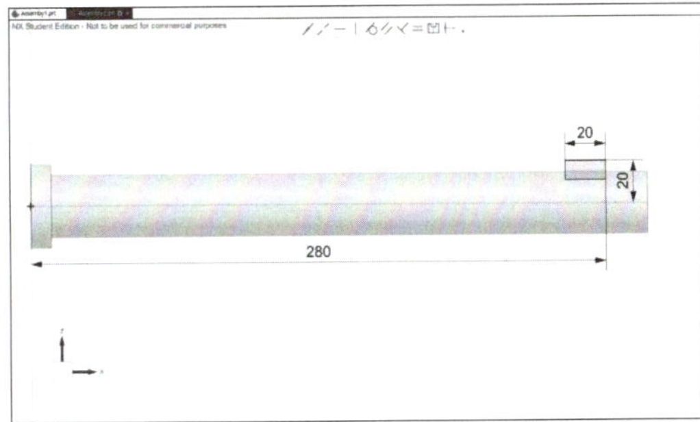

- Rectangle ▭ 을 클릭하고, 임의의 위치에 사각형을 작성하고 Rectangle 창을 닫는다.
- 사각형의 치수를 [X축 길이: 20mm, 윗변과 X축 사이 길이: 20mm, 오른쪽 변과 Z축 사이 길이: 280mm]로 정의하고 Finish 를 클릭한다.

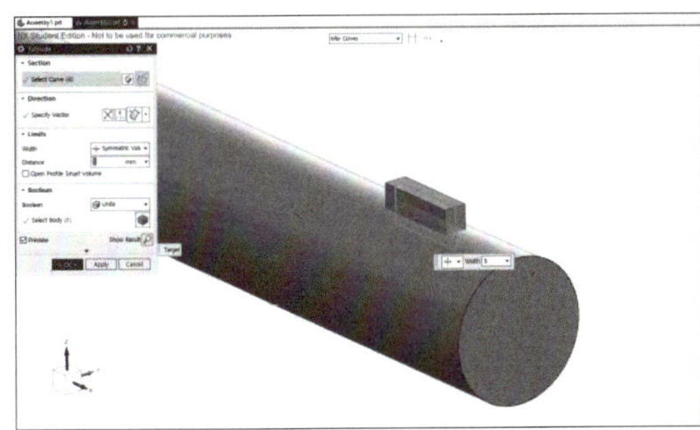 

- Extrude 를 클릭한 뒤, 작성한 Sketch가 선택된 것을 확인한다.
- Extrude 창의 Limit tab에서 [Width: Symmetric, Distance: 5mm]로 입력하고 OK 버튼을 클릭한다.

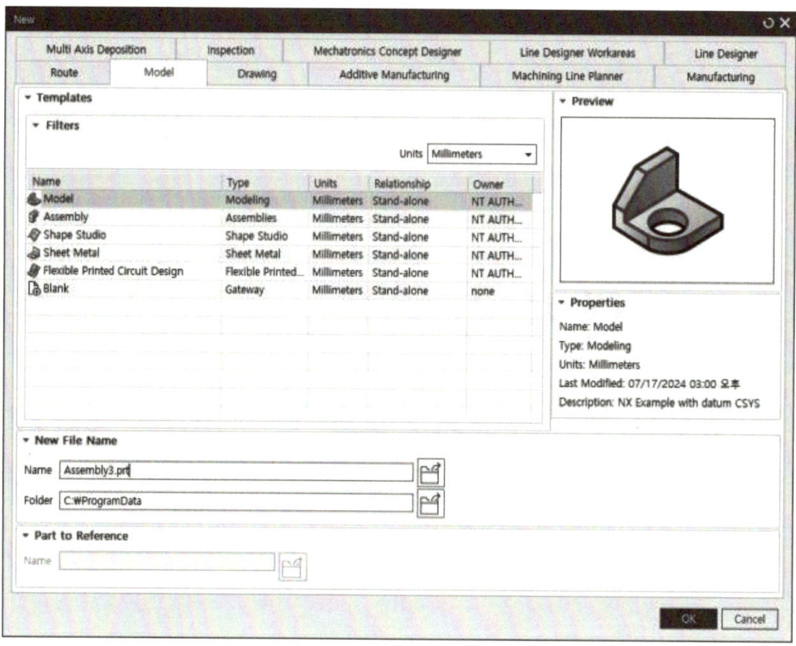

- File → New를 클릭하고 [Name: Assembly3.prt, Units: Millimeters]로 설정하고 OK 버튼을 클릭한다.

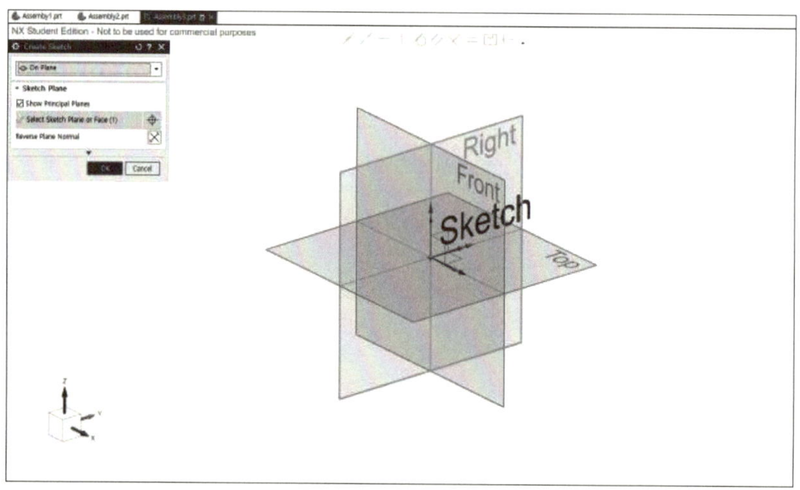

- Sketch를 클릭하여 YZ 평면을 선택한 뒤, Create Sketch 창의 OK 버튼을 클릭한다.

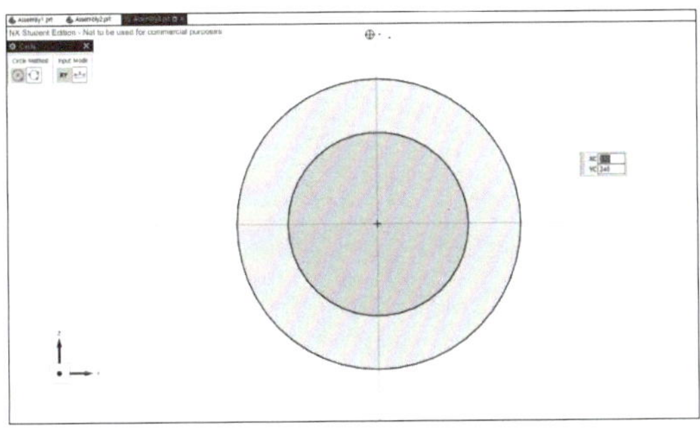 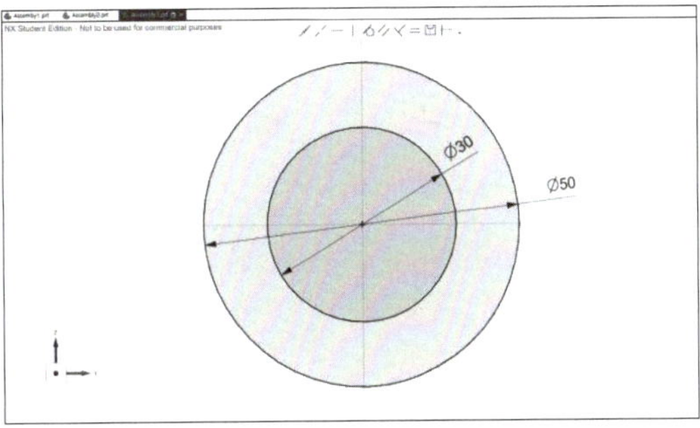

- Circle ◯ 을 클릭한 뒤, 원점과 원의 중심을 일치시켜 2개의 원을 작성하고, Circle 창을 닫는다.
- 원의 치수를 각각 [Diameter1: 30mm, Diameter1: 50mm]로 정의한다.

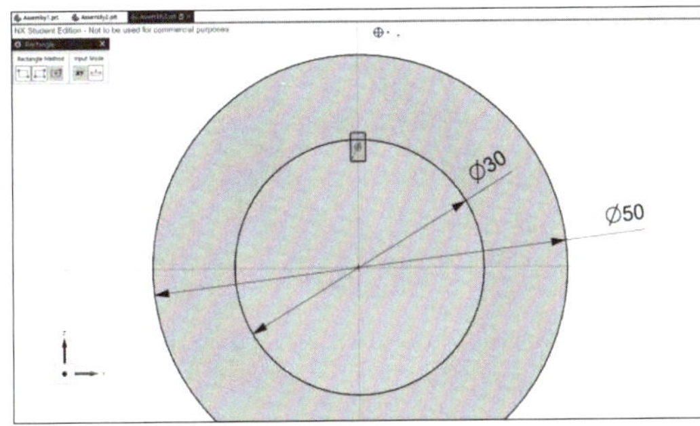 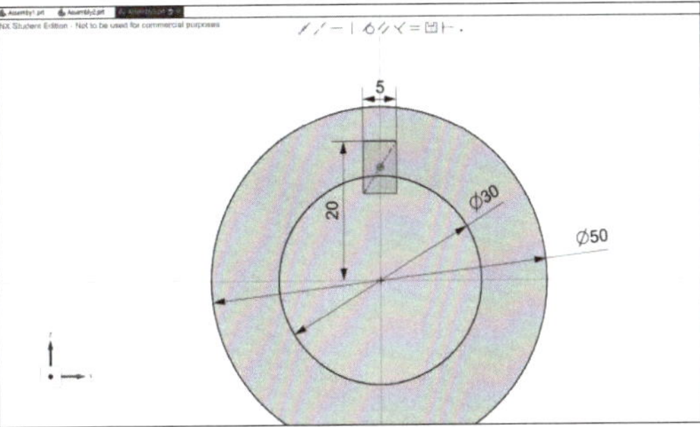

- Rectangle ▭ 을 클릭하고, From Center ⊡ 로 설정하여 사각형의 중심을 Z축과 일치시켜 사각형을 작성하고 Rectangle 창을 닫는다.
- 사각형의 치수를 [Y축 길이: 5mm, 사각형의 윗변과 Y축 사이 길이: 20mm]로 정의한다.

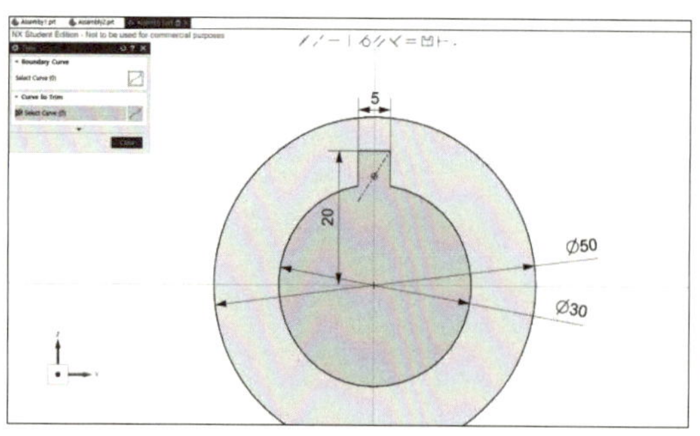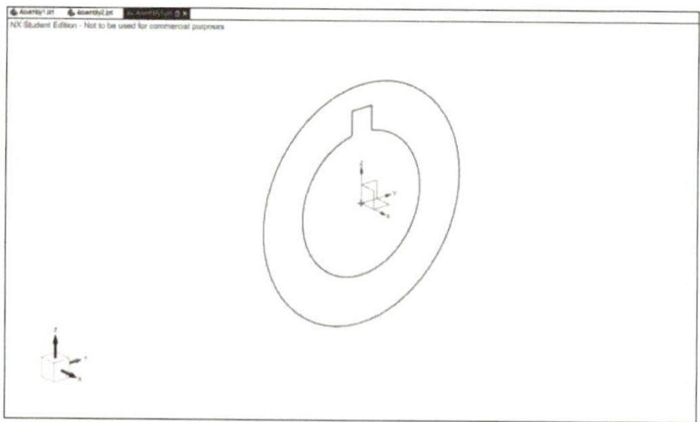

- Trim ⊠을 클릭하여 불필요한 선을 삭제하고 Finish ▦를 클릭한다.

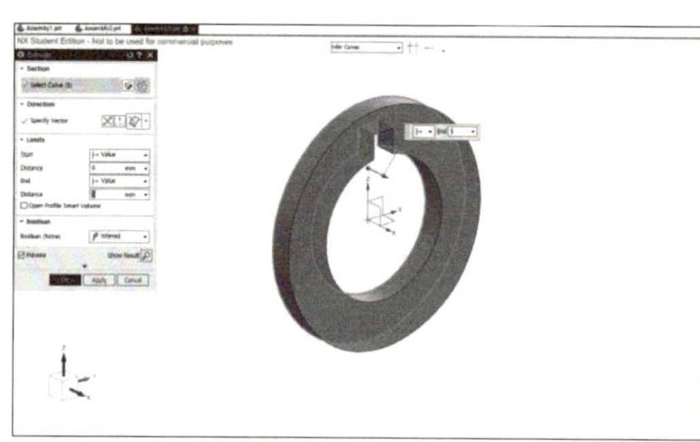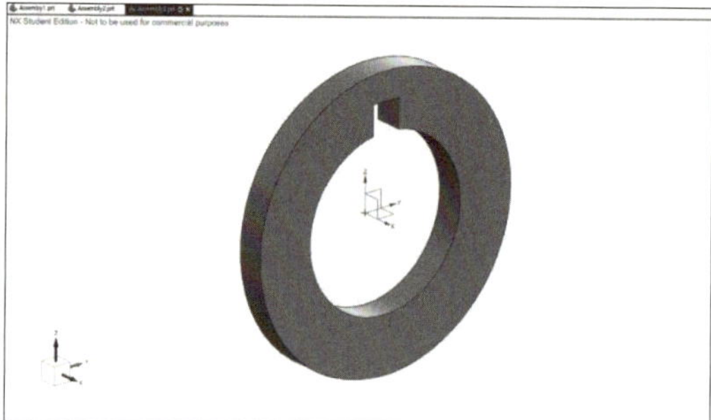

- Extrude ⬢를 클릭한 뒤, 작성한 Sketch가 선택된 것을 확인한다.
- Extrude 창의 Limit tab에서 [Start Distance: 0mm, End Distance: 5mm]로 입력하고 OK 버튼을 클릭한다.

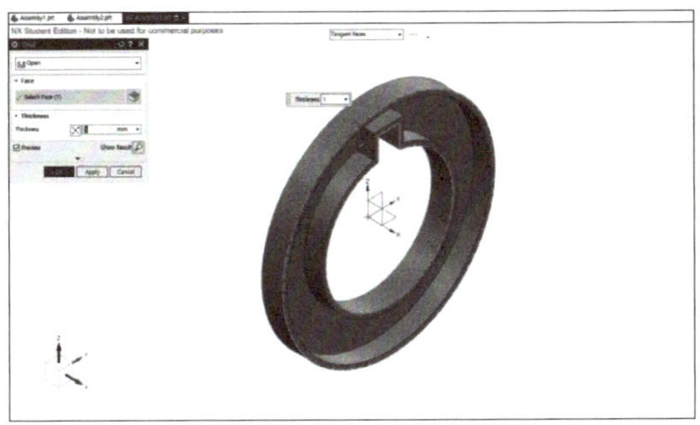 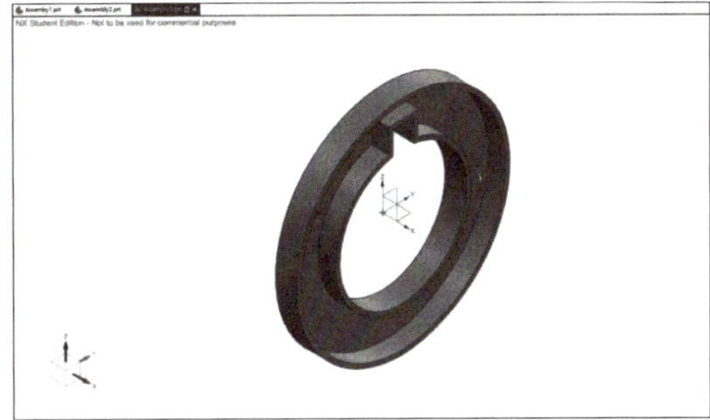

- Shell 을 클릭한 뒤, Open으로 설정하고 해당하는 면을 선택한다.
- Shell 창의 Thickness tab에서 [Thickness: 1mm]로 입력하고 OK 버튼을 클릭한다.

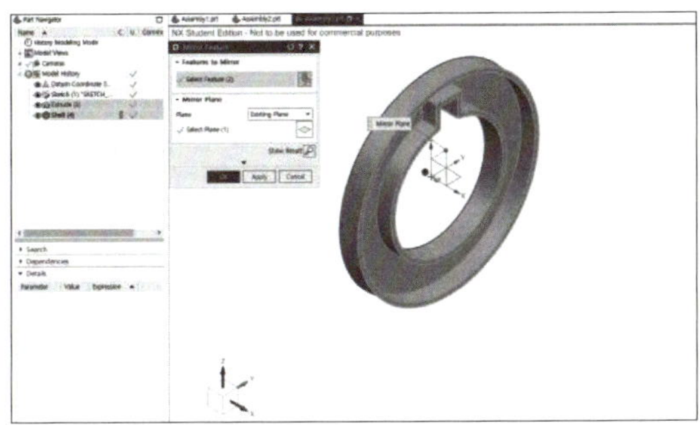 

- Mirror Feature 를 클릭하고 Part Navigator에서 Extrude, Shell을 클릭한다.
- Mirror Feature 창의 Mirror Plane tab에서 Select Plane을 클릭한 뒤, YZ 평면을 선택하고 OK 버튼을 클릭한다.

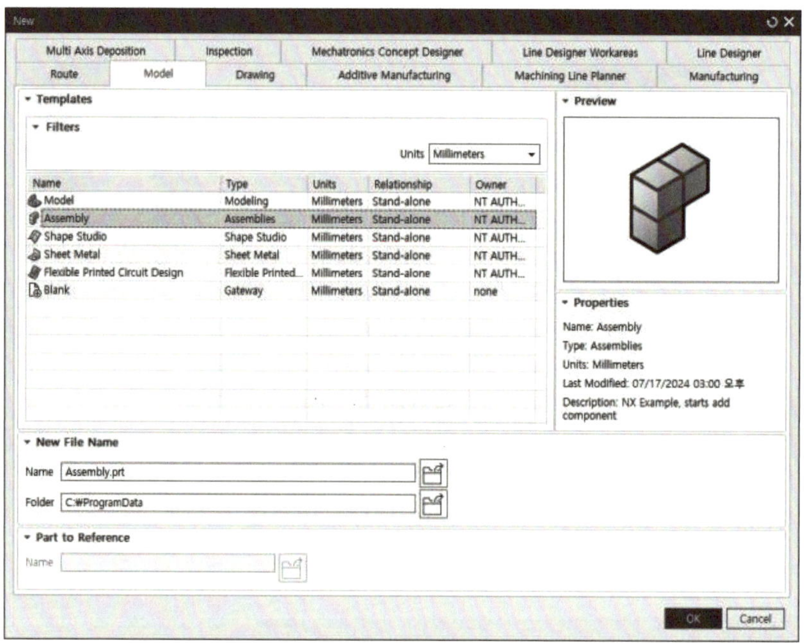

- File → New를 클릭하고 Assembly를 선택한 뒤, [Name: Assembly.prt, Units: Millimeters]로 설정하고 OK 버튼을 클릭한다.

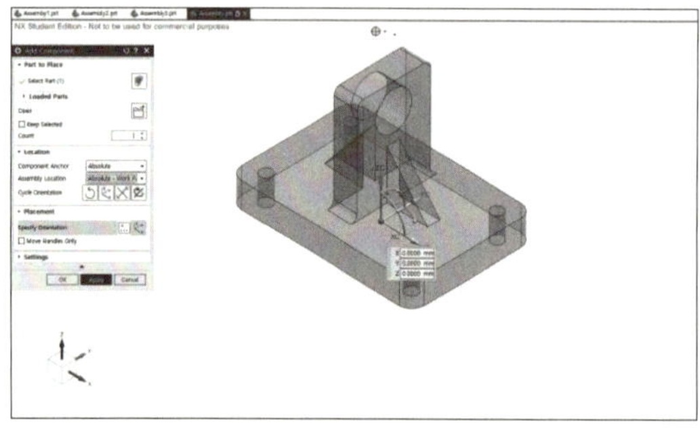
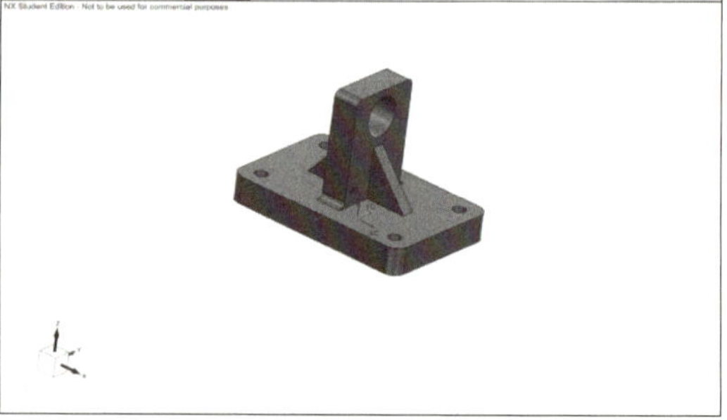

- Add Component를 클릭하고 Open을 눌러 Assembly1.prt를 불러온다.
- Add Component 창의 Location tab에서 [Component Anchor: Absolute, Assembly Location: WCS]를 선택하고 OK 버튼을 클릭한다.

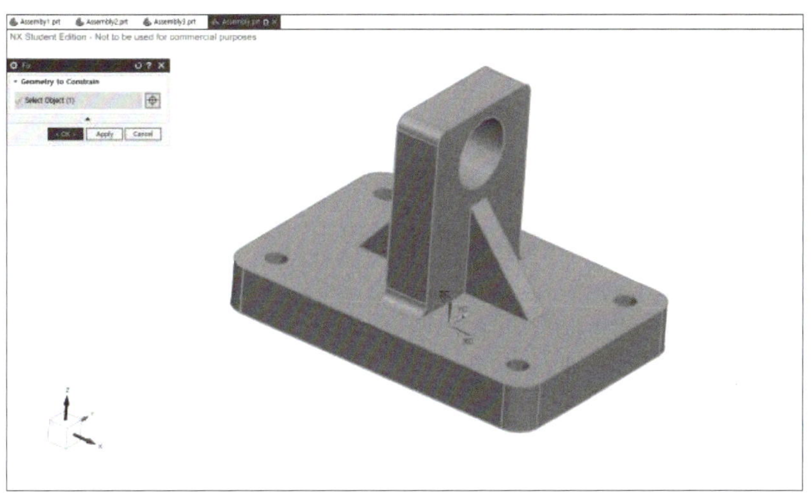

- Fix 를 클릭하고 Assembly1을 선택한 뒤, OK 버튼을 클릭하여 완전구속조건을 부여한다.

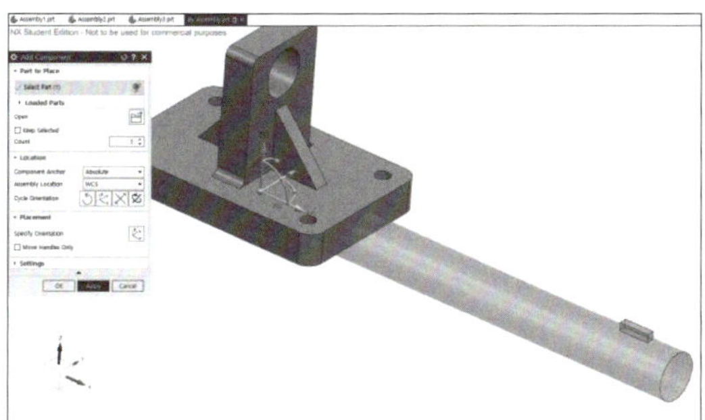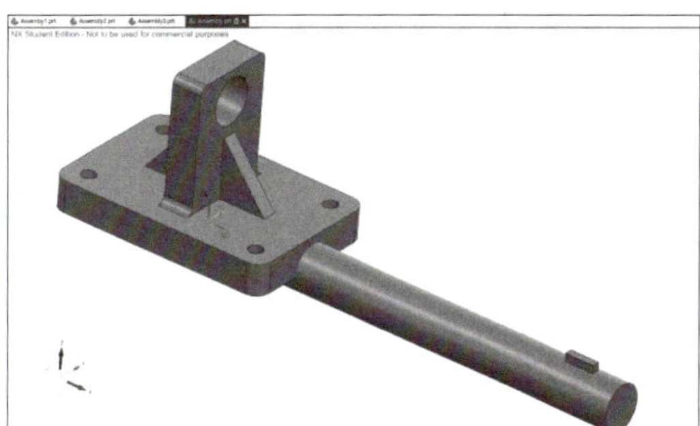

- Add Component 를 클릭하고 Open 을 눌러 Assembly2.prt를 불러온다.
- Add Component 창의 Location tab에서 [Component Anchor: Absolute, Assembly Location: WCS]를 선택하고 OK 버튼을 클릭한다.

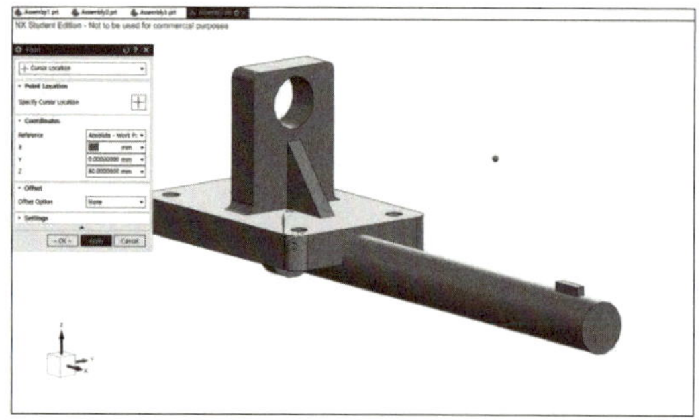 

- Point ┼ 를 클릭하고 Cursor location으로 설정한다.
- Output Coordinates tab에서 [Reference: Absolute - Work Part, X: 200mm, Y: 0mm, Z: 80mm] 로 입력하고 OK 버튼을 클릭한다.

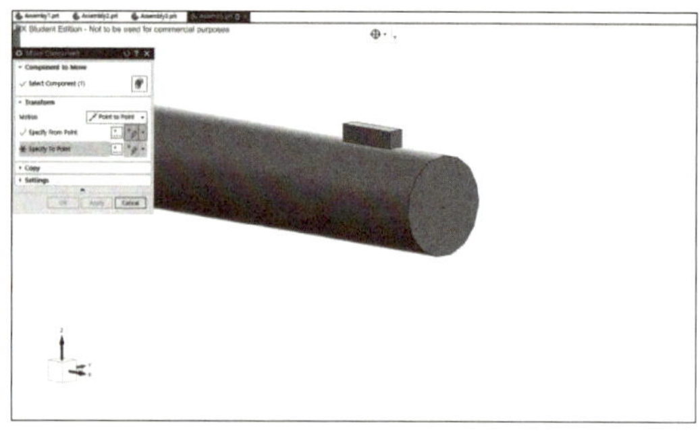 

- Move Component 를 클릭하고 Assembly2를 선택한다.
- Transform tab에서 [Motion: Point to Point]로 설정하고 Specify From Point를 클릭하고 Assembly2의 앞면의 중심점을 선택한다.
- Specify To Point를 클릭하고 생성한 점을 선택하고 OK 버튼을 클릭한다.

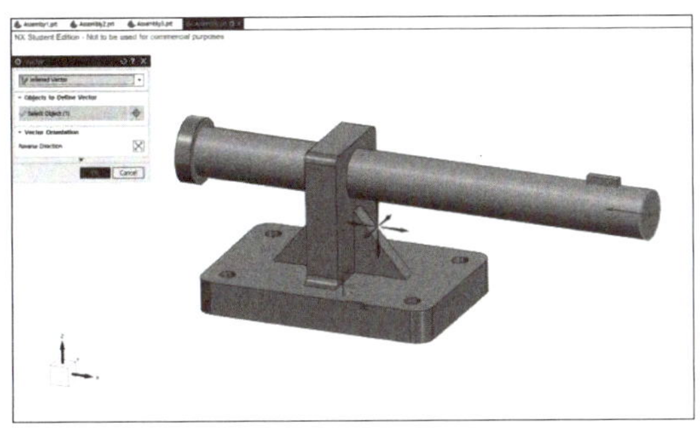 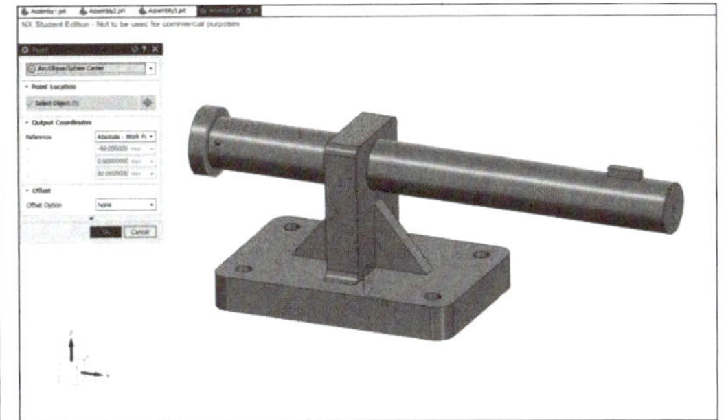

- Cylindrical을 클릭하고 Axis on First Object tab에서 Vector Dialog를 클릭한 뒤, Assembly2의 기둥면을 선택하고 OK 버튼을 클릭한다.

- Axis on First Object tab에서 Point Dialog를 클릭한 뒤, Arc Center로 설정하고 해당하는 원을 선택하고 OK 버튼을 클릭한다.

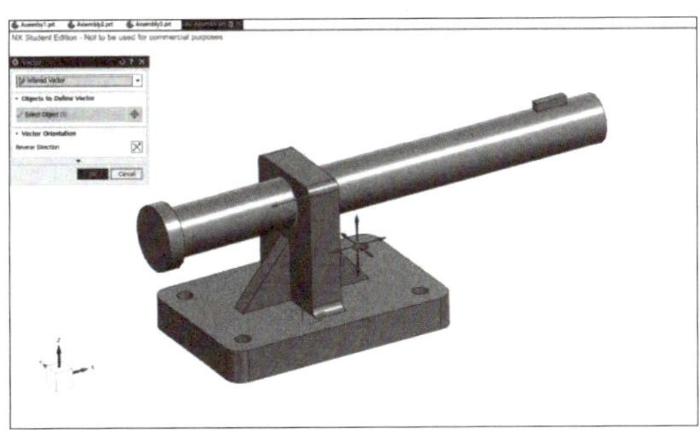 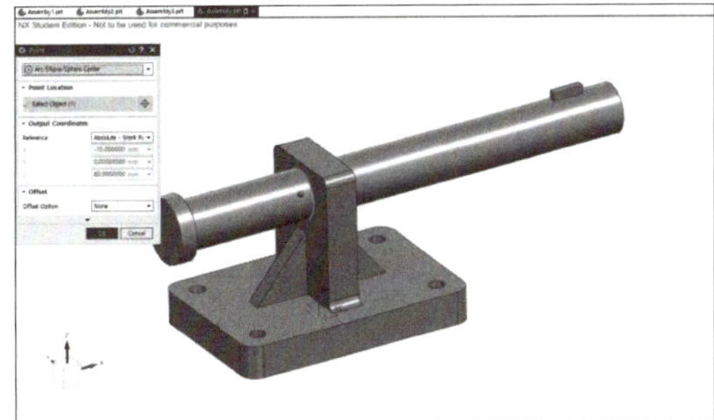

- Axis on Second Object tab에서 Vector Dialog를 클릭한 뒤, Assembly1의 해당하는 원을 선택하고 OK 버튼을 클릭한다.

- Axis on Second Object tab에서 Point Dialog를 클릭한 뒤, Arc Center로 설정하고 동일한 원을 선택하고 OK 버튼을 클릭한다.

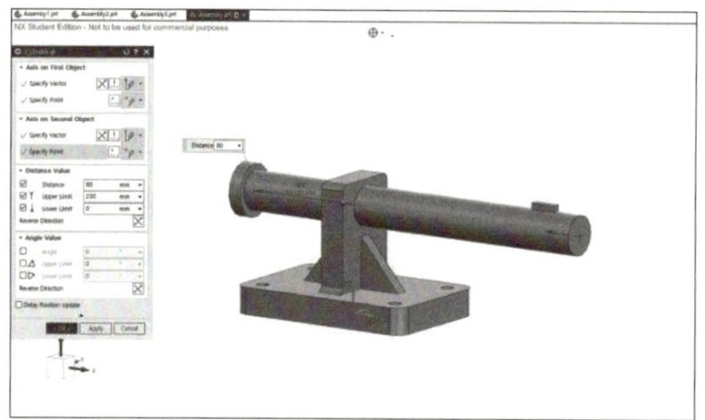 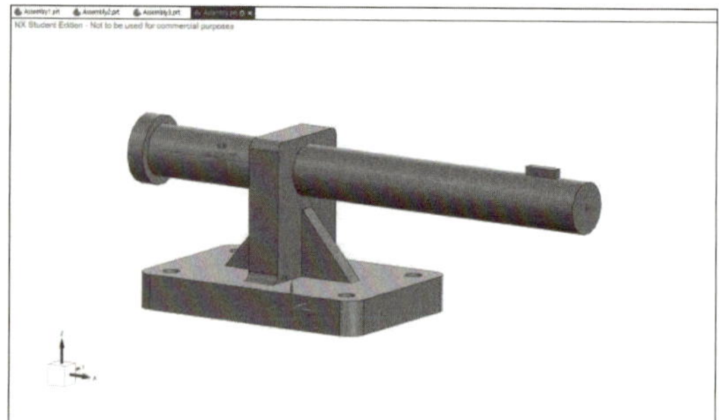

- Distance Value tab의 항목을 전부 체크한 뒤, [Upper Limit: 230mm, Lower Limit: 0mm]로 입력하고 OK 버튼을 클릭한다.

 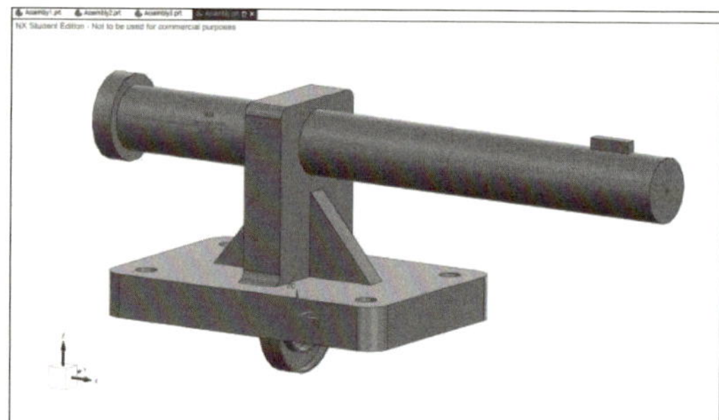

- Add Component 를 클릭하고 Open 을 눌러 Assembly3.prt를 불러온다.
- Add Component 창의 Location tab에서 [Component Anchor: Absolute, Assembly Location: WCS]를 선택하고 OK 버튼을 클릭한다.

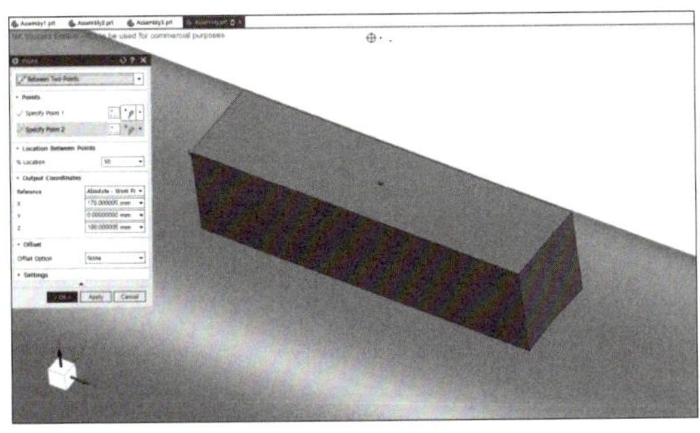 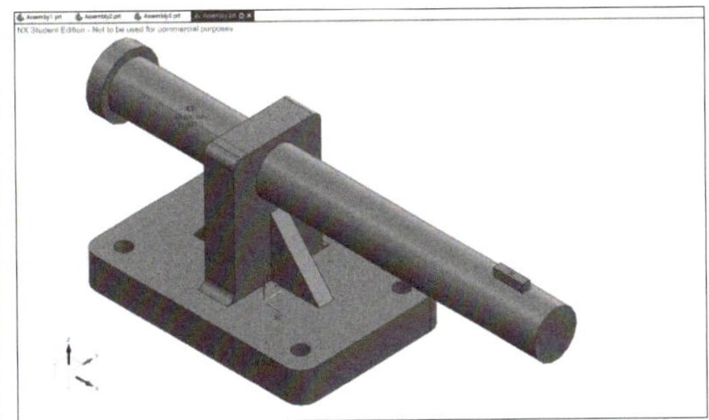

- Point $+$ 를 클릭하고 Between Two Points으로 설정한다.
- Assembly2의 해당하는 면의 두 꼭짓점을 클릭한 뒤, OK 버튼을 클릭한다.

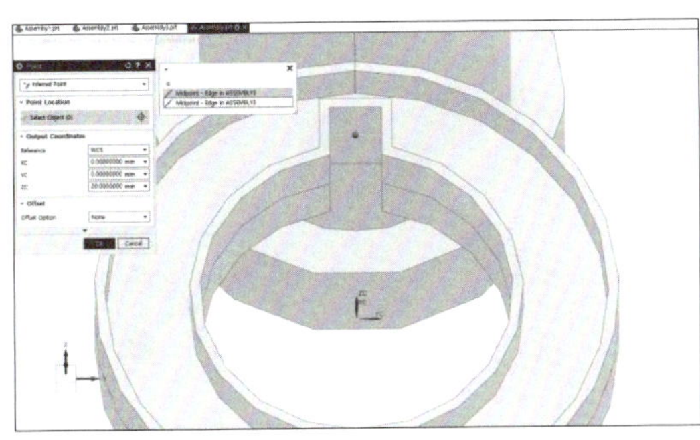 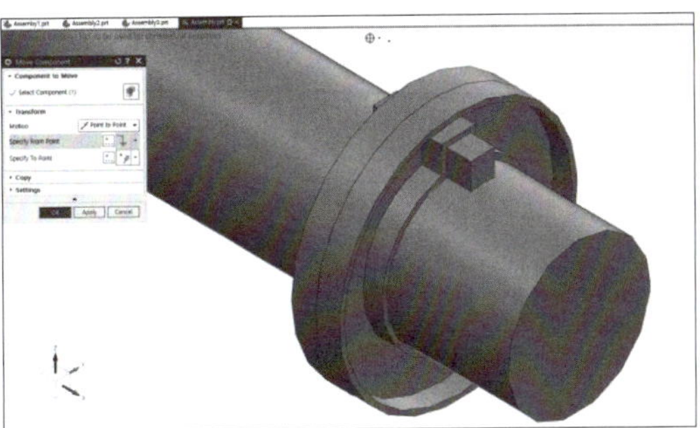

- Assembly 1을 오른쪽 클릭, Hide $\oslash$ 를 누른 뒤, Move Component 를 클릭하고 Assembly3 를 선택한다.
- Transform tab에서 [Motion: Point to Point]로 설정하고 Specify From Point를 클릭하고 Assembly3의 해당 점을 선택한다.
- Specify To Point를 클릭하고 생성한 점을 선택하고 OK 버튼을 클릭한다.

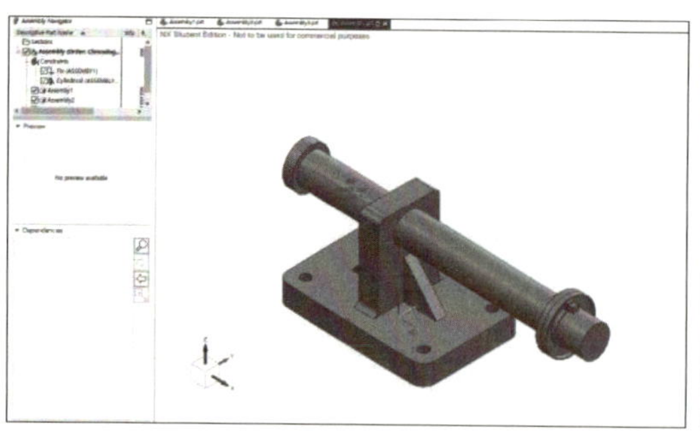 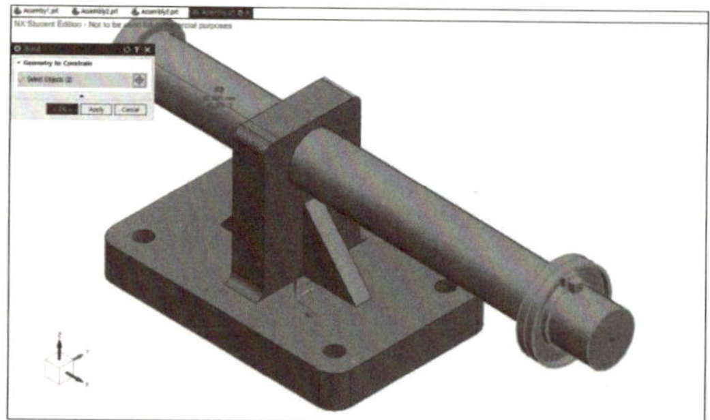

- Assembly Navigator에서 Assembly1을 체크하여 다시 Show 상태로 만든다.

- Bond ◄► 를 클릭하고 Assembly2, Assembly3를 선택하고 OK 버튼을 눌러 접착 조건을 부여한다.

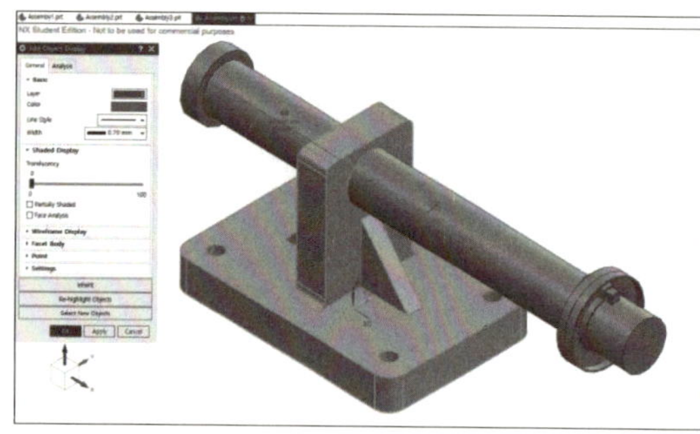 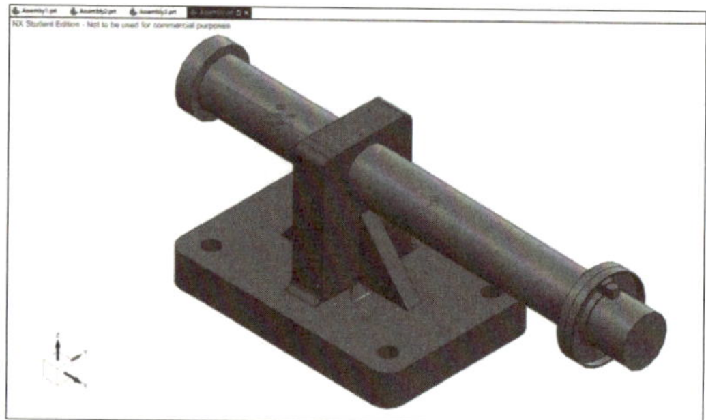

- Edit Object Display ✎ 를 클릭하고 Assembly1을 선택하고 OK 버튼을 클릭한다.

- Edit Object Display 창의 Basic tab에서 Color를 클릭하고 Strong Red [255 81 81]으로 선택한 뒤 OK 버튼을 클릭한다.

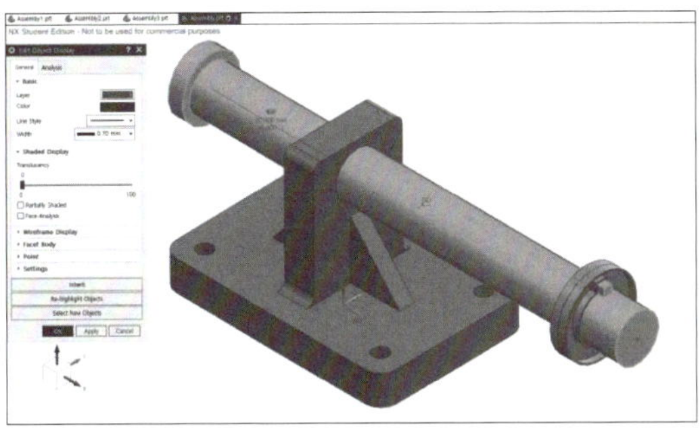 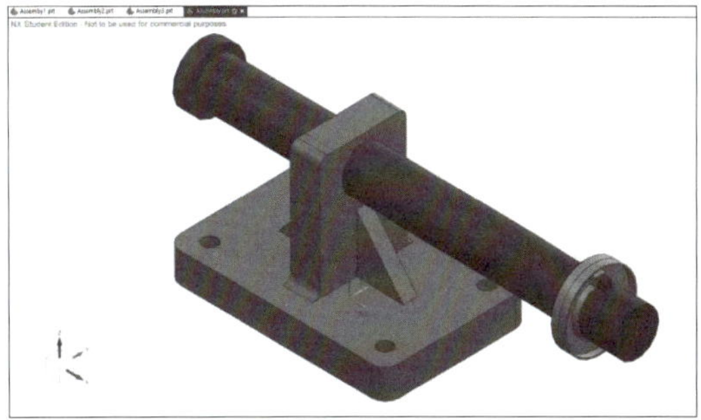

- Edit Object Display 를 클릭하고 Assembly2을 선택하고 OK 버튼을 클릭한다.
- Edit Object Display 창의 Basic tab에서 Color를 클릭하고 Strong Blue [51 51 255]으로 선택한 뒤 OK 버튼을 클릭한다.

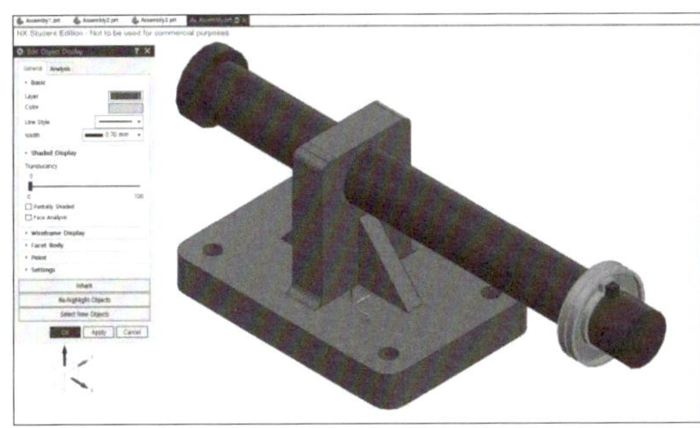 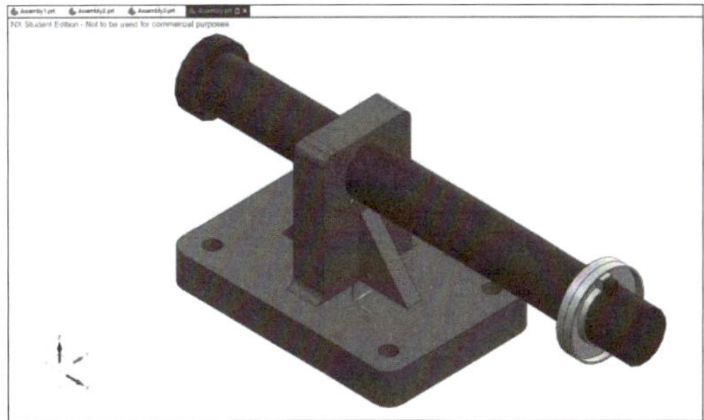

- Edit Object Display 를 클릭하고 Assembly3을 선택하고 OK 버튼을 클릭한다.
- Edit Object Display 창의 Basic tab에서 Color를 클릭하고 Strong Yellow [255 220 58]으로 선택한 뒤 OK 버튼을 클릭한다.

13 예제 1

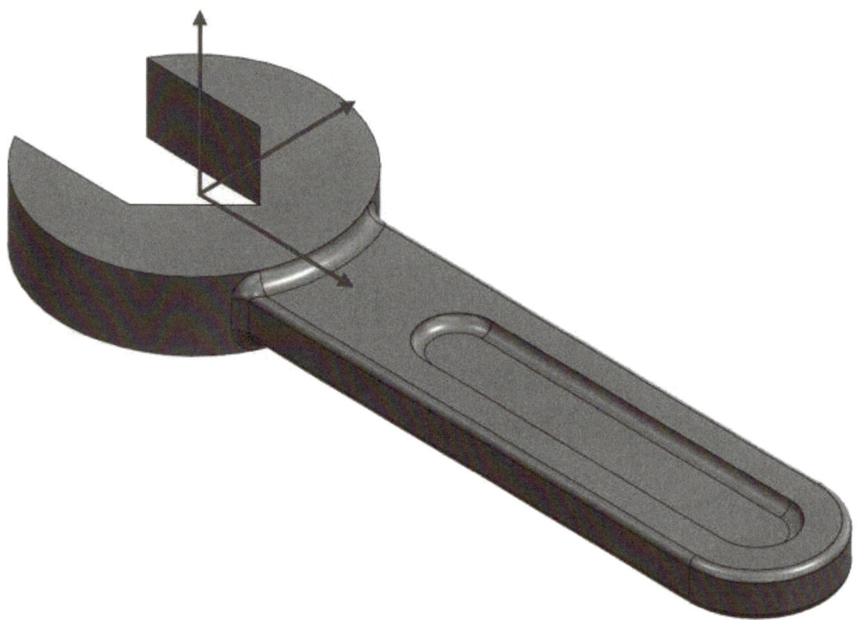

● Wrench에 대해 모델링을 진행한다.

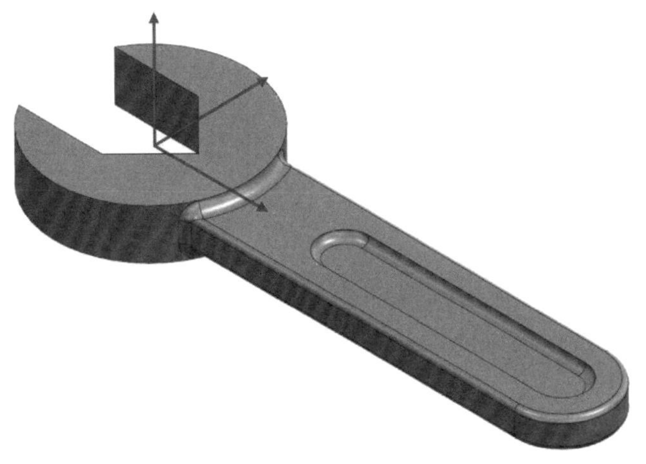

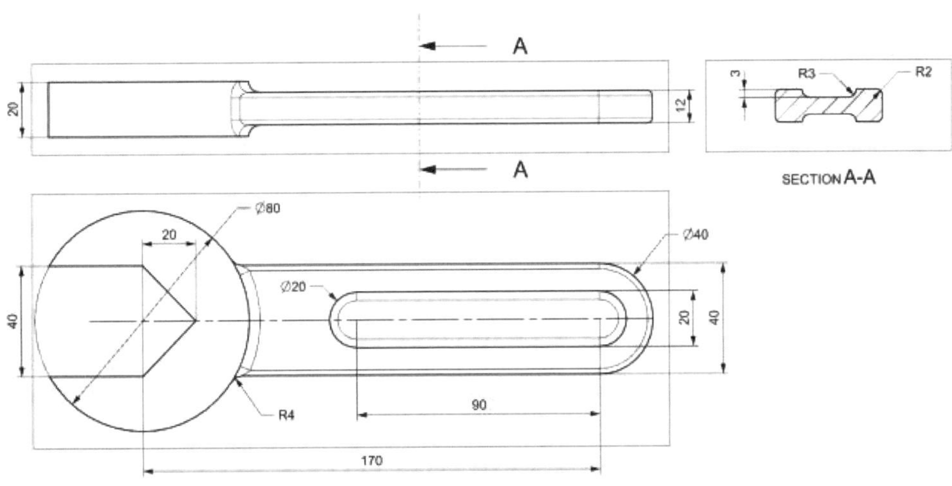

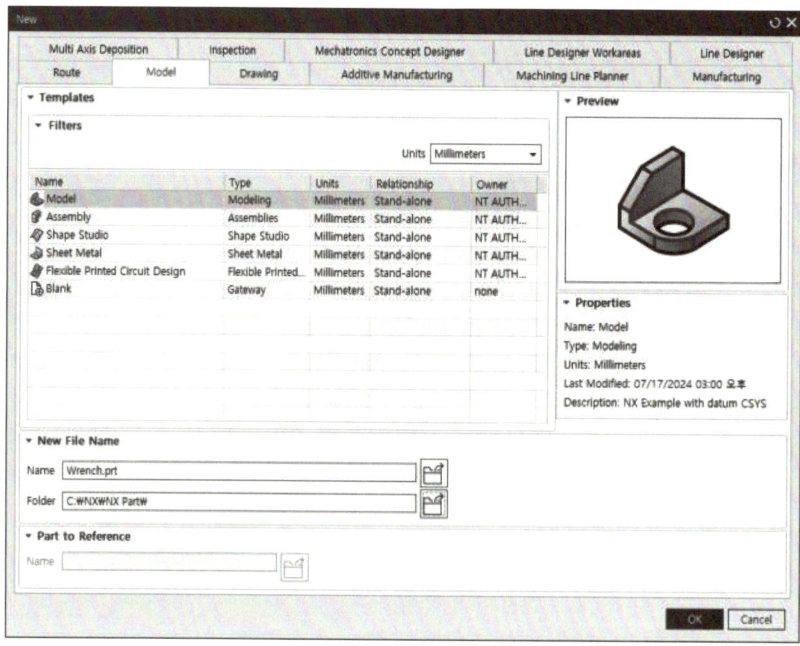

- File → New를 클릭하고 [Name: Wrench.prt, Units: Millimeters]로 설정하고 OK 버튼을 클릭한다.

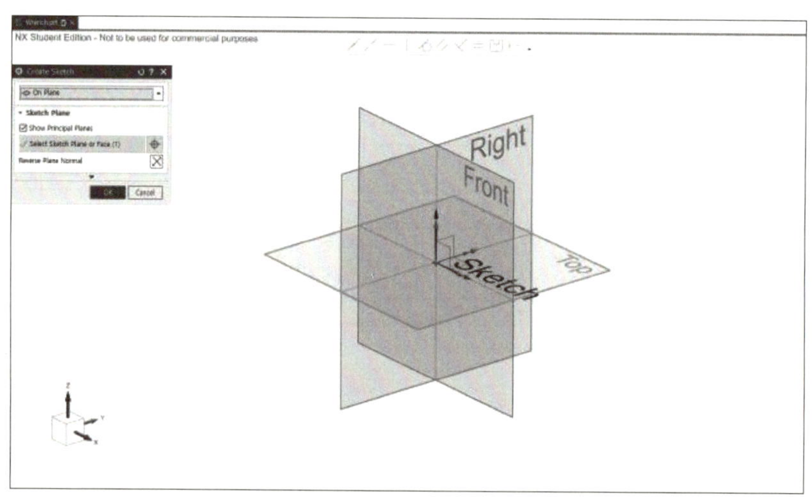

- Sketch 를 클릭하여 XY 평면을 선택한 뒤, Create Sketch 창의 OK 버튼을 클릭한다.

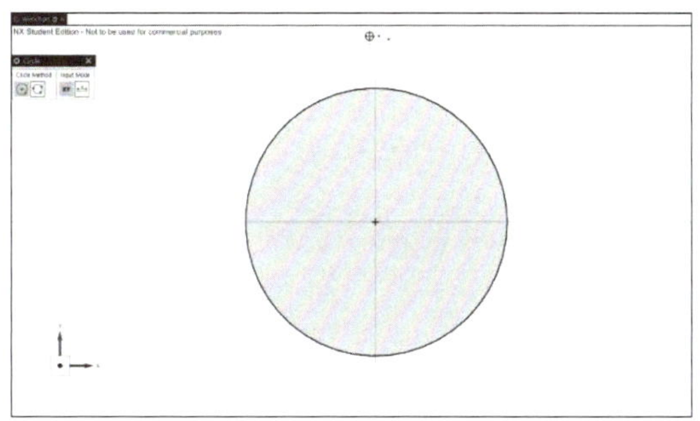 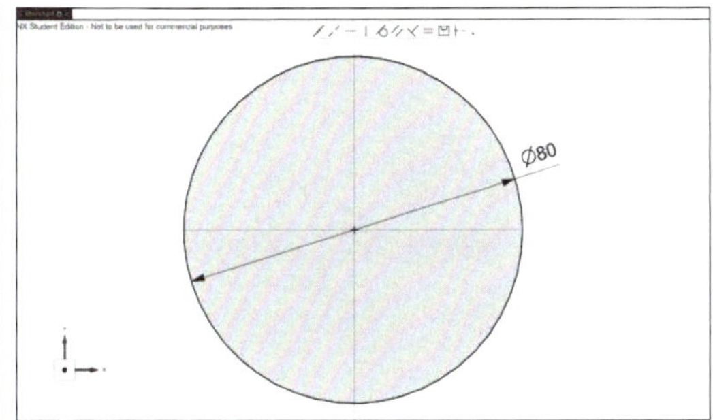

- Circle ◯ 을 클릭하고 원점과 원의 중심을 일치시켜 원을 작성하고 Circle 창을 닫는다.
- 원의 치수를 [Diameter: 80mm]로 정의한다.

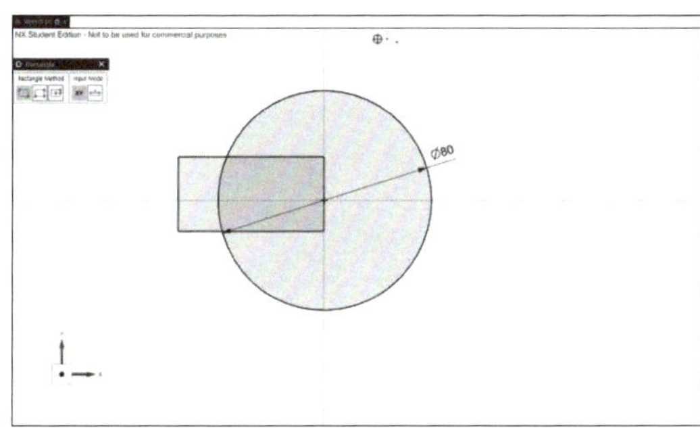 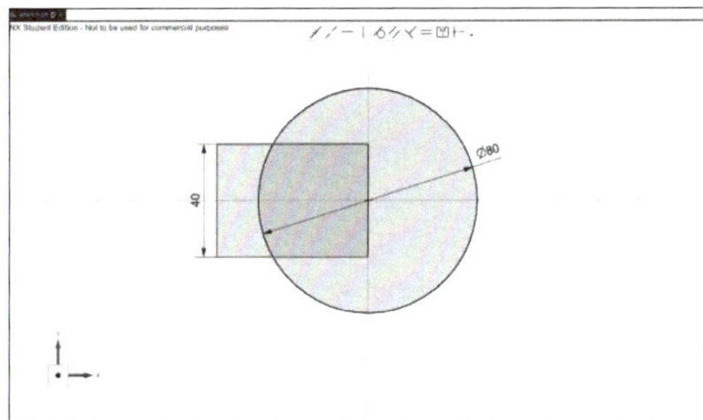

- Rectangle ▭ 을 클릭하고 사각형의 한 변을 Y축과 일치시켜 사각형을 작성하고 Rectangle 창을 닫는다.
- Make Symmetric 凹 을 이용하여 사각형이 X축을 기준으로 대칭이 되게 하고 [사각형의 Y축 길이: 40mm]로 정의한다.

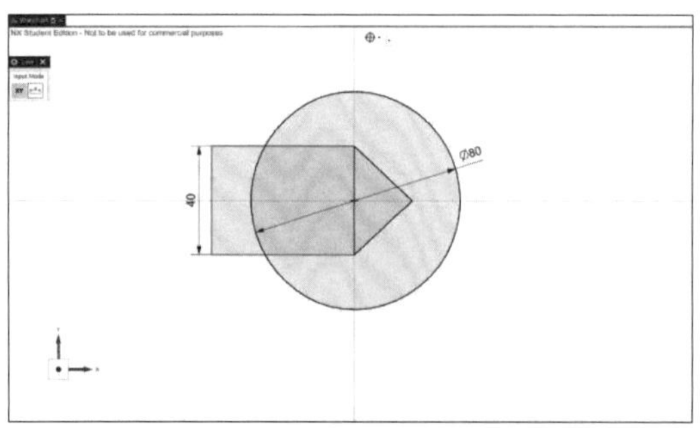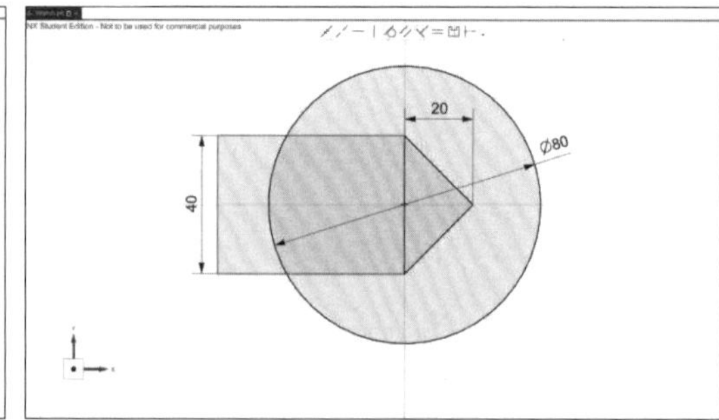

- Line ⟋ 을 클릭하고 다음과 같이 사각형의 모서리와 X축을 잇는 선을 작성하고, Line창을 닫는다.
- 선의 치수를 [선의 X축 길이: 20mm]로 정의한다.

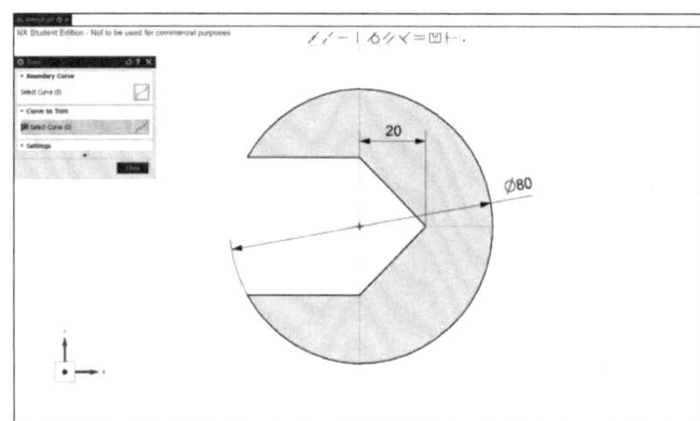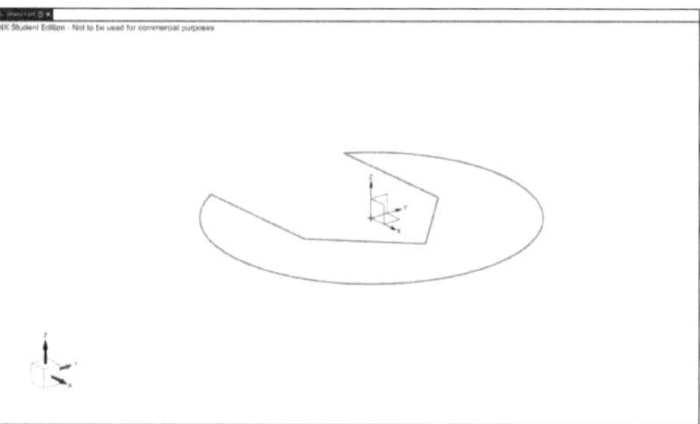

- Trim ✕ 을 클릭하고 다음과 같이 불필요한 선을 삭제하고 Finish 🏁 를 클릭한다.

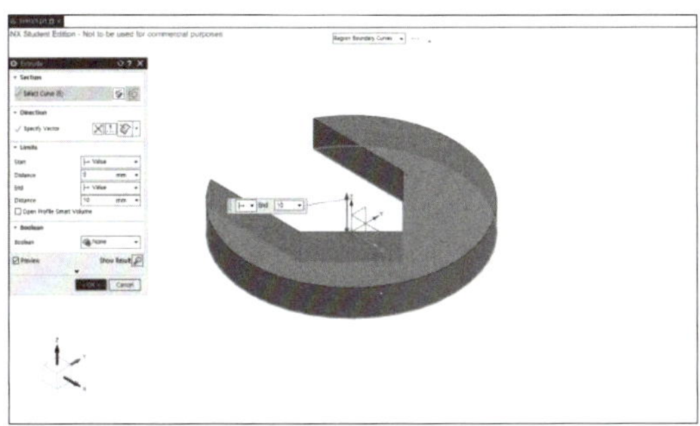 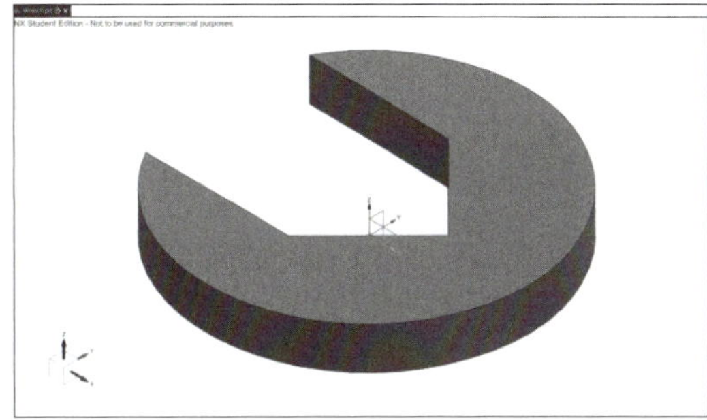

- Extrude 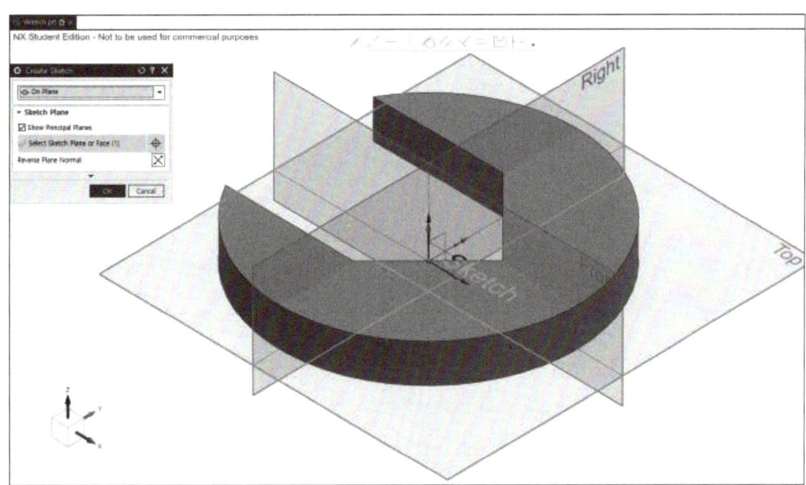 을 클릭하고 작성한 Sketch가 선택된 것을 확인한다.
- Extrude창의 Limits tab에서 [Start Distance: 0mm, End Distance: 10mm]로 입력하고 OK 버튼을 클릭한다.

- Sketch 를 클릭하여 XY 평면을 선택한 뒤, Create Sketch 창의 OK 버튼을 클릭한다.

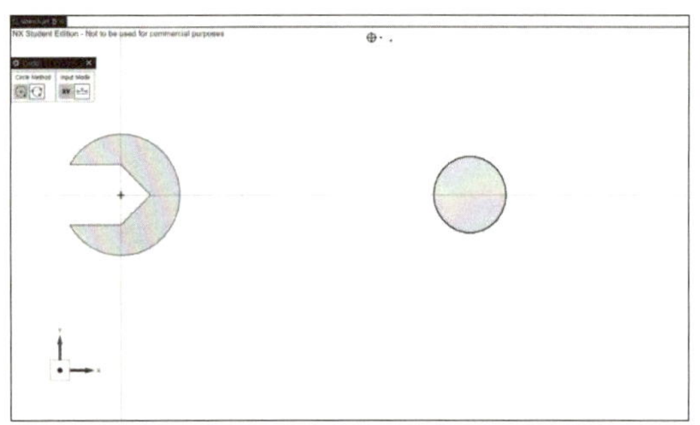 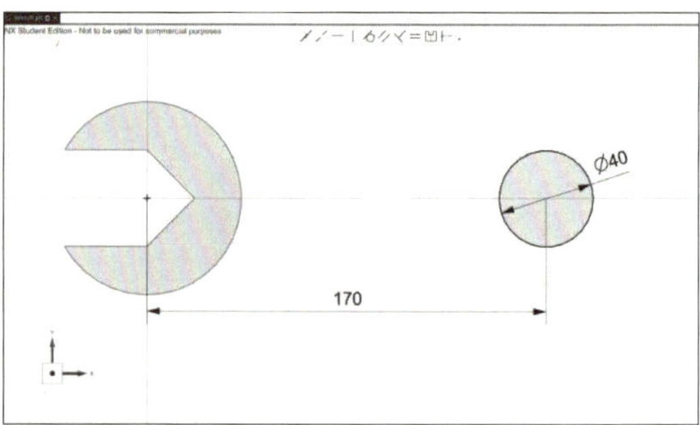

- Circle◯을 클릭하고 X축 위에 원의 중심을 일치시켜 원을 작성하고 Circle 창을 닫는다.
- 원의 치수를 [Diameter: 20mm, 원의 중심과 원점 사이 X축 거리: 170mm]로 정의한다.

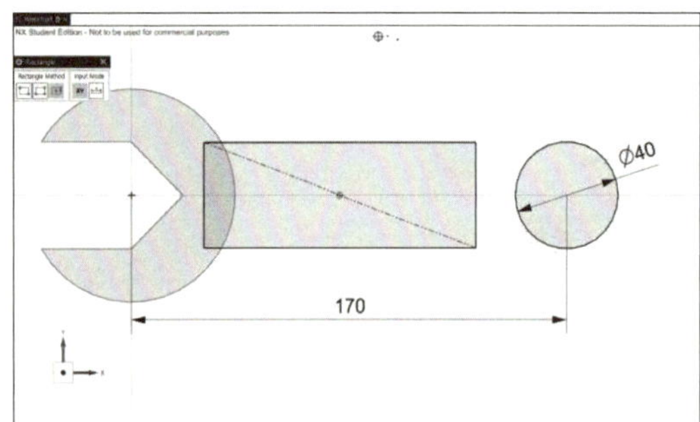 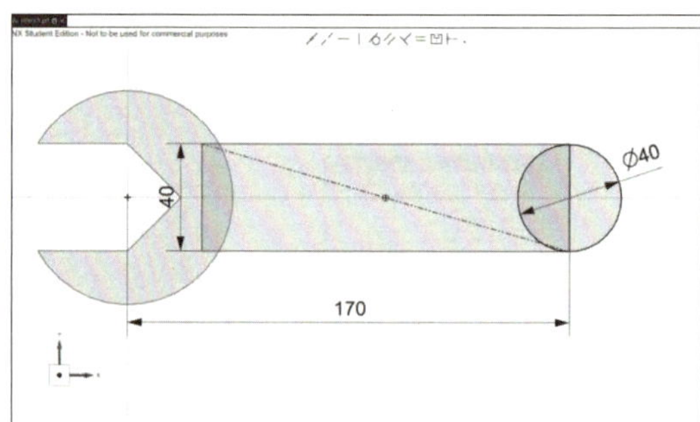

- Rectangle▢을 클릭하고 From Center로 설정하고 중심이 X축 위에 위치하도록 사각형을 작성하고 Rectangle 창을 닫는다.
- Make Coincident을 이용하여 사각형의 오른쪽 변이 원의 중심과 일치하도록 한다.
- 사각형의 치수를 [사각형의 Y축 길이: 40mm]로 정의한다.

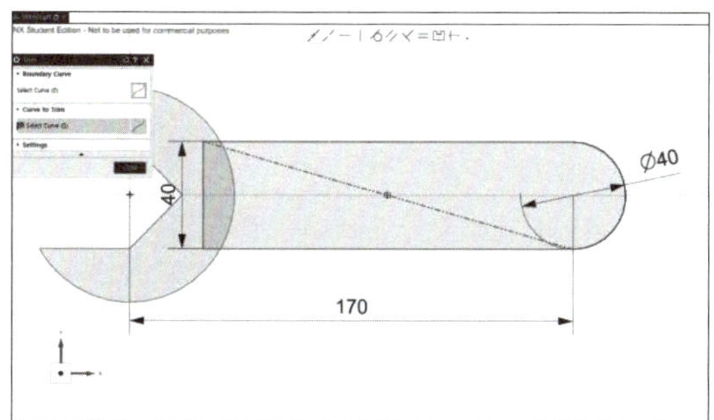

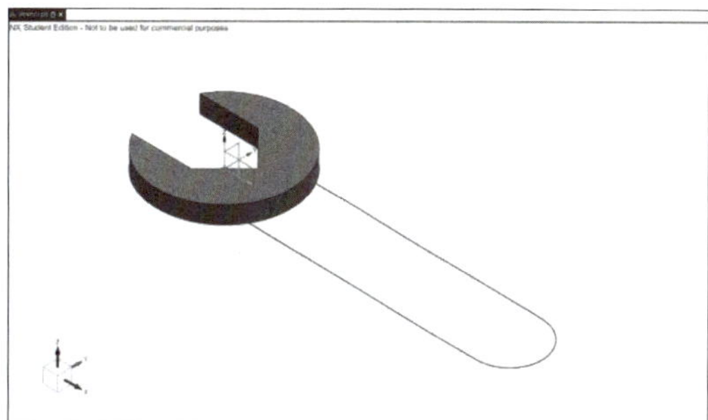

- Trim ☒ 을 클릭하고 다음과 같이 불필요한 선을 삭제하고 Finish ⚑ 를 클릭한다.

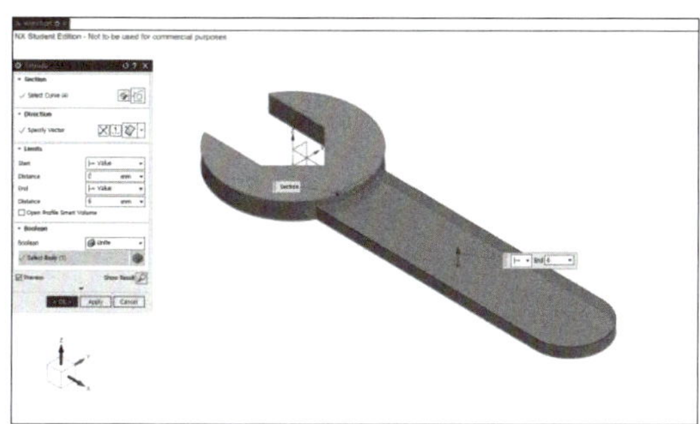

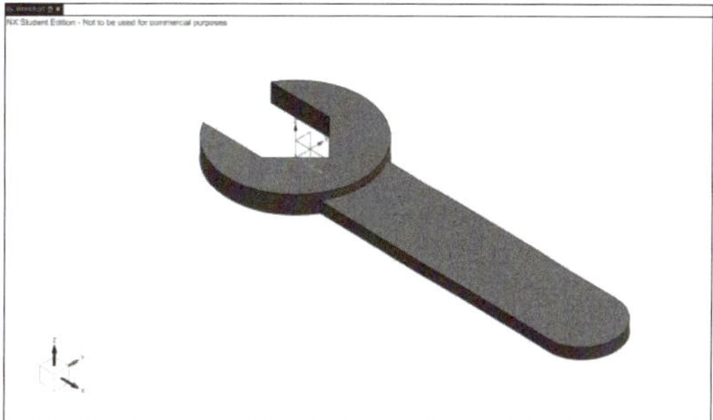

- Extrude ⬡ 을 클릭하고 작성한 Sketch가 선택된 것을 확인한다.
- Extrude창의 Limits tab에서 [Start Distance: 0mm, End Distance: 6mm], Boolean tab에서 [Boolean: Unite]로 입력하고 OK 버튼을 클릭한다.

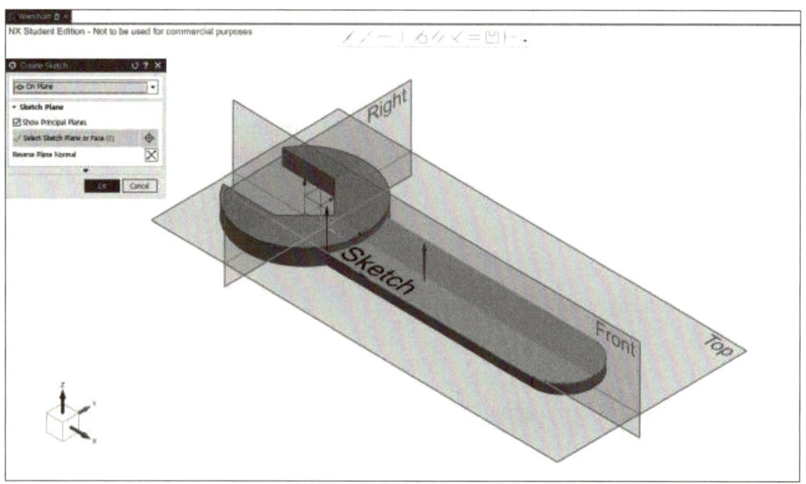

- Sketch 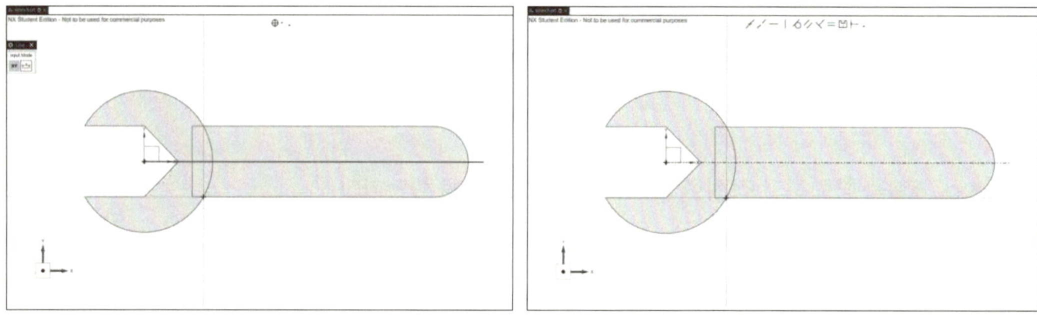 를 클릭하여 XY 평면과 평행한 해당 면을 선택한 뒤, Create Sketch 창의 OK 버튼을
  클릭한다.

- Include 를 클릭하고 원점을 선택한 뒤, OK 버튼을 클릭한다.
- Line 을 클릭하고 원점에서부터 X축을 잇는 선을 작성하고, Line창을 닫는다.
- 선 위에서 오른쪽 클릭하고 Convert to Reference 를 클릭하여 구성선으로 변환한다.

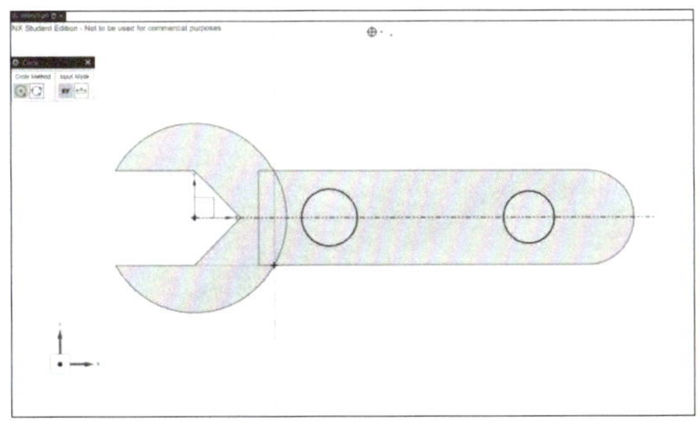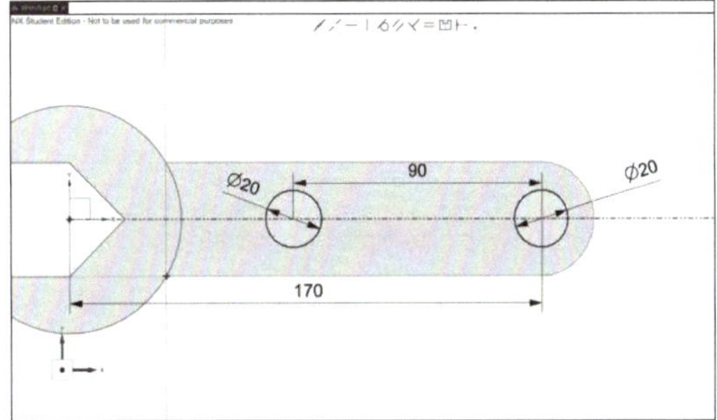

- Circle◯을 클릭하고 구성선 위에 원의 중심을 일치시켜 2개의 원을 작성하고 Circle 창을 닫는다.
- 원의 치수를 [Diameter: 20mm, 원의 중심 사이 X축 거리: 90mm, 오른쪽 원의 중심과 원점 사이 X축 거리: 170mm]로 정의한다.

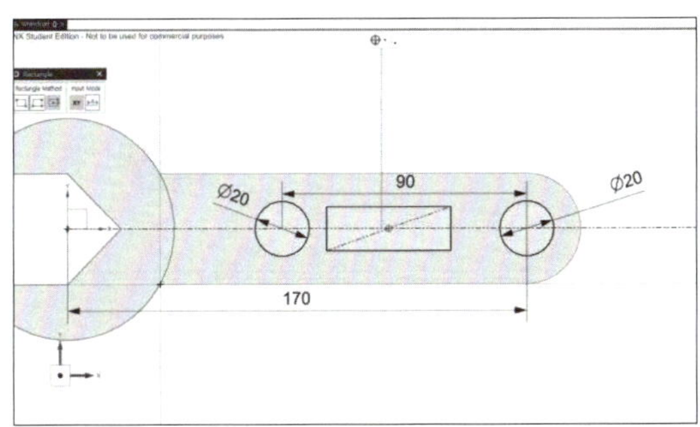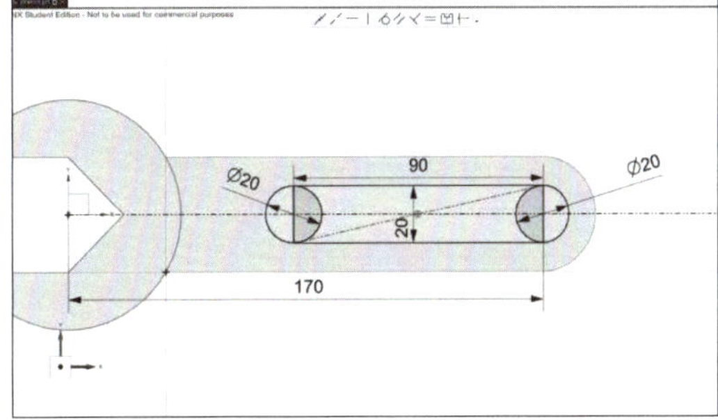

- Rectangle□을 클릭하고 From Center로 설정하고 중심이 구성선 위에 위치하도록 사각형을 작성하고 Rectangle 창을 닫는다.
- Make Coincident을 이용하여 사각형의 양쪽 변이 각각 원의 중심과 일치하도록 한다.
- 사각형의 치수를 [사각형의 Y축 길이: 20mm]로 정의한다.

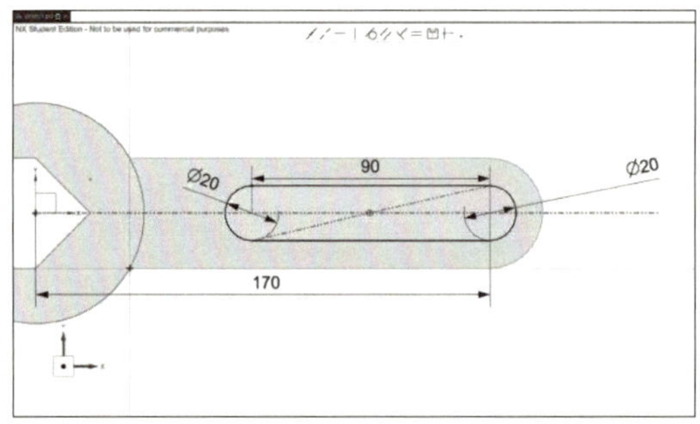
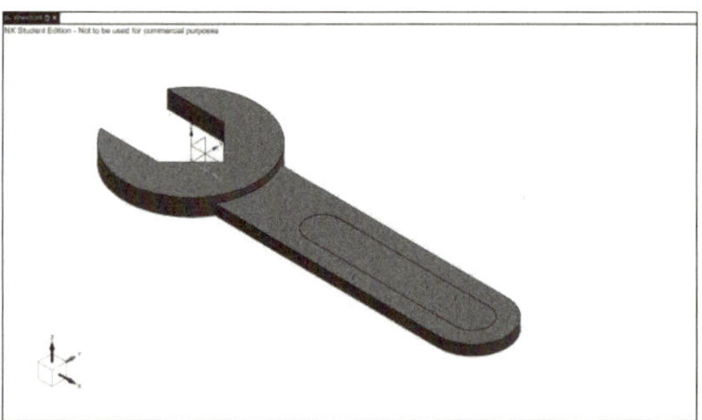

- Trim ⊠을 클릭하고 다음과 같이 불필요한 선을 삭제하고 Finish ⚑를 클릭한다.

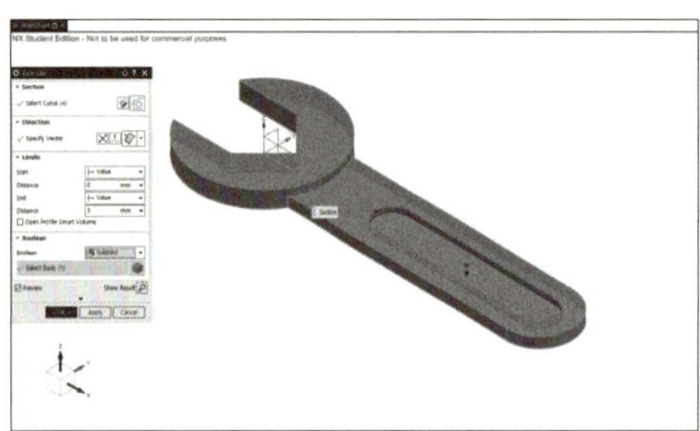
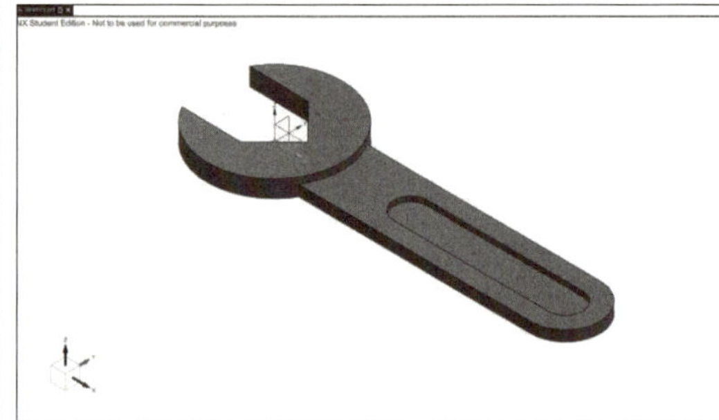

- Extrude 🏠을 클릭하고 작성한 Sketch가 선택된 것을 확인한다.
- Extrude창의 Limits tab에서 [Start Distance: 0mm, End Distance: 3mm], Boolean tab에서 [Boolean: Subtract]로 입력하고 OK 버튼을 클릭한다.

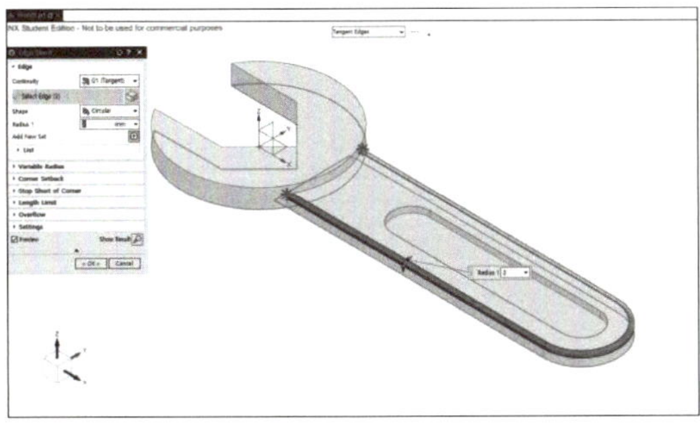 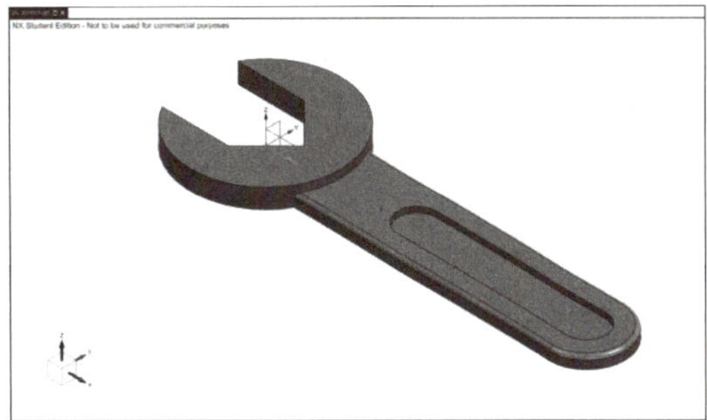

- Edge Blend 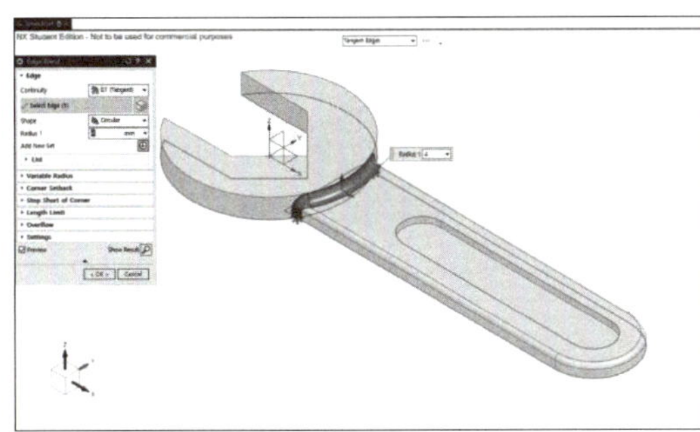를 클릭하고 해당 선을 클릭한다.
- Edge Blend창의 Edge tab에서 [Radius: 2mm]로 입력하고 OK버튼을 클릭한다.

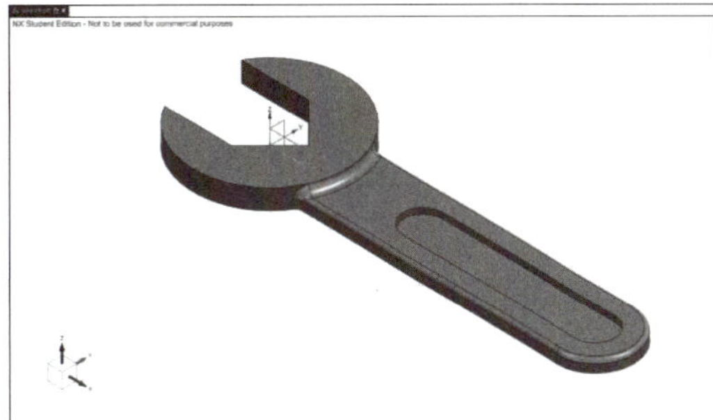

- Edge Blend 를 클릭하고 해당 선을 클릭한다.
- Edge Blend창의 Edge tab에서 [Radius: 4mm]로 입력하고 OK버튼을 클릭한다.

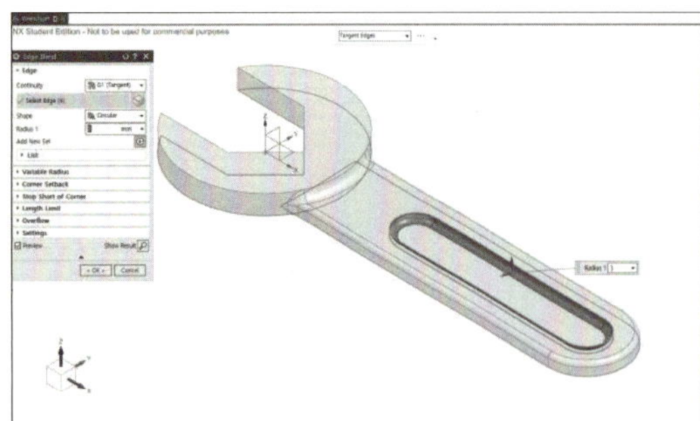 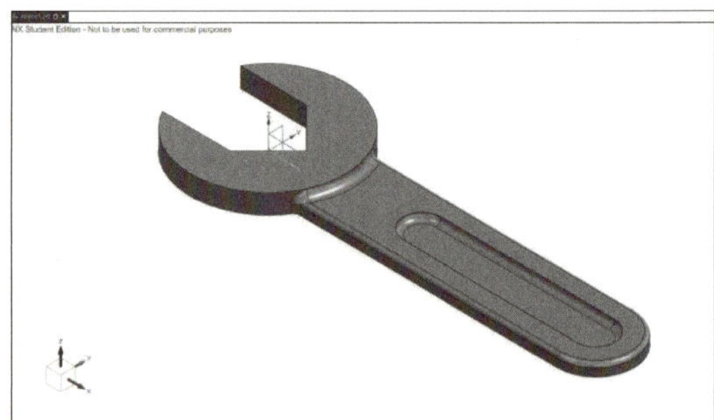

- Edge Blend 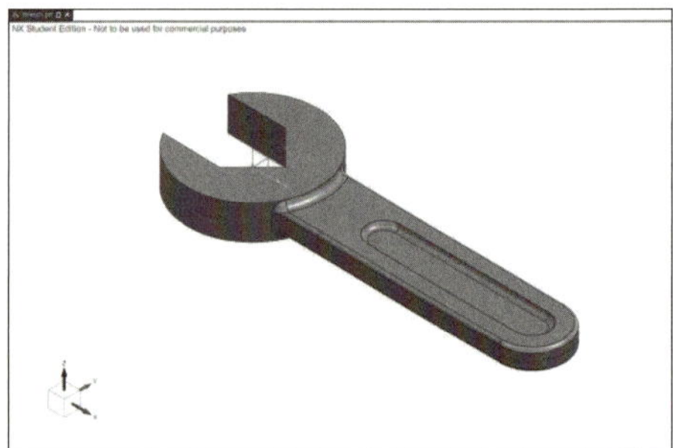를 클릭하고 해당 선을 클릭한다.
- Edge Blend창의 Edge tab에서 [Radius: 3mm]로 입력하고 OK버튼을 클릭한다.

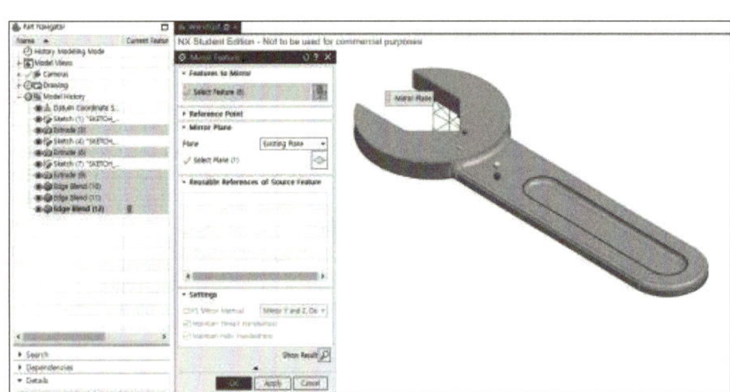

- Mirror Feature 를 클릭하고 Part Navigator에서 Sketch를 제외한 6개의 Feature를 선택한다.
- Mirror Plane tab의 Select Plane을 클릭하고 XY평면을 선택하고 OK 버튼을 클릭한다.

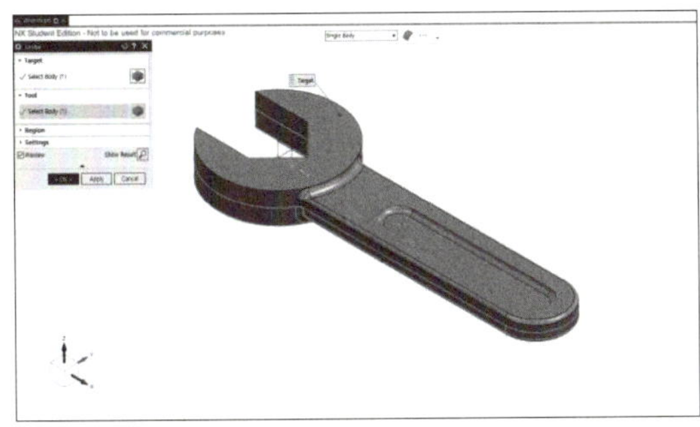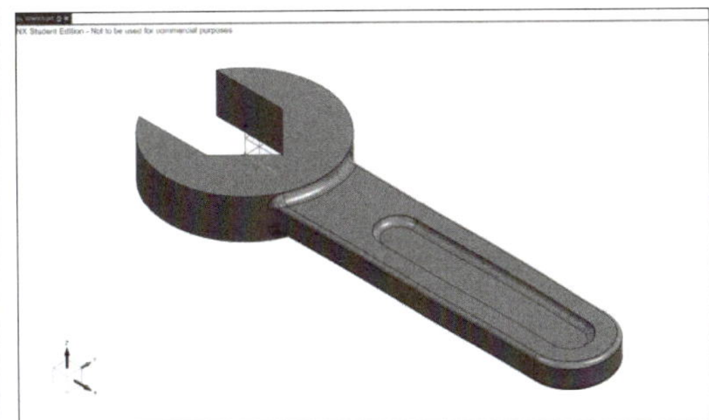

- Unite를 클릭하고 Target tab의 Select Body를 클릭한 뒤, 2개의 바디 중 1개를 클릭한다.
- Tool tab의 Select Body를 클릭한 뒤, 나머지 Body를 클릭하고 OK 버튼을 클릭한다.

• Spur Gear에 대해 모델링을 진행한다.

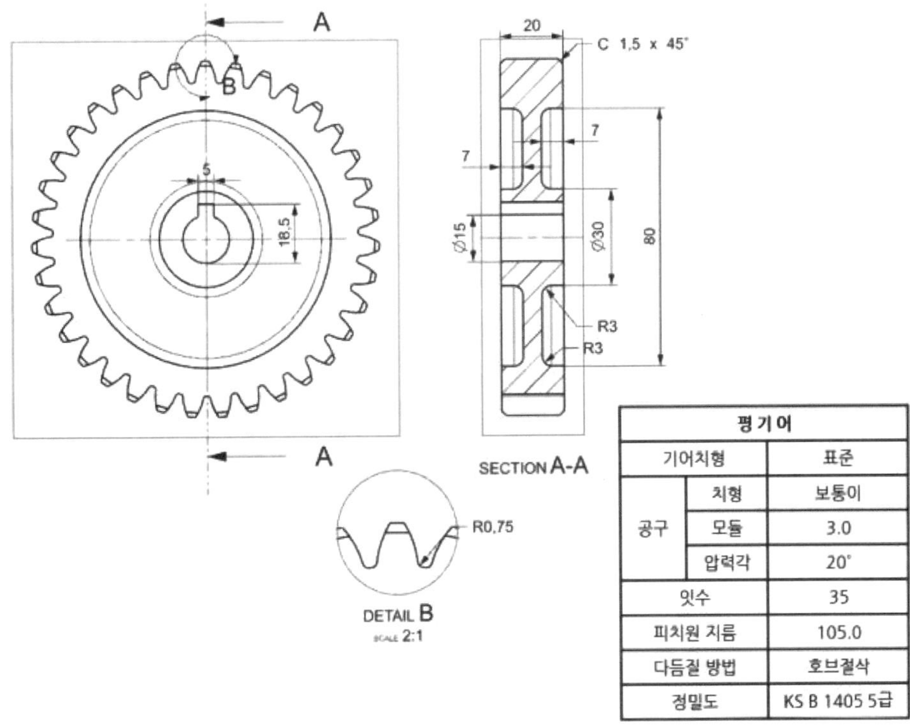

평 기 어		
기어치형		표준
공구	치형	보통이
	모듈	3.0
	압력각	20°
잇수		35
피치원 지름		105.0
다듬질 방법		호브절삭
정밀도		KS B 1405 5급

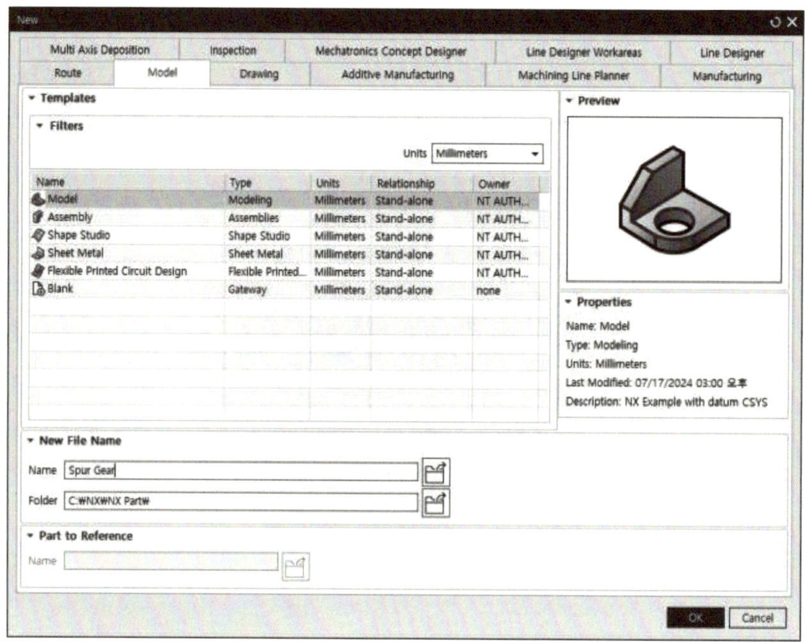

- File → New를 클릭하고 [Name: Spur Gear.prt, Units: Millimeters]로 설정하고 OK 버튼을 클릭한다.

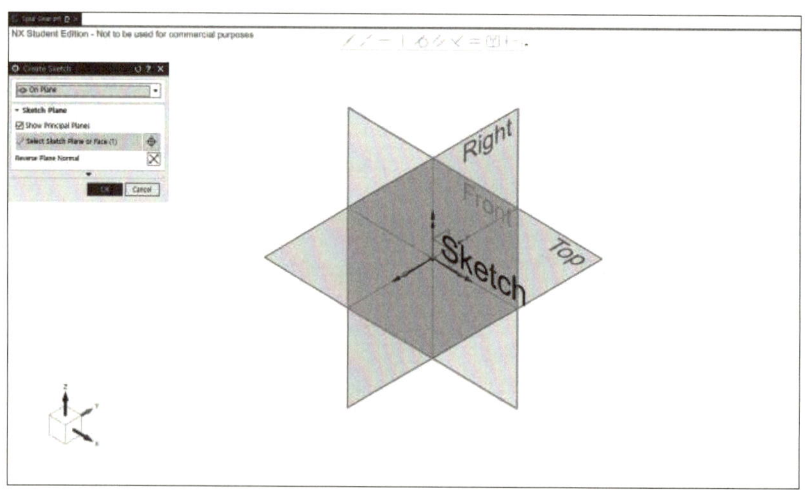

- Sketch 를 클릭하여 XZ 평면을 선택한 뒤, Create Sketch 창의 OK 버튼을 클릭한다.

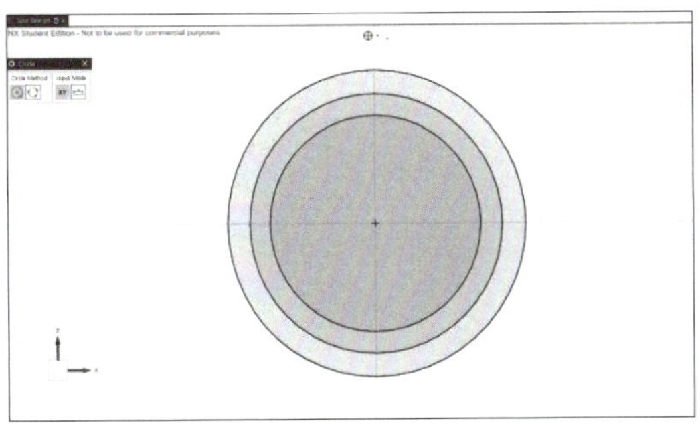 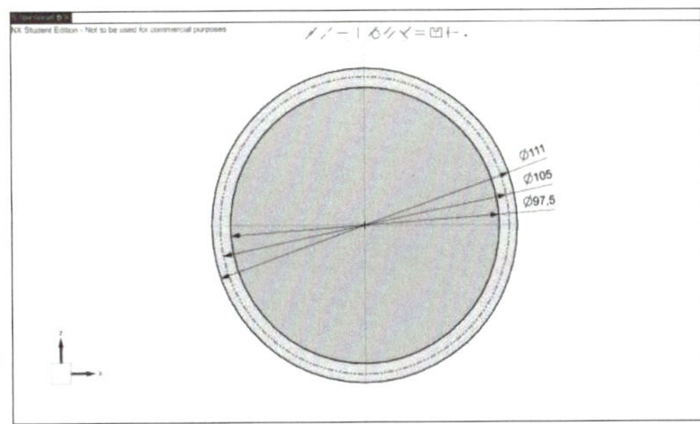

- Circle◯을 클릭하고 원점과 원의 중심을 일치시켜 3개의 원을 작성하고 Circle 창을 닫는다.
- 원의 치수를 [Diameter1: 97.5mm, Diameter1: 105mm, Diameter1: 111mm]로 정의하고, 가운데 원을 구성원으로 변환한다.
- (이뿌리원의 지름) = (피치원의 지름) - 2.5 X (모듈), (이끝원의 지름) = (피치원의 지름) + 2 X (모듈)

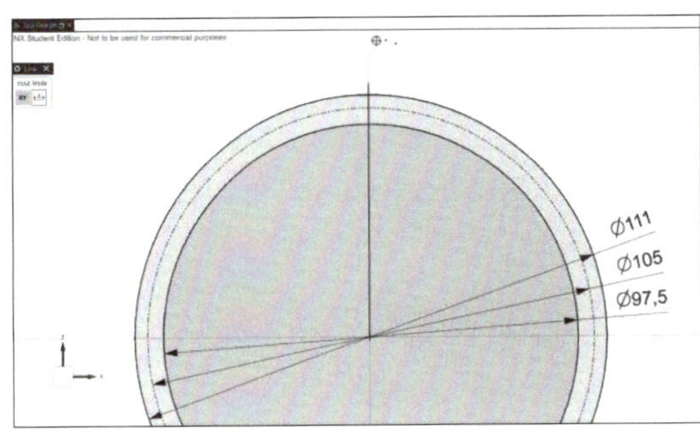 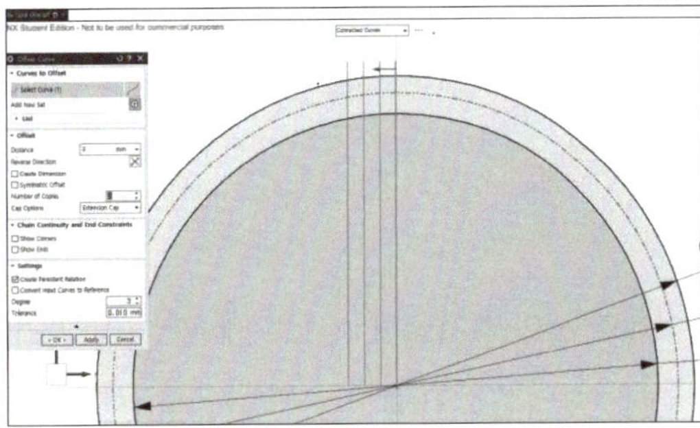

- Line╱을 클릭하고 원점에서부터 Z축을 따라 선을 작성하고 Line 창을 닫는다.
- Offset⬓을 클릭하고 Offset tab에서 [Distance: 3mm, Number of Copies: 3]을 입력하고 OK 버튼을 클릭한다.

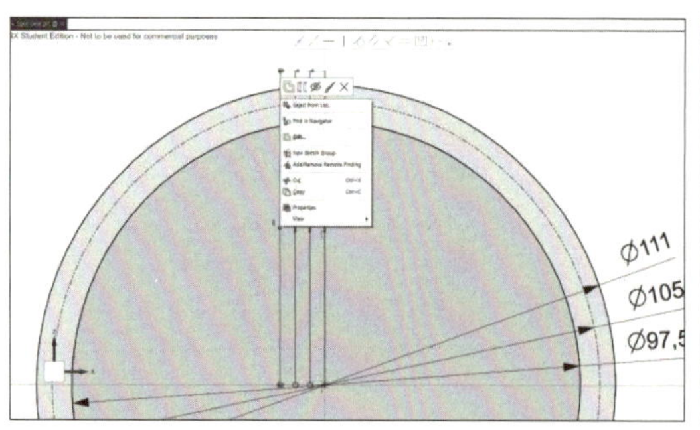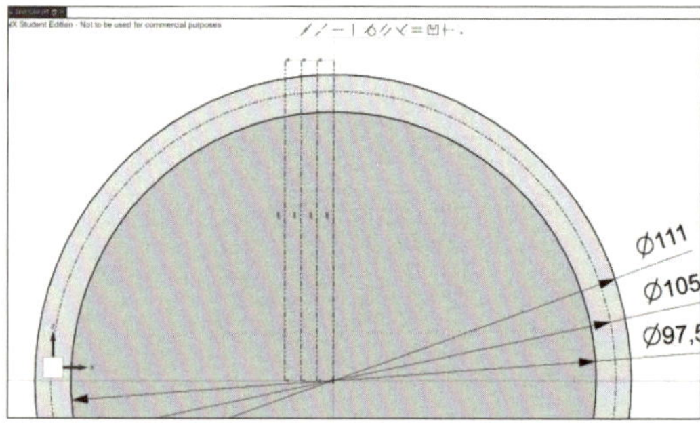

- 4개의 선을 모두 MB3를 클릭하고, Convert from Reference 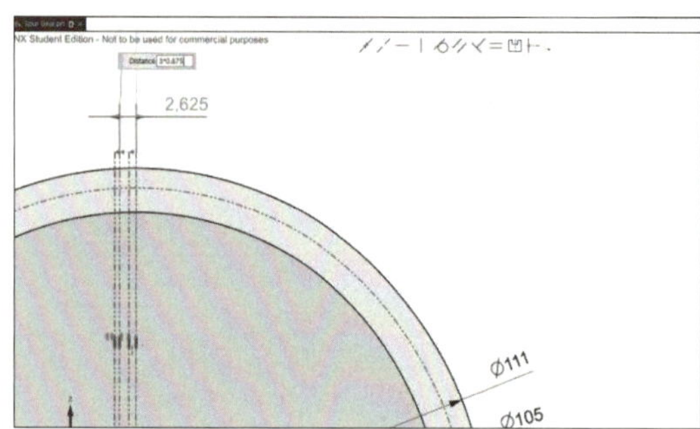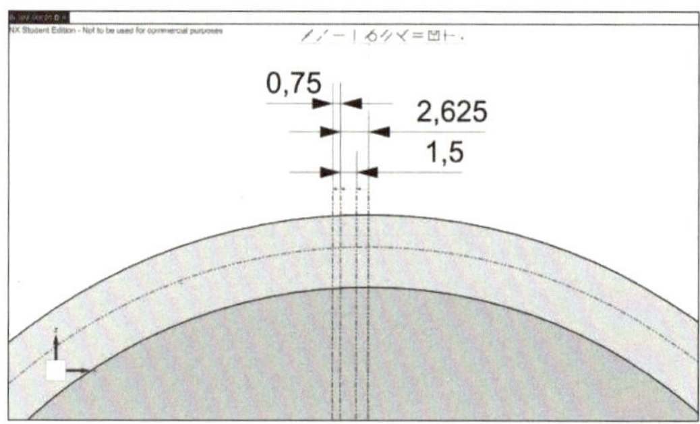 를 클릭하여 구성선으로 변환한다.

- 4개의 선의 간격을 [Line1과 Line2 사이 거리: 0.75mm, Line2와 Line 4 사이 거리: 2.625mm, Line2와 Line 3 사이 거리: 1.5mm]로 정의한다.

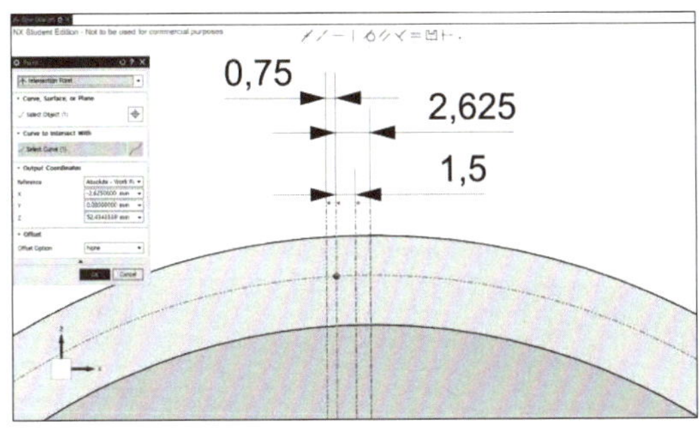 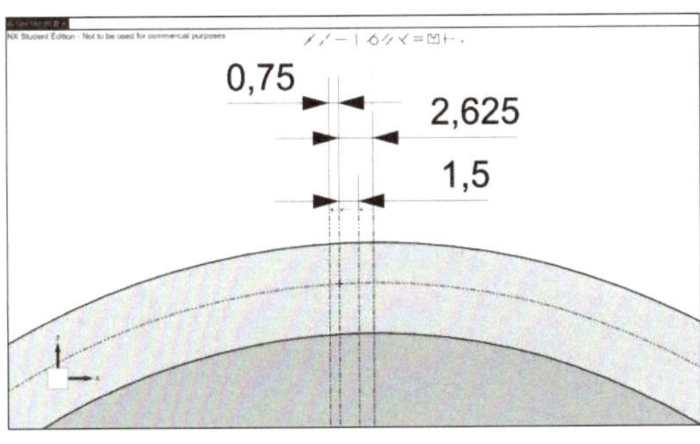

- Point 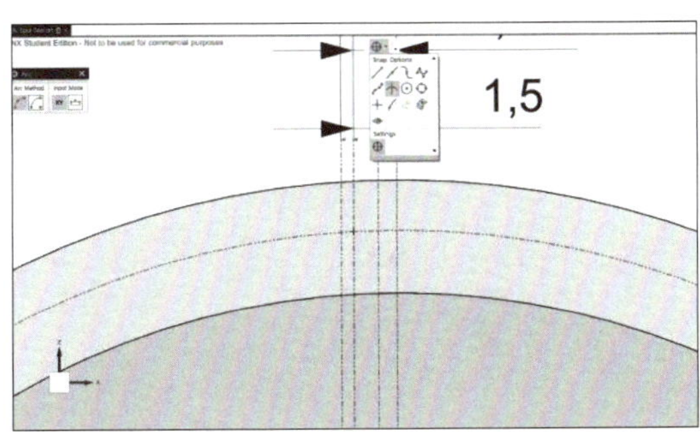를 클릭하고 Intersection Point로 설정한다.
- Line 2와 구성원을 차례로 선택하고 OK 버튼을 클릭한다.

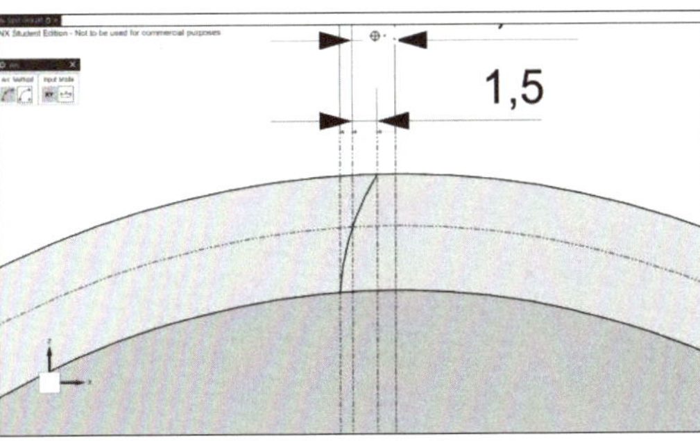

- Arc 를 클릭하고 Snap Point 설정을 Intersection만 체크한다.
- 이뿌리원과 Line1의 교차점, 이끝원과 Line3의 교차점, 그리고 Point를 통해 생성한 점을 차례로 선택하고 Arc 창을 닫는다.

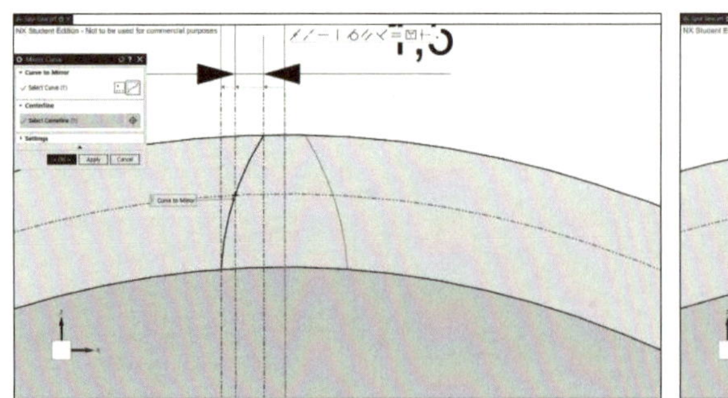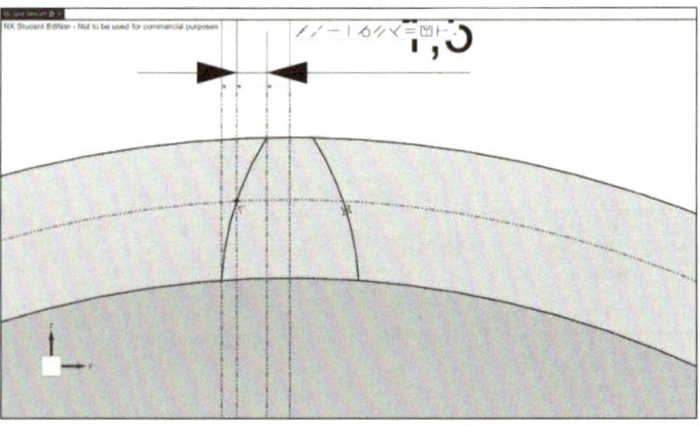

- Mirror 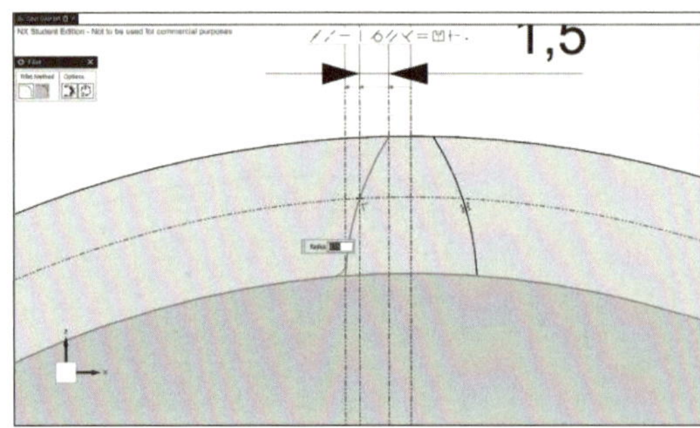 를 클릭하고 생성한 Arc를 클릭한 뒤, Line 4를 대칭선으로 적용하고 OK 버튼을 클릭
  한다.

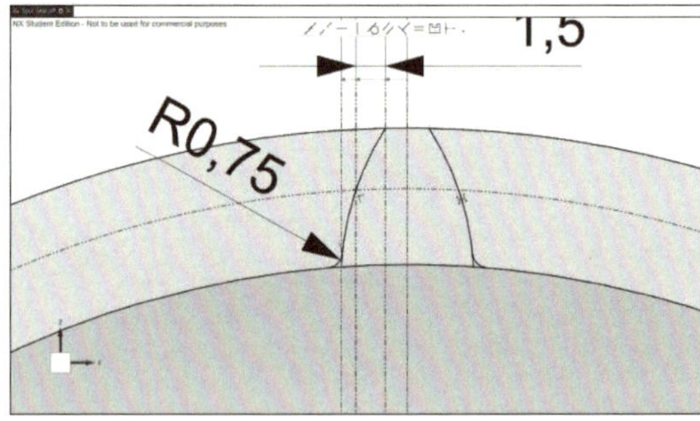

- Fillet 을 클릭하고 Untrim을 클릭하여, [Radius: 0.75mm]를 입력하고 Arc와 이뿌리원을 차
  례로 선택한다.

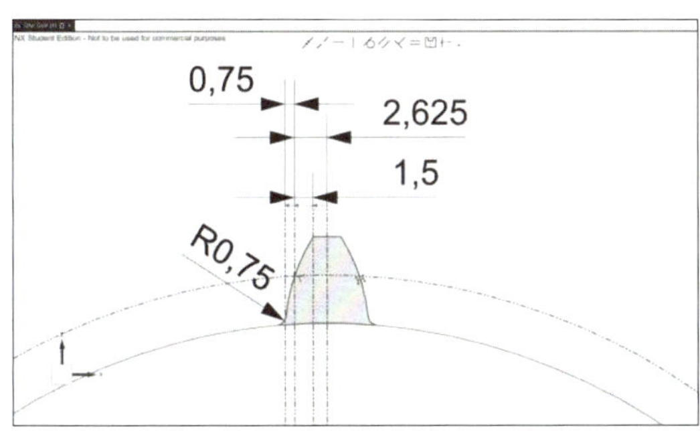

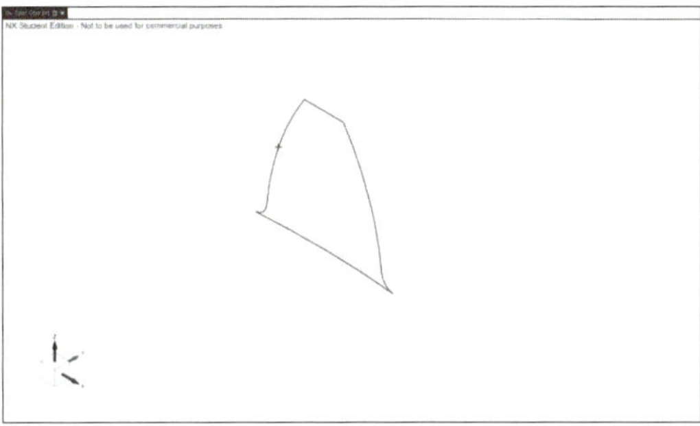

• Trim ⊠ 을 클릭하여 불필요한 선을 삭제하고 Finish ⚑ 를 클릭한다.

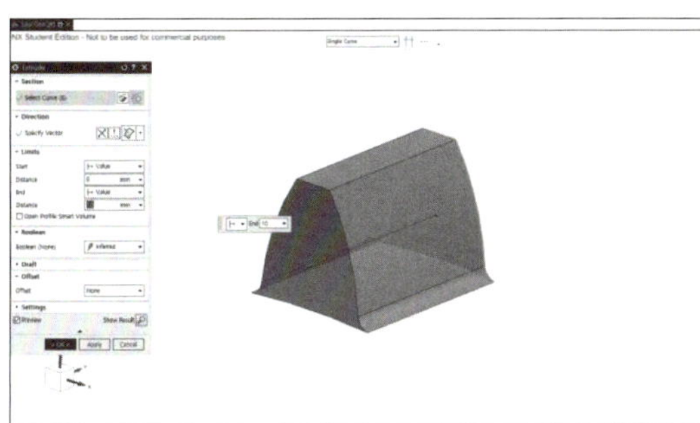

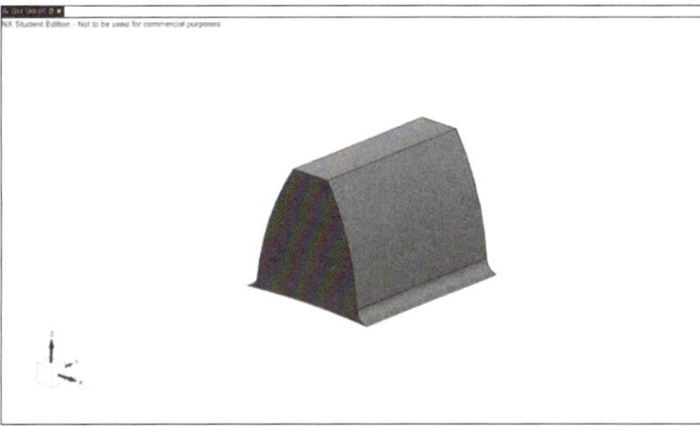

• Extrude ⬛ 를 클릭하고 Limits tab에서 [Start Distance: 0mm, End Distance: 10mm]으로 입력하고 OK 버튼을 클릭한다.

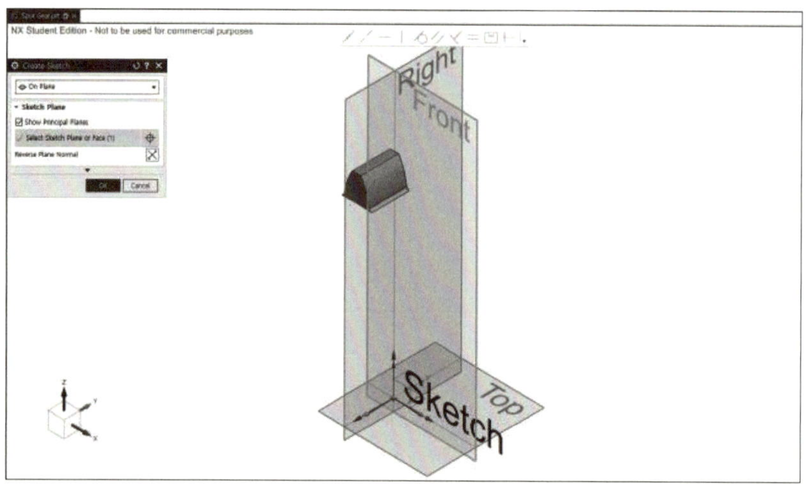

- Sketch �를 클릭하여 XZ 평면을 선택한 뒤, Create Sketch 창의 OK 버튼을 클릭한다.

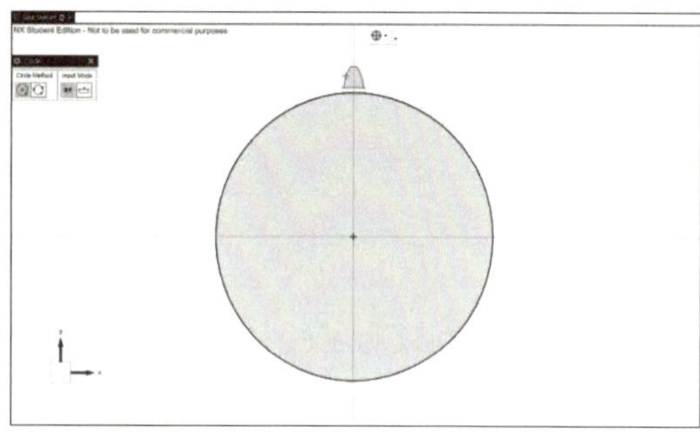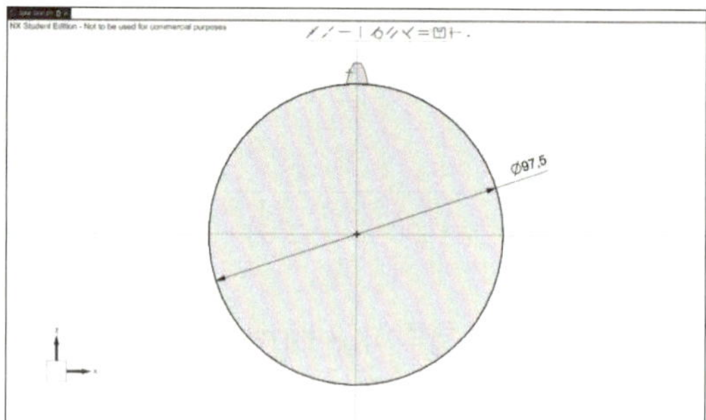

- Circle ◯을 클릭하고 원점과 원의 중심을 일치시켜 원을 작성하고 Circle 창을 닫는다.
- 원의 치수를 [Diameter: 97.5mm]로 정의하고 Finish ▦를 클릭한다.

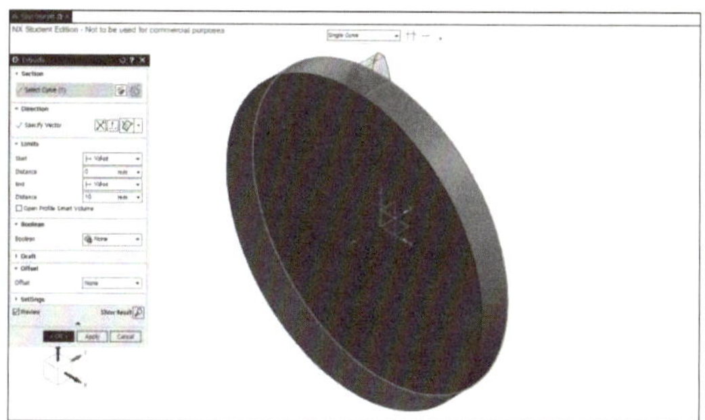
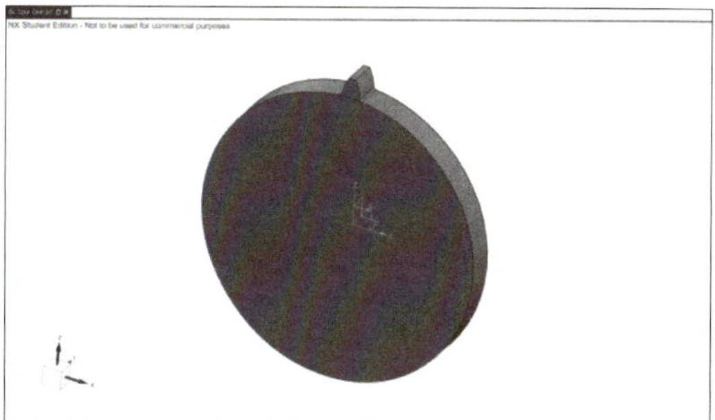

- Extrude 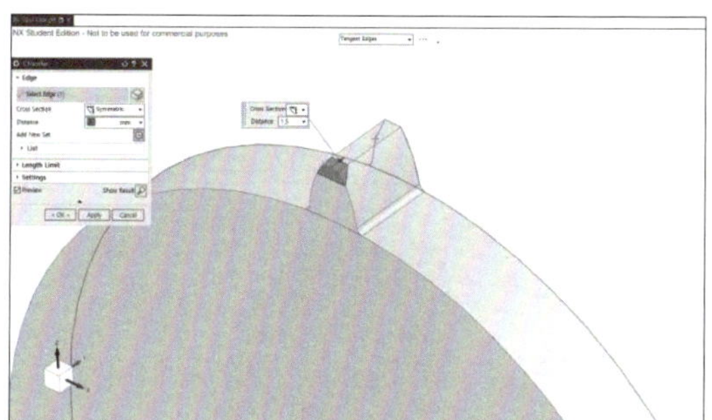를 클릭하고 Limits tab에서 [Start Distance: 0mm, End Distance: 10mm]으로 입력하고 OK 버튼을 클릭한다.

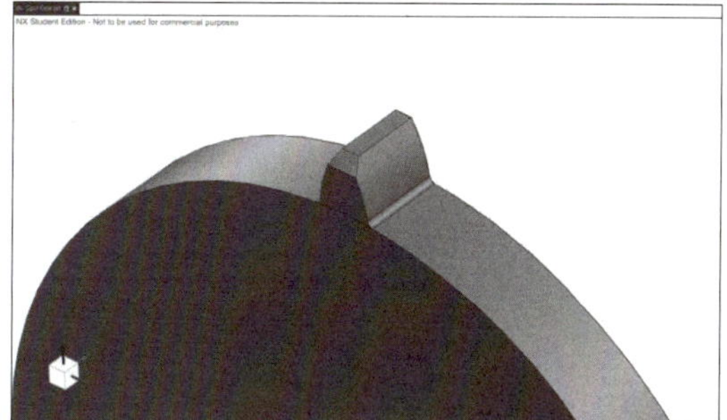

- Chamfer 를 클릭하고 Edge tab에서 [Cross Section: Symmetric, Distance: 1.5mm]를 입력하고 OK 버튼을 클릭한다.

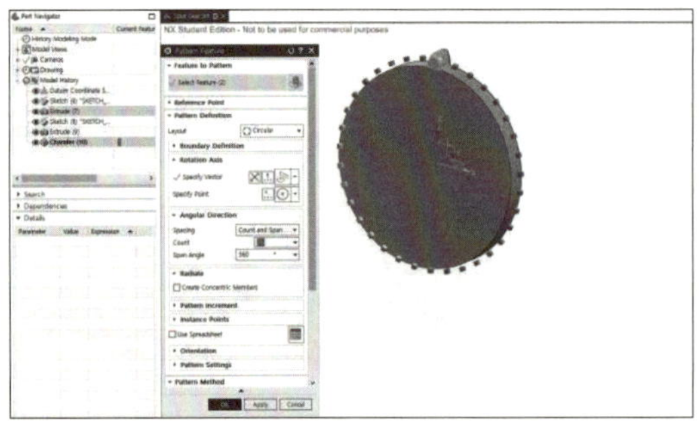 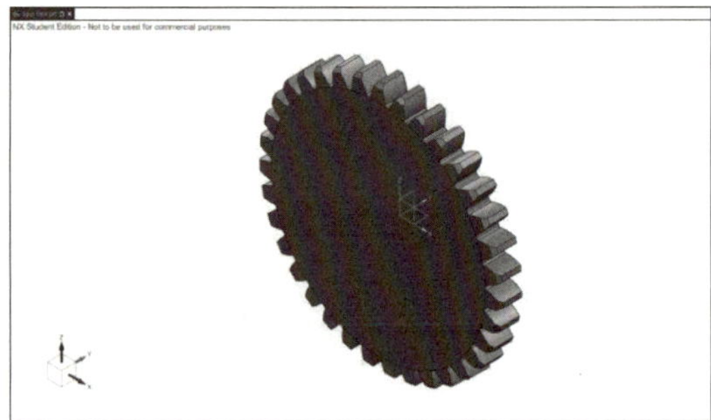

- Pattern Feature 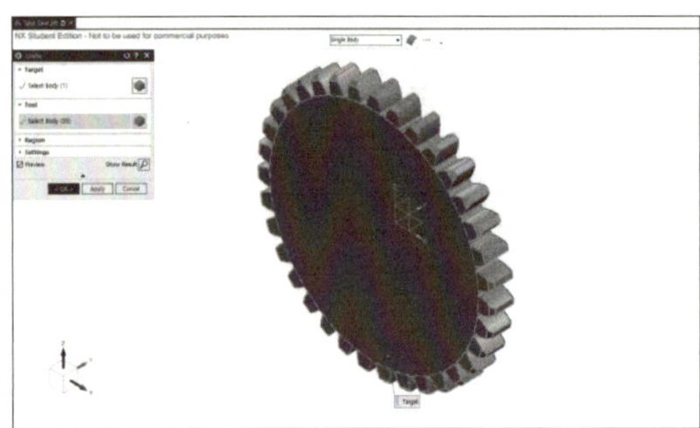 을 클릭하고, Pattern Definition tab에서 [Layout: Circular, Rotation Axis: Y축] 으로 설정한다.
- Angular Direction tab에서 [Spacing: Count and Span, Count: 35, Span Angle: 360°]로 입력하고 OK 버튼을 클릭한다.

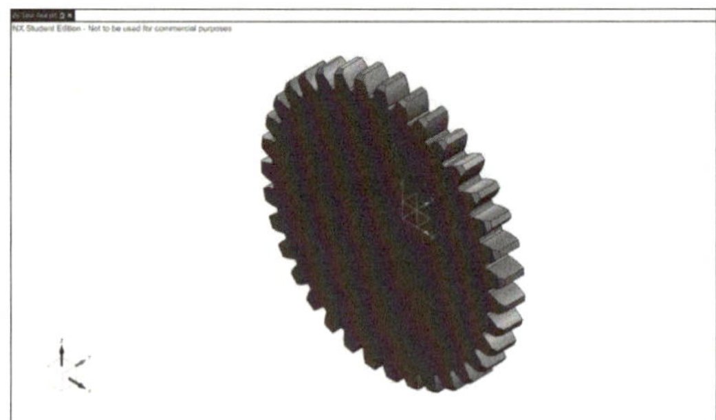

- Unite를 클릭하고 가운데 원기둥을 클릭한 뒤, 드래그하여 Pattern feature로 생성한 치들을 선택하고 OK 버튼을 클릭한다.

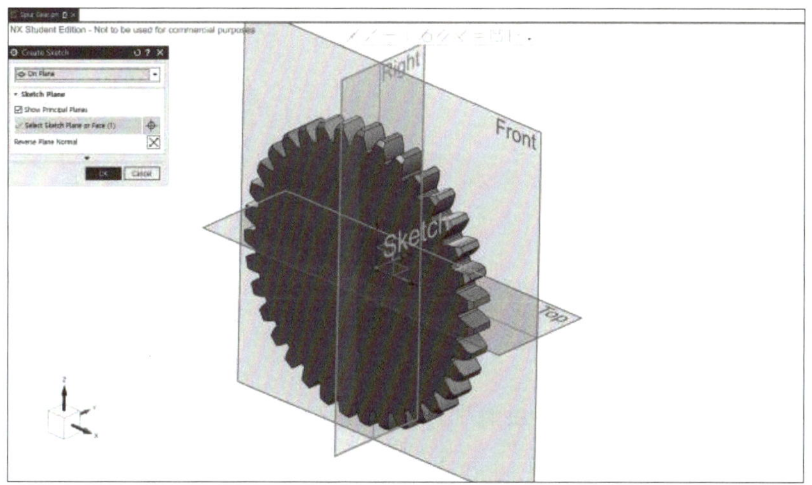

- Sketch 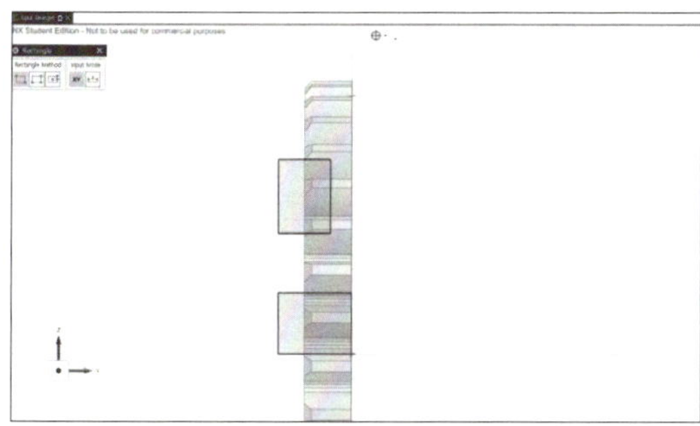 를 클릭하여 XY 평면을 선택한 뒤, Create Sketch 창의 OK 버튼을 클릭한다.

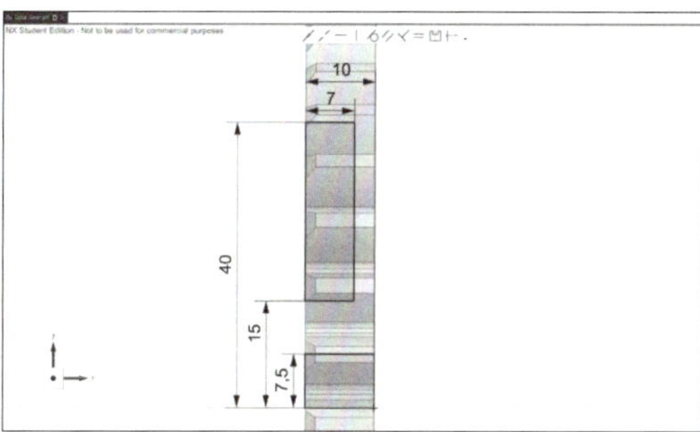

- Rectangle를 클릭하고 왼쪽 변을 생성된 Body의 왼쪽 변과 동일하게 두 개의 사각형을 작성한다.

- 사각형의 치수를 [Rectangle1의 Z축 길이: 7.5mm, Rectangle1의 Y축 길이: 10mm, Rectangle2의 Y축 길이: 7mm]로 정의한다.

- [Rectangle2의 윗변과 Y축 사이 거리: 40mm, Rectangle2의 아랫변과 Y축 사이 거리: 15mm]로 정의하고 Finish를 클릭한다.

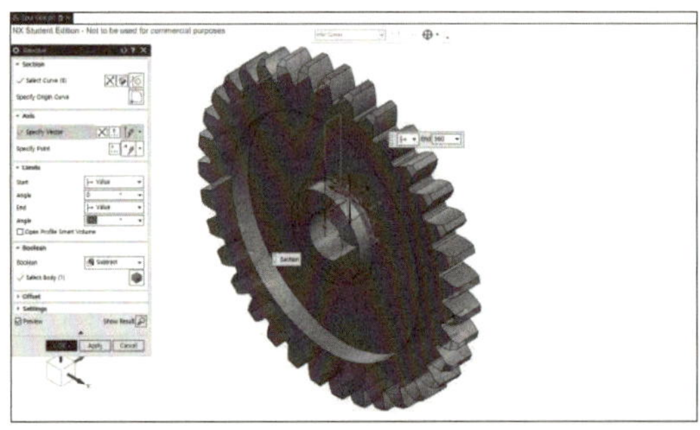

- Revolve 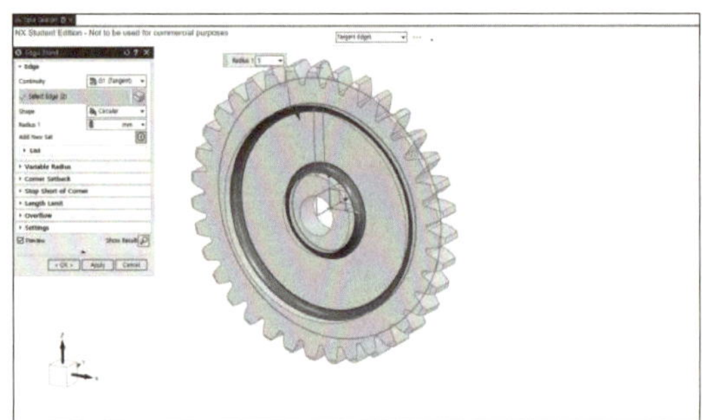 를 클릭하고 작성한 Sketch가 선택되었는지 확인한다.

- Revolve 창의 Axis tab에서 Vector Dialog 를 클릭하고 Y축을 선택한다.

- Revolve 창의 Limits tab에서 [Start Angle: 0mm, End Angle: 360°], Boolean tab에서 [Boolean: Subtract]로 정의한 뒤, Finish 를 클릭한다.

- Edge Blend 를 클릭하고 Edge tab에서 [Radius: 3mm]로 입력하고 해당하는 원기둥 안쪽 지름들을 선택하고 OK 버튼을 클릭한다.

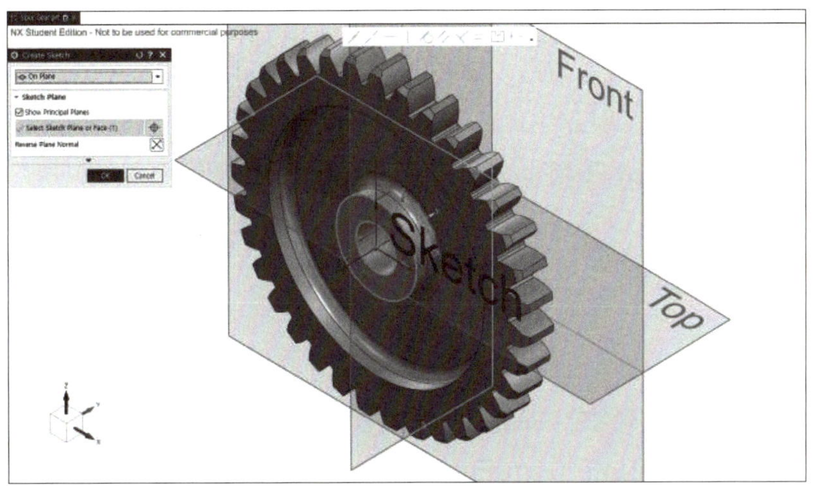

- Sketch 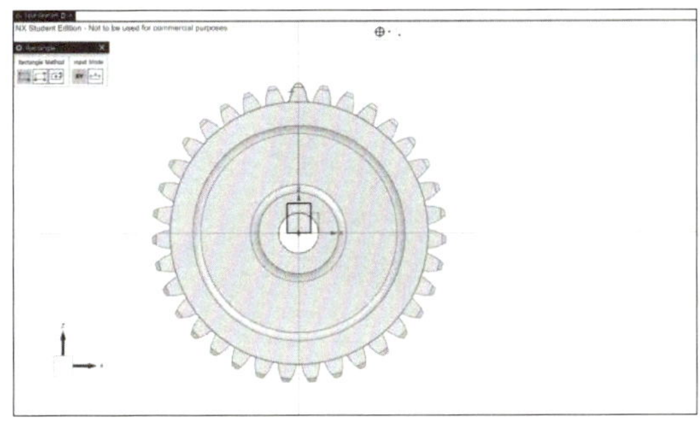 를 클릭하여 해당하는 평면을 선택한 뒤, Create Sketch 창의 OK 버튼을 클릭한다.

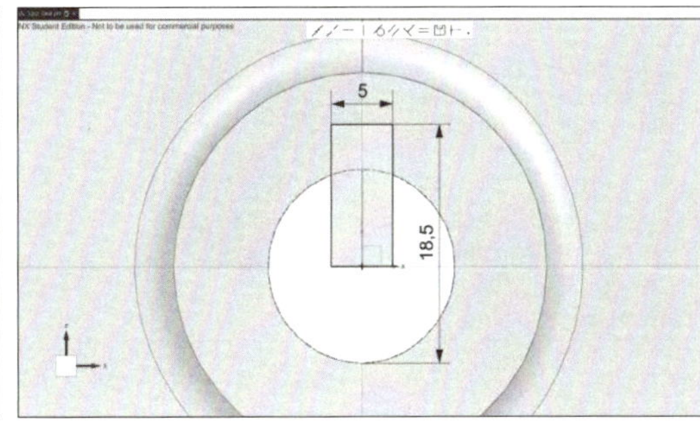

- Rectangle ▭ 을 클릭하고 아랫변을 X축과 일치시켜 사각형을 작성한다.

- 사각형의 치수를 [X축 길이: 5mm, 사각형의 윗변과 원까지의 Z축 거리:18.5mm]로 정의한다.

- Make Symmetric 를 이용하여 사각형이 Z축을 대칭선으로 하여 대칭으로 설정하고 Finish 를 클릭한다.

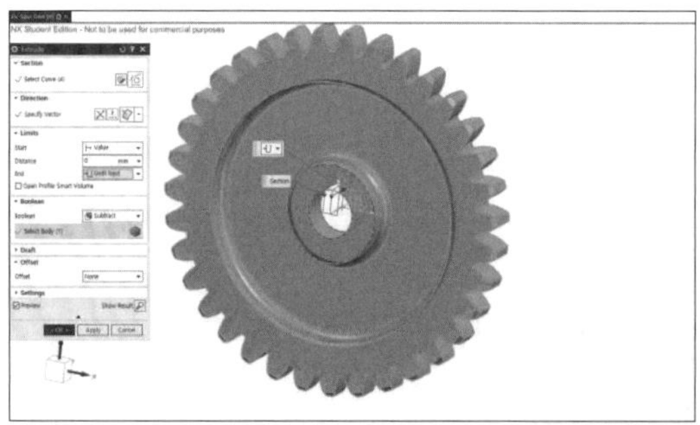 

- Extrude 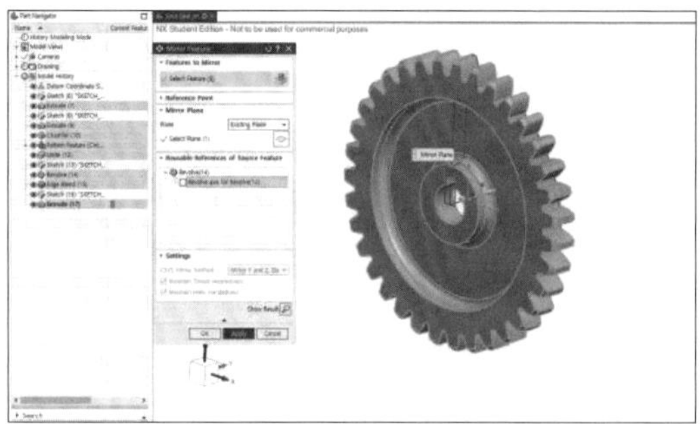를 클릭하고 작성한 Sketch가 선택된 것을 확인한다.
- Limits tab에서 [Start Distance: 0mm, End: Until Next]로, Boolean tab에서 [Boolean: Subtract]으로 입력하고 OK 버튼을 클릭한다.

- Mirror Feature 를 클릭하고 Part Navigator에서 Sketch를 제외한 8개의 Feature를 선택한다.
- Mirror Plane tab에서 Select Plane을 클릭하고 XZ 평면을 선택한 뒤, OK 버튼을 클릭한다.

- Unite를 클릭하고 Mirror된 2개의 Body를 차례로 선택한 뒤, OK 버튼을 클릭한다.

• Angle Arm에 대해 모델링을 진행한다.

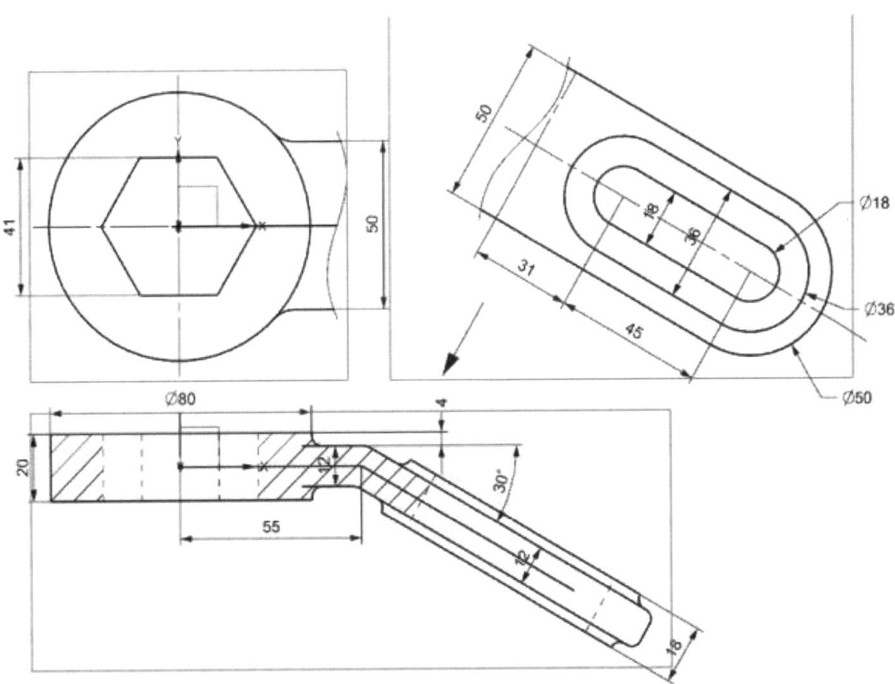

주) 도시되고 지시없는 모서리 및 필렛 라운드는 R3

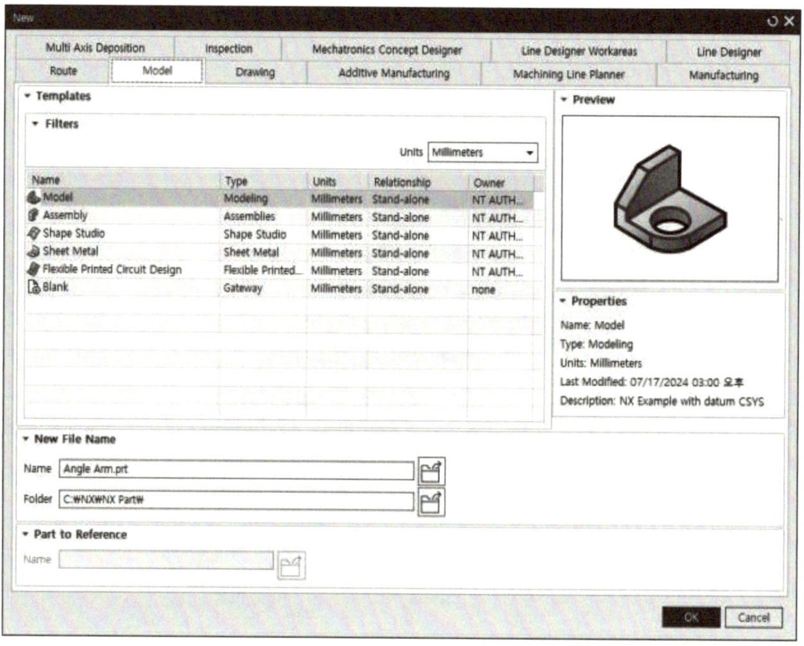

- File → New를 클릭하고 [Name: AngleArm.prt, Units: Millimeters]로 설정하고 OK 버튼을 클릭한다.

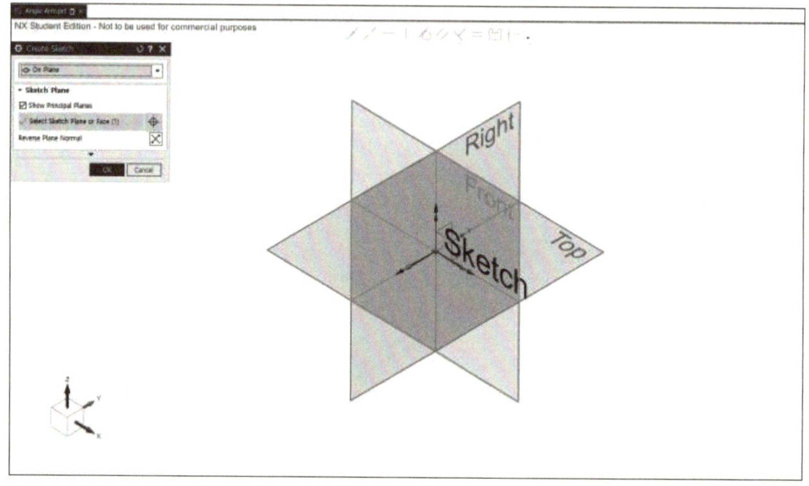

- Sketch를 클릭하여 XZ 평면을 선택한 뒤, Create Sketch 창의 OK 버튼을 클릭한다.

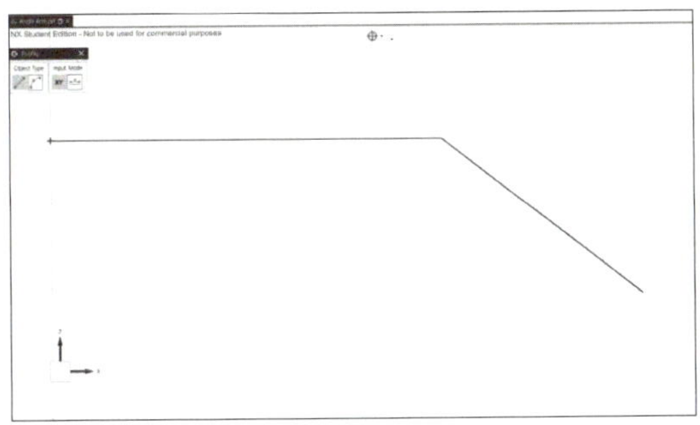 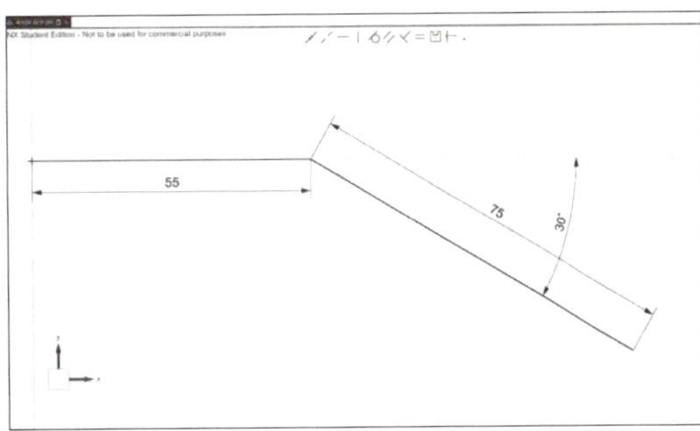

- Line 을 클릭하고 원점에서부터 X축을 따라 선을 작성하고, 이어지는 선을 더 작성하고 Line 창을 닫는다.
- 선의 치수를 [Line1의 X축 길이: 55mm, Line2와 X축 사이 각: 30°, Line2의 길이: 75mm]로 정의하고 Finish 를 클릭한다.

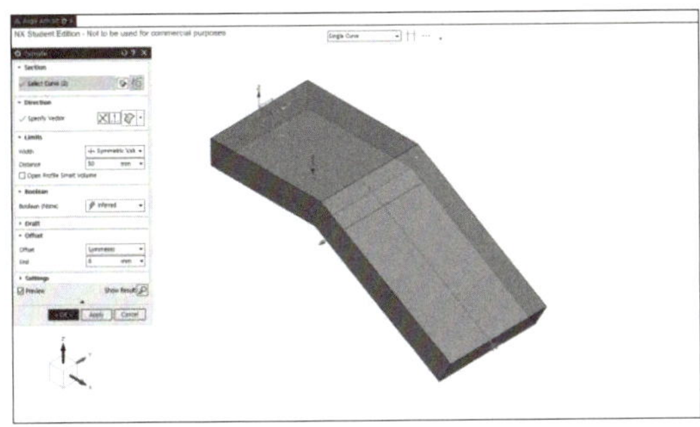 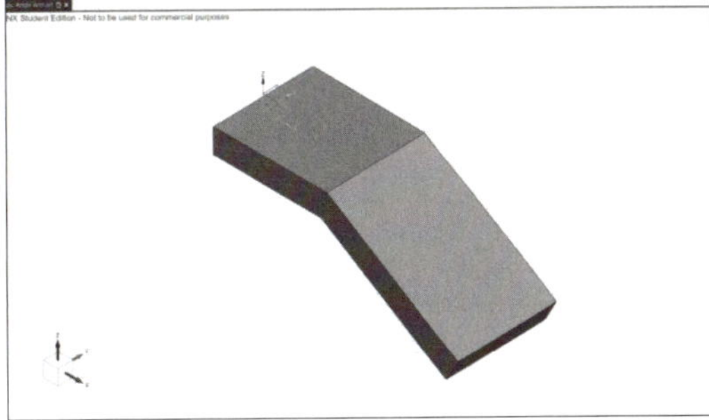

- Extrude 를 클릭하고 작성한 Sketch가 선택된 것을 확인한다.
- Limits tab에서 [Width: Symmetric Value, Distance: 50mm]로, Offset tab에서 [Offset: Symmetric, End: 6mm]으로 입력하고 OK 버튼을 클릭한다.

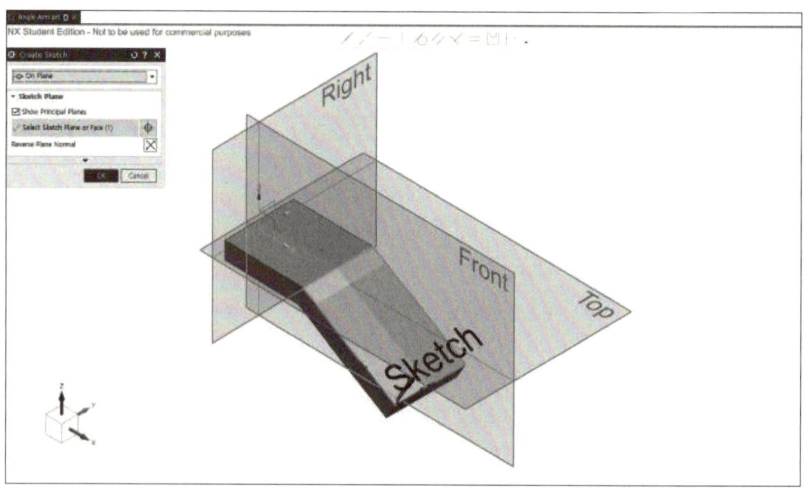

- Sketch ✎를 클릭하여 해당 평면을 선택한 뒤, Create Sketch 창의 OK 버튼을 클릭한다.

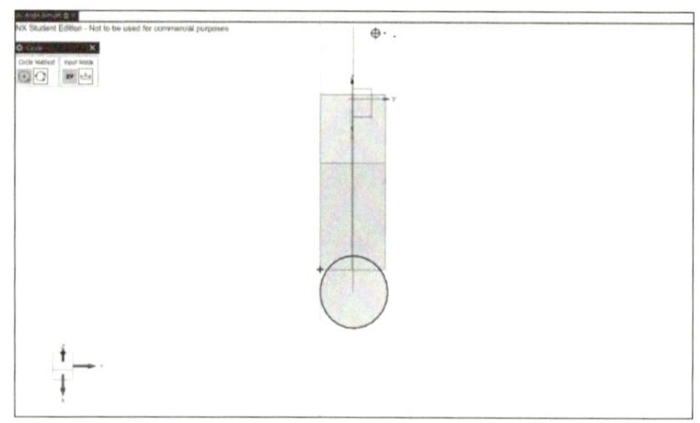
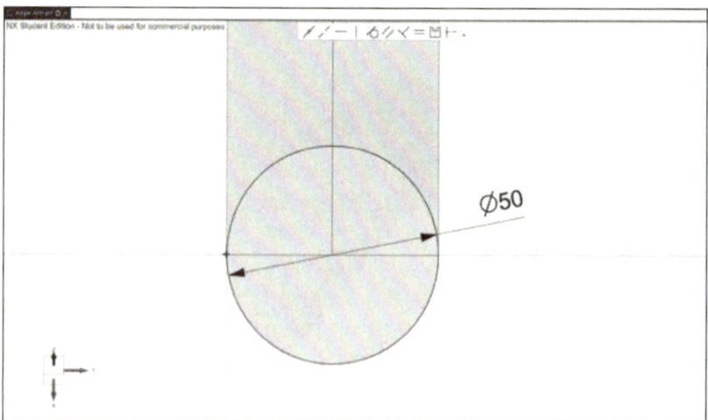

- Circle ○을 클릭하고 작업 좌표계의 Y축과 원의 중심을 일치시켜 원을 작성하고 Circle 창을 닫는다.

- 원의 치수를 [Diameter: 50mm]로 정의하고 Finish ▦를 클릭한다.

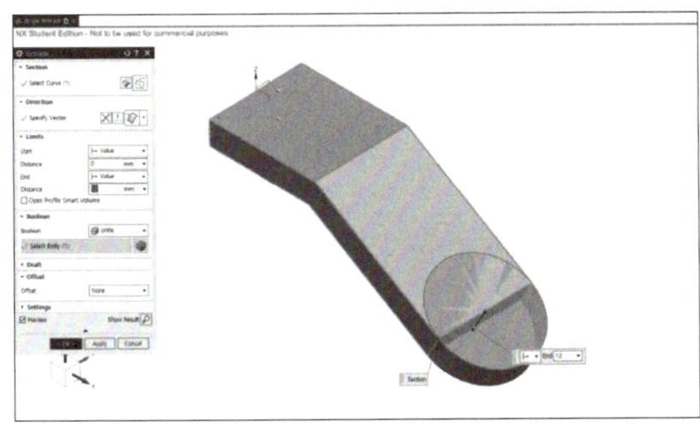 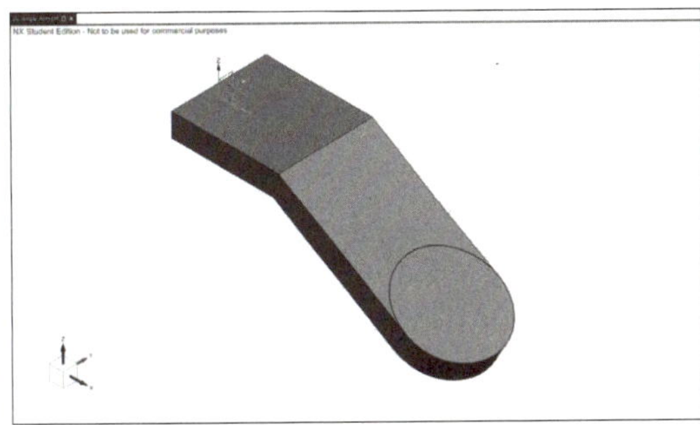

- Extrude 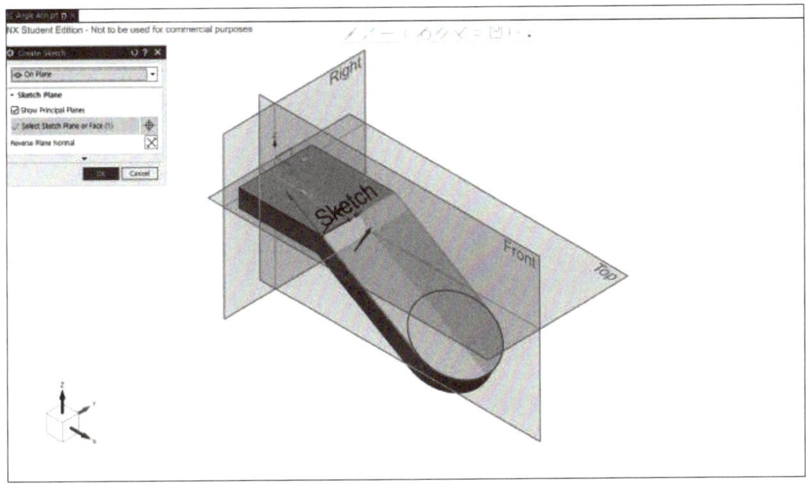를 클릭하고 작성한 Sketch가 선택된 것을 확인한다.

- Limits tab에서 [Start Distance: 0mm, End Distance: 12mm]로, Boolean tab에서 [Boolean: Unite]로 입력하고 OK 버튼을 클릭한다.

- Sketch 를 클릭하여 해당 평면을 선택한 뒤, Create Sketch 창의 OK 버튼을 클릭한다.

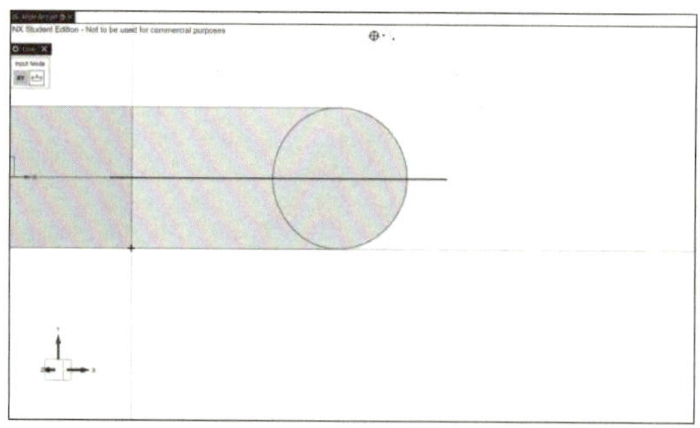 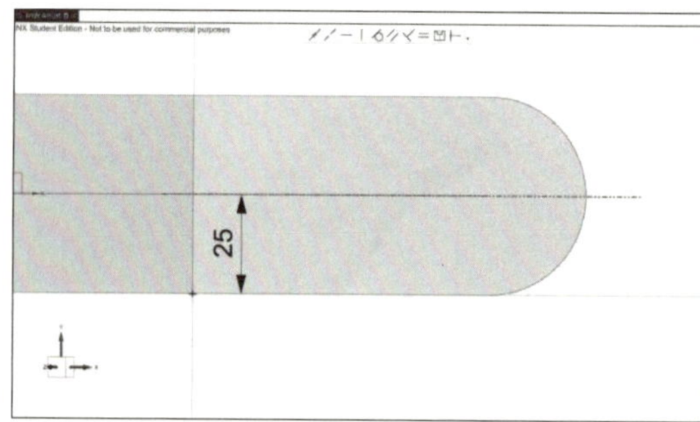

- Line /을 클릭하고 X축을 따라 선을 작성하고 Line 창을 닫는다.
- 선을 구성선으로 변환하고, 선의 치수를 [선과 Y축 사이 거리: 25mm]로 정의한다.

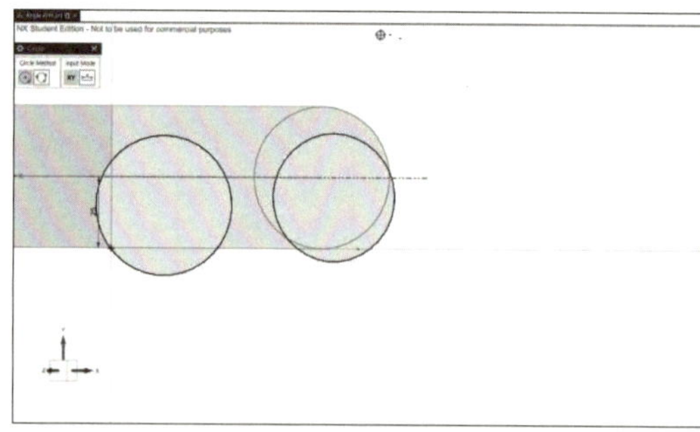 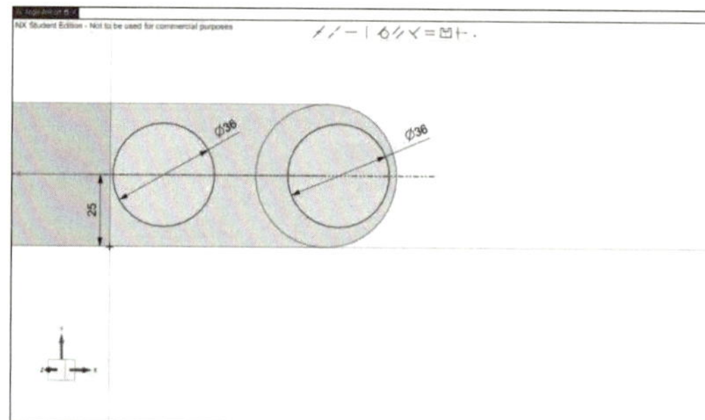

- Circle ◯을 클릭하고 구성선 위에 원의 중심을 위치시켜 2개의 원을 작성하고 Circle 창을 닫는다.
- 원의 치수를 [Diameter1: 36mm, Diameter2: 36mm]로 정의한다.

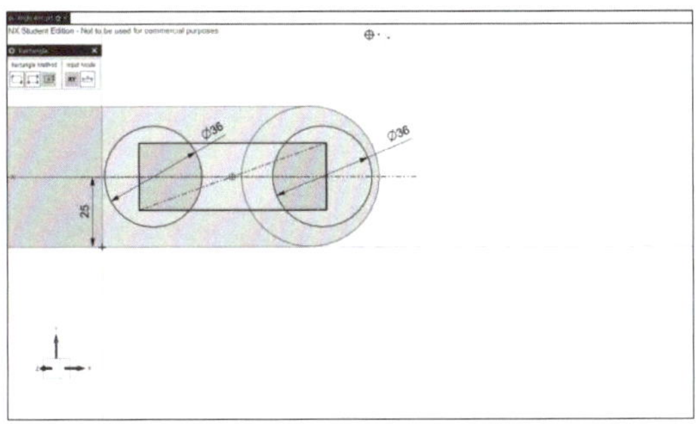
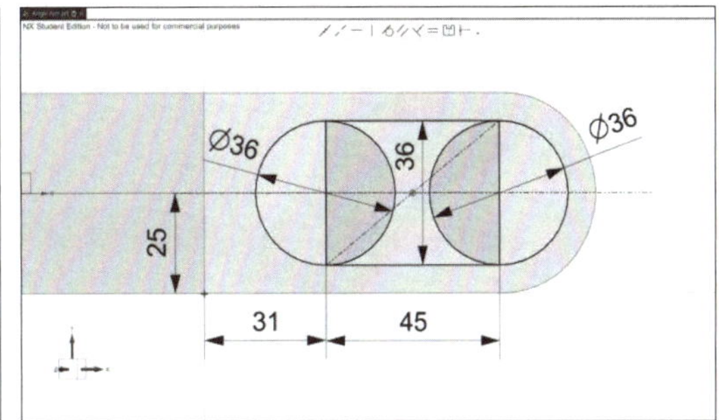

- Rectangle ☐ 을 클릭하고 From Center ⊡로 설정하고 중심이 구성선 위에 위치하도록 사각형을 작성하고 Rectangle 창을 닫는다.

- Make Coincident ✕ 을 이용하여 사각형의 양쪽 변이 각각 원의 중심과 일치하도록 한다.

- 치수를 [사각형의 Y축 길이: 36mm, 사각형의 X축 길이: 45mm, 사각형의 왼쪽 변과 원점 사이 X축 거리: 31mm]로 정의한다.

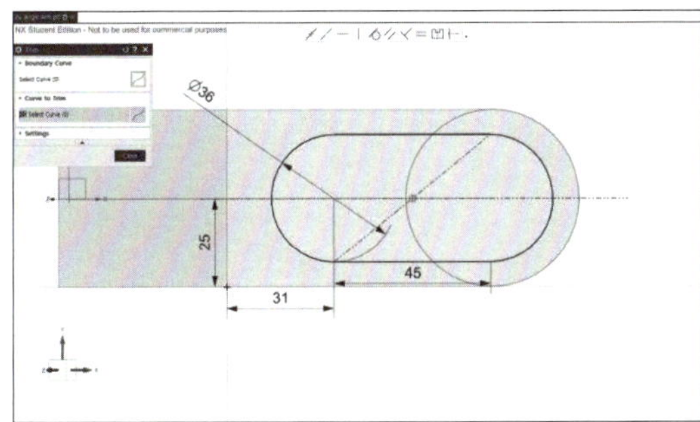
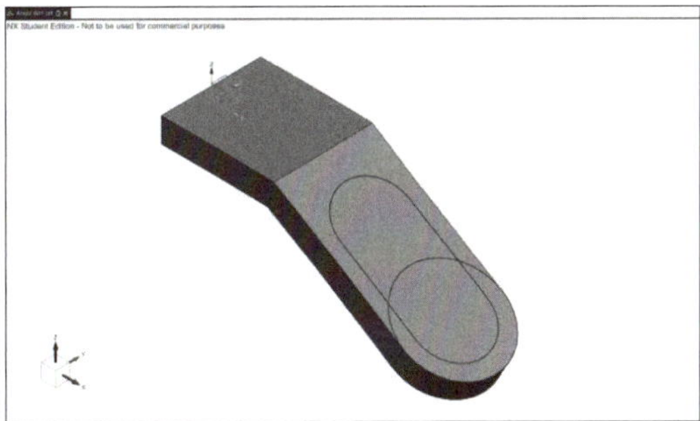

- Trim ✕ 을 클릭하고 다음과 같이 불필요한 선을 삭제하고 Finish ▦ 를 클릭한다.

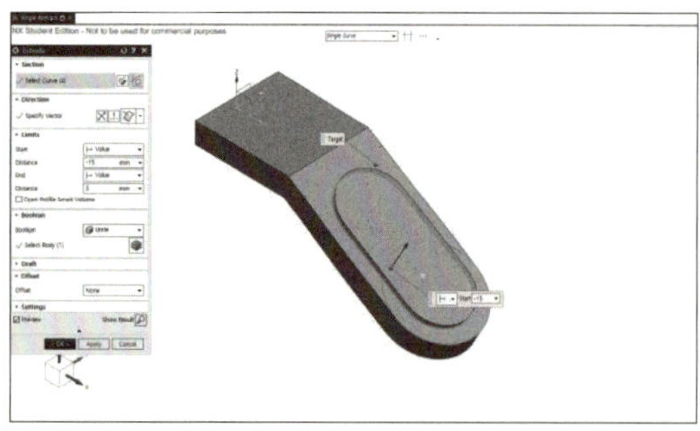 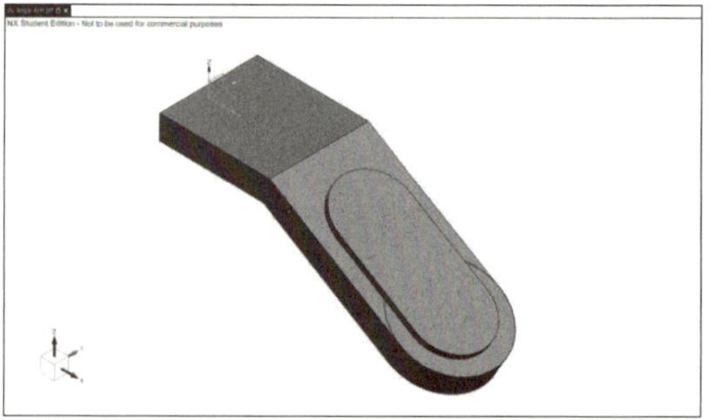

- Extrude 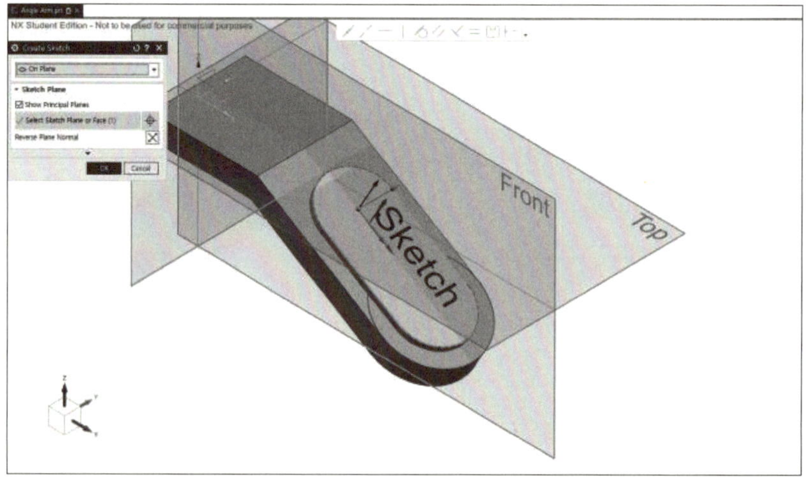 를 클릭하고 작성한 Sketch가 선택된 것을 확인한다.
- Limits tab에서 [Start Distance: -15mm, End Distance: 3mm]로, Boolean tab에서 [Boolean: Unite]로 입력하고 OK 버튼을 클릭한다.

- Sketch 를 클릭하여 해당 평면을 선택한 뒤, Create Sketch 창의 OK 버튼을 클릭한다.

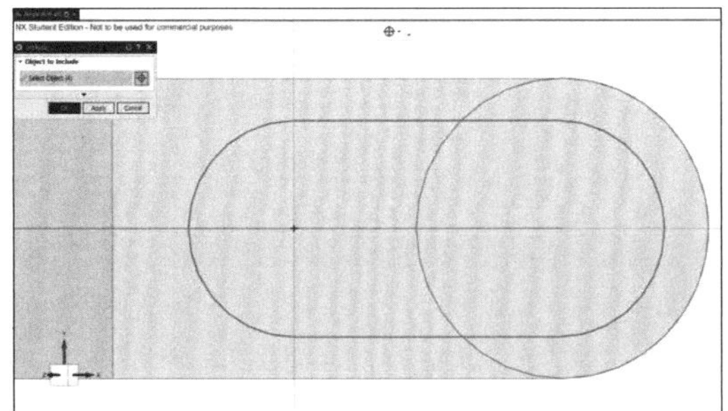 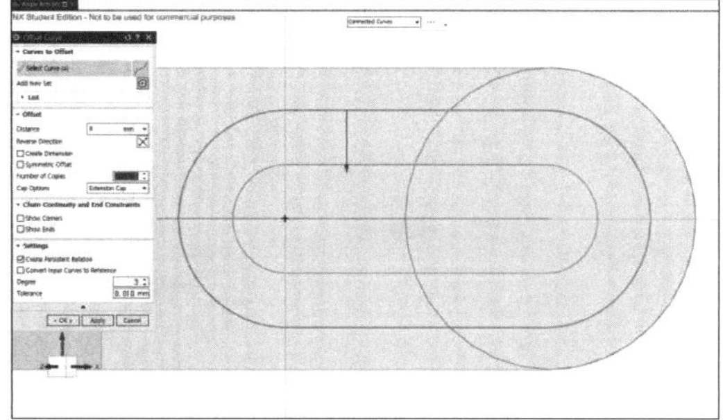

- Offset 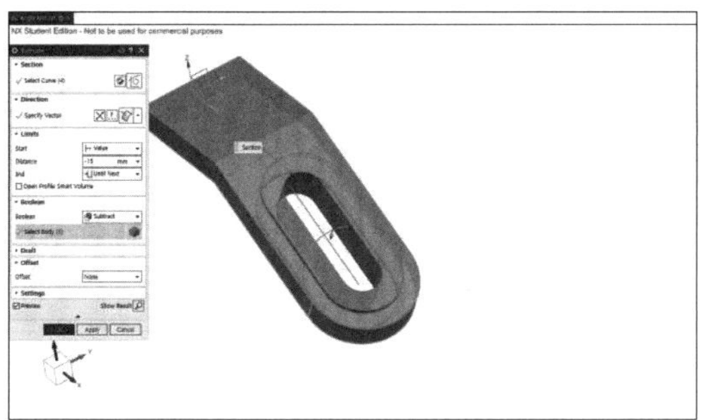을 클릭하고 이전에 작성한 Curve를 클릭하고 Offset tab에서 [Distance: 9mm, Number of Copies: 1]로 정의하고 OK 버튼을 클릭한다.

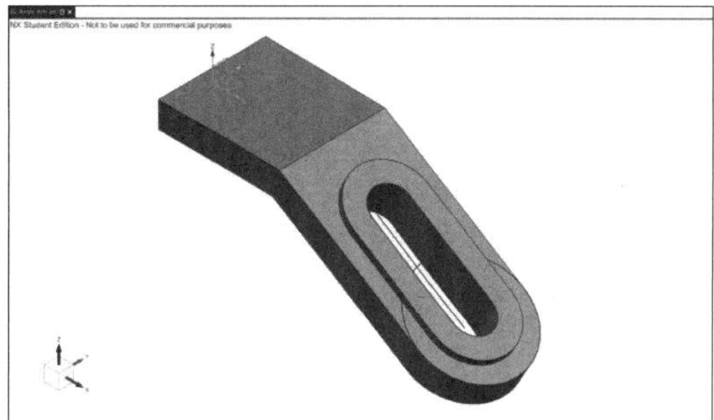

- Extrude 를 클릭하고 작성한 Sketch가 선택된 것을 확인한다.
- Limits tab에서 [Start Distance: -15mm, End: Until Next]로, Boolean tab에서 [Boolean: Subtract]로 입력하고 OK 버튼을 클릭한다.

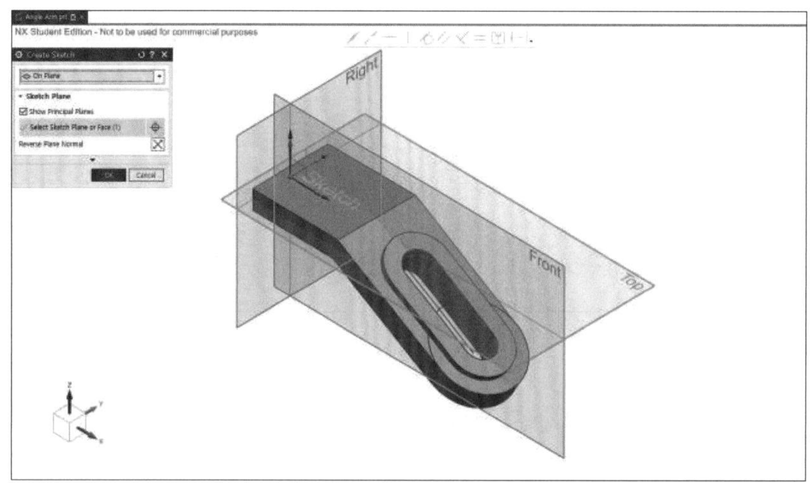

- Sketch 를 클릭하여 XY 평면을 선택한 뒤, Create Sketch 창의 OK 버튼을 클릭한다.

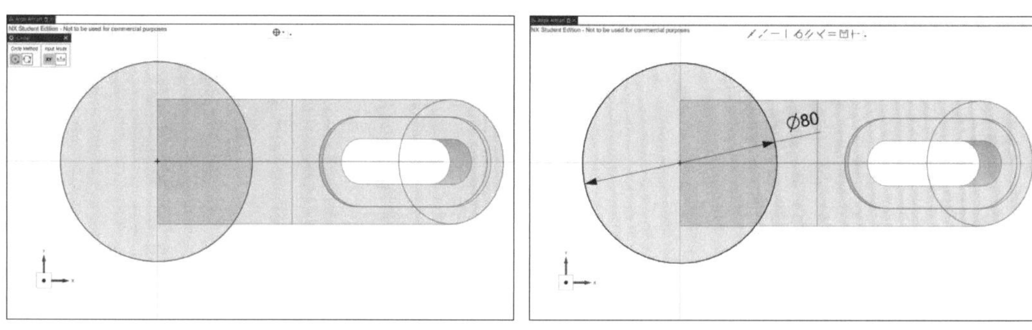

- Circle 을 클릭하고 원점과 원의 중심을 일치시켜 원을 작성하고 Circle 창을 닫는다.
- 원의 치수를 [Diameter: 80mm]로 정의하고 Finish 를 클릭한다.

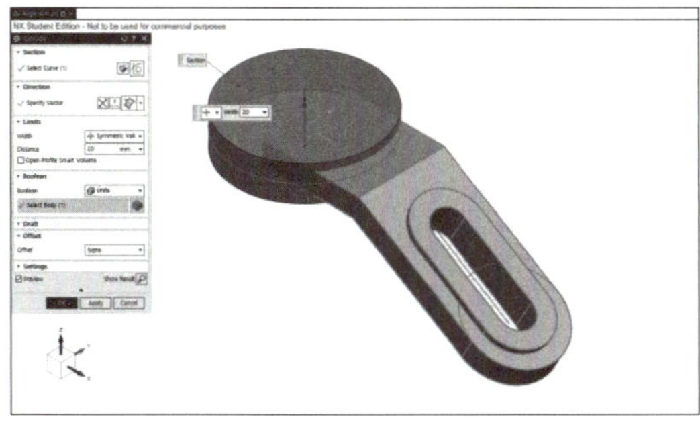 

- Extrude 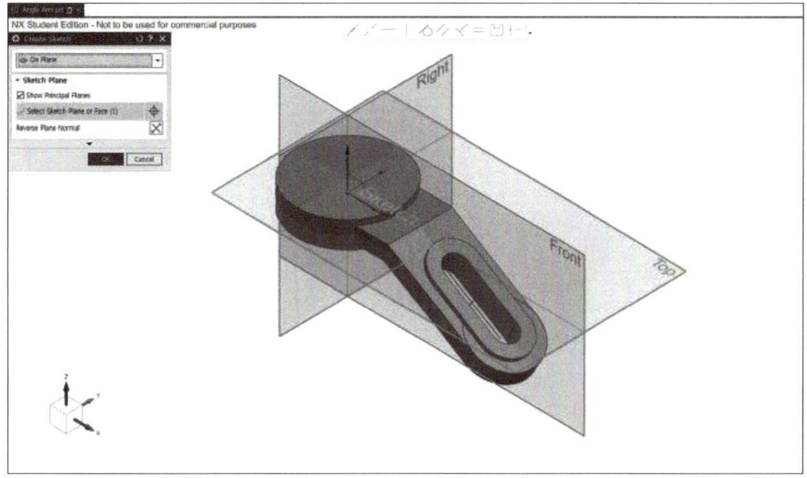 를 클릭하고 작성한 Sketch가 선택된 것을 확인한다.

- Limits tab에서 [Width: Symmetric Value, Distance: 20mm]로, Boolean tab에서 [Boolean: Unite]로 입력하고 OK 버튼을 클릭한다.

- Sketch 를 클릭하여 XY 평면을 선택한 뒤, Create Sketch 창의 OK 버튼을 클릭한다.

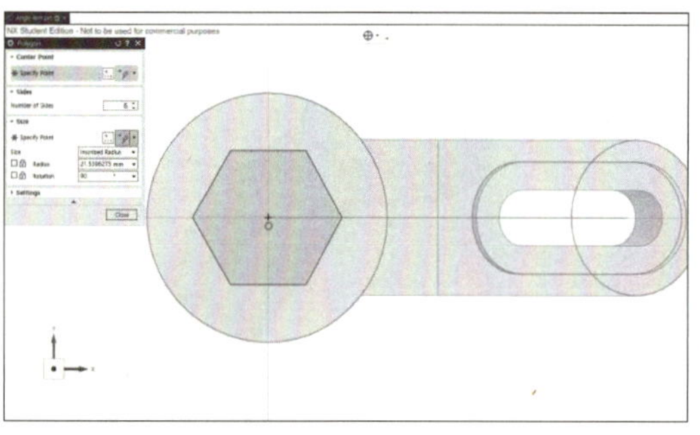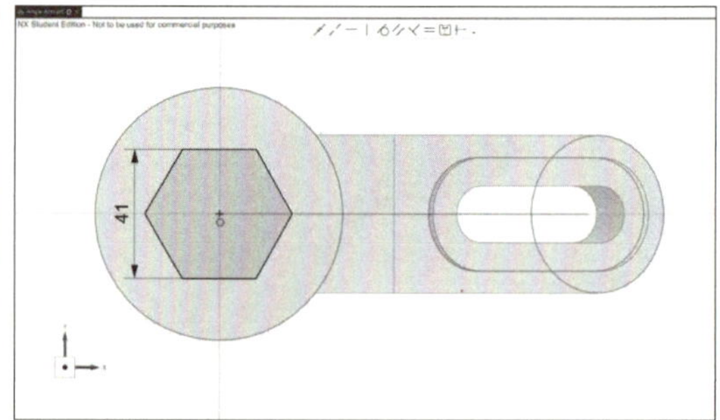

- Polygon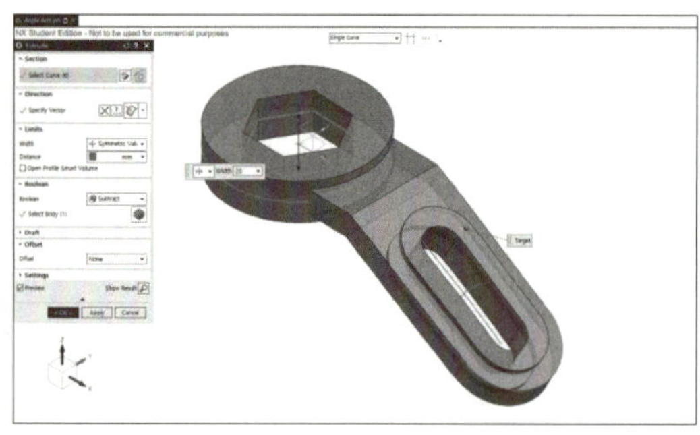을 클릭하고, [Numbers of Sides: 6]으로 설정하고 원점과 다각형의 중심점을 일치
시켜 다각형을 작성하고 Polygon 창을 닫는다.

- 다각형의 치수를 [다각형의 Y축 길이: 41mm]로 정의하고 Finish 를 클릭한다.

- Extrude를 클릭하고 작성한 Sketch가 선택된 것을 확인한다.
- Limits tab에서 [Width: Symmetric Value, Distance: 20mm]로, Boolean tab에서 [Boolean: Subtract]로 입력하고 OK 버튼을 클릭한다.

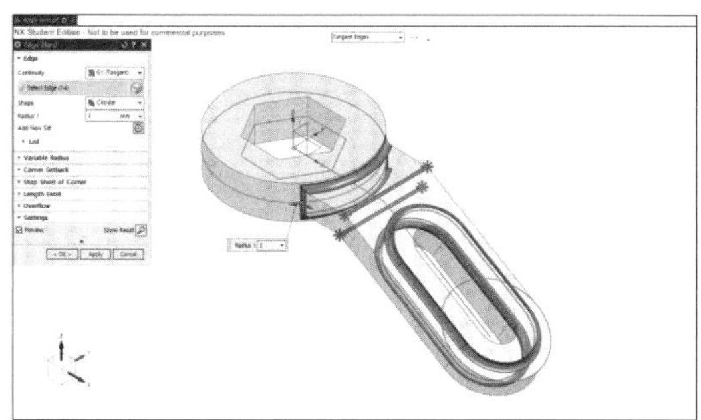

- Edge Blend 를 클릭한 뒤, 다음과 같이 해당 선들을 선택한다.
- Edge Blend 창의 Edge tab에서 [Radius1: 3mm]로 입력하고 OK 버튼을 클릭한다.

예제로 배우는
NX 기초

ⓒ 김한승 · 강병호 · 김창완, 2025

초판 1쇄 발행 2025년 2월 21일

지은이   김한승 · 강병호 · 김창완
펴낸이   이기봉
편집   좋은땅 편집팀
펴낸곳   도서출판 좋은땅
주소   서울특별시 마포구 양화로12길 26 지월드빌딩 (서교동 395-7)
전화   02)374-8616~7
팩스   02)374-8614
이메일   gworldbook@naver.com
홈페이지 www.g-world.co.kr

ISBN   979-11-388-4054-5 (13550)